AF342869

Construction bois : l'Eurocode 5 par l'exemple

Le programme des Eurocodes structuraux comprend les normes suivantes, chacune étant en général constituée d'un certain nombre de parties:

EN 1990 Eurocode 0 : Bases de calcul des structures
EN 1991 Eurocode 1 : Actions sur les structures
EN 1992 Eurocode 2 : Calcul des structures en béton
EN 1993 Eurocode 3 : Calcul des structures en acier
EN 1994 Eurocode 4 : Calcul des structures mixtes acier-béton
EN 1995 Eurocode 5 : Calcul des structures en bois
EN 1996 Eurocode 6 : Calcul des structures en maçonnerie
EN 1997 Eurocode 7 : Calcul géotechnique
EN 1998 Eurocode 8 : Calcul des structures pour leur résistance aux séismes
EN 1999 Eurocode 9 : Calcul des structures en aluminium

Les normes Eurocodes reconnaissent la responsabilité des autorités réglementaires dans chaque État membre et ont sauvegardé le droit de celles-ci de déterminer, au niveau national, des valeurs relatives aux questions réglementaires de sécurité, là où ces valeurs continuent à différer d'un État à un autre.

Yves Benoit

Construction bois : l'Eurocode 5 par l'exemple

Le dimensionnement des barres et des assemblages en 30 applications

ÉDITIONS EYROLLES
61, bd Saint-Germain
75240 Paris Cedex 05
www.editions-eyrolles.com

AFNOR ÉDITIONS
11, rue Francis-de-Pressensé
93571 La Plaine Saint-Denis Cedex
www.boutique-livres.afnor.org

Sauf mention contraire, les photographies et les schémas sont de l'auteur.
Droits réservés pour les autres illustrations.

Édition et mise en page : Christophe Picaud – Éditorial et Prépresse
Adaptation des schémas : Christophe Picaud

© Afnor et Groupe Eyrolles, 2014
ISBN Afnor : 978-2-12-465480-2
ISBN Eyrolles : 978-2-212-14065-1

Sommaire

Étapes pour justifier une pièce 1

CHAPITRE 1. Vérifications des structures en bois
avec les Eurocodes, généralités 5

CHAPITRE 2. Vérification aux Eurocodes d'une pièce
travaillant en flexion et en cisaillement
– Justification d'une solive 53

CHAPITRE 3. Vérification aux Eurocodes d'une pièce
travaillant en compression ou traction
– Justification d'un poteau 91

CHAPITRE 4. Vérification aux Eurocodes d'une pièce
travaillant en compression et flexion
(sollicitations composées)
– Panne transmettant des efforts de vent
à la travée de stabilité 119

CHAPITRE 5. Panne d'aplomb ou déversée
– Vérification aux Eurocodes d'une panne
travaillant en flexion déviée 163

CHAPITRE 6. Vérification aux Eurocodes de la stabilité
d'une maison à ossature bois
sous l'effet du vent 205

CHAPITRE 7. Vérification aux Eurocodes
d'un assemblage avec des boulons 231

Annexes 261

Remerciements

Pour le concours qu'ils lui ont apporté à différents échelons de l'élaboration de ce manuel, l'auteur tient à remercier tout particulièrement :
– ses élèves du BTS Systèmes constructifs bois et habitat, auprès desquels il a pu mettre au point les nombreux exercices et cas d'étude dont ce livre est illustré ;
– Stefan Stamm, auteur et développeur de *Cadwork bois*, logiciel 3D spécialisé pour la construction bois, la charpente et la menuiserie, auquel la plupart des schémas de cet ouvrage sont redevables ;
– les entreprises qui ont fourni des photographies : les Charpentes Fournier, le Groupe Leduc, Cosylva ainsi que l'organisme Atlanbois ;
– les éditions du Moniteur et tout particulièrement la rédaction des *Documents techniques* où les différents chapitres dont ce manuel est composé ont fait l'objet d'une prépublication périodique ;
– Christophe Picaud pour le soin qu'il a personnellement apporté à la mise en page définitive de l'ouvrage.

Les éditeurs joignent leurs remerciements à ceux d'Yves Benoit en espérant que les lecteurs apprécieront la dimension pratique de ce manuel professionnel qui vient compléter la gamme des guides d'application des Eurocodes.

Table des matières

Étapes pour justifier une pièce 1

CHAPITRE 1. Vérifications des structures en bois
avec les Eurocodes, généralités 5

1 Vérifier à l'état limite 5

  1.1 Vérifier à l'état limite ultime (ELU) 5

  1.2 Vérifier à l'état limite de service (ELS) 6

2 Actions appliquées aux structures 6

  2.1 Actions provoquées par le poids de la structure 7

    2.1.1 *Exemple 1 : charge de structure supportée par une solive* 7

    2.1.2 *Exemple 2 : charge de structure supportée par une porteuse* ... 8

  2.2 Charges d'exploitation 12

  2.3 Charges de neige sur une toiture 12

    2.3.1 *Charge de neige sur le sol s_k* 14

    2.3.2 *Coefficient de forme μ_i* 14

3 Combinaisons d'actions 18

  3.1 Combinaisons à l'état limite ultime (ELU) 18

  3.2 Combinaisons à l'état limite de service (ELS) 20

  3.3 Applications : vérification de la poutre maîtresse d'un plancher ... 22

    3.3.1 *Combinaisons à l'état limite ultime (ELU)* 22

    3.3.2 *Combinaisons à l'état limite de service (ELS)* 23

  3.4 Applications : vérification d'une panne de toiture 24

    3.4.1 *Combinaisons à l'état limite ultime (ELU)* 25

    3.4.2 *Combinaisons à l'état limite de service (ELS)* 26

4 Valeurs de résistance du bois 26

  4.1 Classe de résistance du bois massif et lamellé-collé 26

    4.1.1 *Classements de structure* 27

    4.1.2 *Contraintes caractéristiques $f_{x,k}$* 27

    4.1.3 *Module d'élasticité E* 27

    4.1.4 *Valeurs caractéristiques* 28

  4.2 Calcul de la valeur de résistance du bois 29

    4.2.1 *Coefficient k_{mod}* 29

    4.2.2 *Coefficient γ_M* 33

    4.2.3 *Calcul de la résistance du bois* 33

5 Sections de calcul 35

6 Valeurs de flèche réglementaires 36

APPLICATIONS RÉSOLUES 38

CHAPITRE 2. Vérification aux Eurocodes d'une pièce travaillant en flexion et en cisaillement – Justification d'une solive 53

1 Hypothèses de calcul 53

2 Détermination des actions 54

2.1 Actions provoquées par le poids de la structure 54

2.2 Les charges d'exploitation 55

3 Les combinaisons d'action 55

3.1 Les combinaisons à l'état limite ultime (ELU) 55

3.2 Les combinaisons à l'état limite de service (ELS) 56

4 Vérification à l'état limite ultime (ELU) 56

4.1 La flexion 56

4.1.1 *Contrainte provoquée par les actions $\sigma_{m,d}$* 56

4.1.2 *Contrainte de résistance du bois $f_{m,d}$* 57

4.1.3 *Coefficient d'instabilité provenant du déversement k_{crit}* 58

4.1.3.1 *Calcul de la contrainte critique de flexion $\sigma_{m,\mathrm{crit}}$* 58

4.1.3.2 *Calcul de l'élancement relatif de flexion $\lambda_{\mathrm{rel},m}$* 58

4.1.3.3 *Calcul du coefficient k_{crit}* 59

4.1.4 *Taux de travail* 59

4.2 Le cisaillement 59

4.2.1 *Contrainte provoquée par les actions τ_d* 59

4.2.2 *Contrainte de résistance du bois $f_{v,d}$* 60

4.2.3 *Taux de travail* 60

4.3 La compression sous les appuis 60

4.3.1 *Contrainte provoquée par les actions $\sigma_{c,90,d}$* 61

4.3.2 *Contrainte de résistance du bois $f_{c,90,d}$* 61

4.3.3 *$k_{c,90}$: coefficient permettant de majorer la contrainte de résistance* 62

4.3.4 *Taux de travail* 63

5 Vérification à l'état limite de service (ELS) 63

5.1 La déformation instantanée sous charge variable $W_{\mathrm{inst}(Q)}$ 63

5.2 La déformation totale 64

6 Comparaison entre les critères de dimensionnement 66

APPLICATIONS RÉSOLUES 67

CHAPITRE 3. Vérification aux Eurocodes d'une pièce travaillant en compression ou traction – Justification d'un poteau 91

1 Hypothèses de calcul 91

2 Détermination des actions 92

2.1 Actions provoquées par le poids de la structure 92

2.2 Les charges d'exploitation 92

2.3 Les charges de neige 92

2.4 Les effets du vent 93

3   Les combinaisons d'actions à l'état limite ultime (ELU) 93

4   Vérification à l'état limite ultime (ELU) 94

4.1 Calcul de la charge reprise par le poteau et section de calcul 94

4.2 La compression axiale avec risque de flambement 95

    4.2.1 *Contrainte provoquée par les actions* $\sigma_{c,0,d}$ 95

    4.2.2 *Contrainte de résistance du bois* $f_{c,0,d}$ 96

    4.2.3 *Coefficient de flambement* k_c 96

    4.2.4 *Taux de travail* 99

APPLICATIONS RÉSOLUES 100

CHAPITRE 4. Vérification aux Eurocodes d'une pièce travaillant en compression et flexion (sollicitations composées) – Panne transmettant des efforts de vent à la travée de stabilité

CHAPITRE 4. Vérification aux Eurocodes d'une pièce travaillant en compression et flexion (sollicitations composées) – Panne transmettant des efforts de vent à la travée de stabilité 119

1   Hypothèses de calcul 120

2   Détermination des actions 120

2.1 Actions provoquées par le poids de la structure 120

2.2 Les charges de neige 121

2.3 Les charges d'exploitation 121

2.4 Les effets du vent 121

3   Les combinaisons d'actions 122

3.1 Les combinaisons à l'état limite ultime (ELU) 122

3.2 Les combinaisons à l'état limite de service (ELS) 122

4   Vérification à l'état limite ultime (ELU) 123

4.1 Calcul de la charge reprise par la panne et section de calcul 123

4.2 Vérification avec une sollicitation simple, la flexion avec risque de déversement 124

    4.2.1 *Contrainte provoquée par les actions* $\sigma_{m,y,d}$ 124

    4.2.2 *Contrainte de résistance du bois* $f_{m,d}$ 125

    4.2.3 *Coefficient d'instabilité provenant du déversement* k_{crit} 127

        4.2.3.1 *Calcul de la contrainte critique de flexion* $\sigma_{m,\mathrm{crit}}$ 127

        4.2.3.2 *Calcul de l'élancement relatif de flexion* $\lambda_{\mathrm{rel},m}$ 127

        4.2.3.3 *Calcul du coefficient* k_{crit} 127

    4.2.4 *Taux de travail* 128

4.3 Le cisaillement (sollicitation simple) 128

    4.3.1 *Contrainte provoquée par les actions* τ_d 128

    4.3.2 *Contrainte de résistance du bois* $f_{v,d}$ 129

4.3.3 *Taux de travail* 130

4.4 Vérification avec une sollicitation composée, la flexion
et la compression axiale avec risque de flambement 130

4.4.1 *Contrainte provoquée par les actions* $\sigma_{c,0,d}$ 131

4.4.2 *Contrainte de résistance du bois* $f_{c,0,d}$ 131

4.4.3 *Coefficient de flambement* k_c 131

4.4.4 *Taux de travail des sollicitations composées
(compression et flexion)* 133

5   Vérification à l'état limite de service (ELS) 134

5.1 La déformation instantanée sous charge variable $W_{\text{inst}(Q)}$ 134

5.1.1 *Calcul de la flèche provoquée par la neige* 134

5.1.2 *Calcul de la flèche provoquée par la charge d'entretien* 135

5.2 La déformation totale 136

6   Comparaison entre les critères de dimensionnement 137

APPLICATIONS RÉSOLUES 138

**CHAPITRE 5. Panne d'aplomb ou déversée
– Vérification aux Eurocodes d'une panne
travaillant en flexion déviée** 163

1   Panne d'aplomb ou déversée 163

1.1 Travail en flexion simple ou déviée ? 163

1.2 Fixation des chevrons sur les pannes pour obtenir de la flexion simple ... 165

1.2.1 *Panne posée d'aplomb* 165

1.2.2 *Panne posée déversée* 166

1.2.2.1 *Blocage des chevrons sur la faîtière* 167

1.2.2.2 *Blocage des chevrons sur la sablière* 168

1.2.2.3 *Création d'un appui supplémentaire* 168

1.3 Exemple de cas de figure ou la flexion déviée est inévitable 169

1.3.1 *Influence de la fixation des chevrons sur les efforts
repris par les pannes* 169

1.3.2 *Pannes posées à l'aplomb* 169

1.3.2.1 *Pas (ou entaille) sur chevrons* 169

1.3.2.2 *Panne délardée* 170

1.3.3 *Pannes posées déversées* 170

1.3.3.1 *Panne de rigidité transversale insuffisante
avec blocage sur faîtière* 170

1.3.3.2 *Panne de rigidité transversale insuffisante
avec blocage sur sablière* 170

1.3.3.3 *Panne de rigidité transversale insuffisante
avec blocage par étrésillon central* 173

1.3.3.4 *Panne de rigidité transversale suffisante* 174

**2   Vérification aux Eurocodes d'une panne
travaillant en flexion déviée** 174

2.1 Hypothèses de calcul 174
2.2 Détermination des actions 175
   2.2.1 *Actions provoquées par le poids de la structure* 175
   2.2.2 *Les charges d'exploitation* 176
   2.2.3 *Les charges de neige* 176
2.3 Les combinaisons d'action 177
   2.3.1 *Les combinaisons à l'état limite ultime (ELU)* 177
   2.3.2 *Les combinaisons à l'état limite de service (ELS)* 177
2.4 Vérification à l'état limite ultime (ELU) 177
   2.4.1 *Calcul de la charge reprise par la panne* 178
   2.4.2 *Vérification avec une flexion déviée* 179
      2.4.2.1 *Contrainte provoquée par les actions* $\sigma_{m,y,d}$ *et* $\sigma_{m,z,d}$ 179
      2.4.2.2 *Contrainte de résistance du bois* $f_{m,d}$ 180
      2.4.2.3 *Taux de travail de la flexion déviée* 181
   2.4.3 *Le cisaillement* 182
      2.4.3.1 *Contrainte provoquée par les actions* τ_d 182
      2.4.3.2 *Contrainte de résistance du bois* $f_{v,d}$ 183
      2.4.3.3 *Taux de travail* 184
2.5 Vérification à l'état limite de service (ELS) 184
   2.5.1 *La déformation instantanée sous charge variable* $W_{\text{inst}(Q)}$ 184
   2.5.2 *La déformation totale* 186
2.6 Comparaison entre les critères de dimensionnement 188
2.7 Optimisation de la panne par un appui intermédiaire
   situé dans le plan de la toiture 188
2.8 Optimisation de la panne par un appui intermédiaire
   situé dans le plan de la toiture et une contreflèche 189

APPLICATIONS RÉSOLUES 191

CHAPITRE 6. Vérification aux Eurocodes de la stabilité d'une maison à ossature bois sous l'effet du vent

Vérification aux Eurocodes de la stabilité d'une maison à ossature bois sous l'effet du vent 205

1 Vent sur le pignon d'une maison de plain-pied 206

1.1 Hypothèses de calcul 206
1.2 Détermination des effets du vent 207
1.3 Combinaisons d'actions à l'état limite ultime (ELU) 209
1.4 Dispositions constructives justifiant la stabilité de l'ouvrage
   selon la norme NF DTU 31.2 209
1.5 Vérification de la stabilité de la structure à l'état limite ultime 210
   1.5.1 *Méthode de calcul de la résistance d'un panneau* 211
   1.5.2 *Calcul de la résistance d'une pointe de* $1,9 \times 50$ *mm* 212
      1.5.2.1 *Conditions de pénétration d'une pointe* 212
      1.5.2.2 *Portance locale dans l'ossature et dans le panneau* 213
      1.5.2.3 *Moment d'écoulement plastique* 214
      1.5.2.4 *Mode de rupture de la pointe* 214

1.5.2.5 *Effet de corde* 216
1.5.3 *Résistance des panneaux* 218
    1.5.3.1 *Capacité résistante du panneau 1 au contreventement* ... 218
    1.5.3.2 *Capacité résistante du panneau 2 au contreventement* ... 218
    1.5.3.3 *Capacité résistante du panneau 3 au contreventement* ... 218
1.5.4 *Résistance du mur et taux de travail* 218
1.5.5 *Effort de compression et de soulèvement de chaque panneau* 219
1.5.6 *Conditions de pince* 220

**2 Vent sur le long pan (ou façade)
d'une maison individuelle à un étage** 220

2.1 Hypothèses de calcul 220
2.2 Détermination des effets du vent 222
2.3 Combinaisons d'actions à l'état limite ultime (ELU) 224
2.4 Vérification de la stabilité de la structure à l'état limite ultime (ELU) 224
    2.4.1 *Calcul de la résistance d'une agrafe* 225
        2.4.1.1 *Conditions de pénétration d'une agrafe* 225
        2.4.1.2 *Portance locale dans l'ossature et dans le panneau* 226
        2.4.1.3 *Moment d'écoulement plastique* 226
        2.4.1.4 *Mode de rupture d'une tige de l'agrafe* 226
    2.4.2 *Résistance des panneaux* 227
        2.4.2.1 *Capacité résistante du panneau 1 au contreventement* ... 227
        2.4.2.2 *Capacité résistante du panneau 2 au contreventement* ... 228
    2.4.3 *Résistance du mur et taux de travail* 228
    2.4.4 *Effort de compression et de soulèvement de chaque panneau* 228
    2.4.5 *Conditions de pince* 229

CHAPITRE 7. Vérification aux Eurocodes d'un assemblage avec des boulons 231

**1 Exemple 1 : assemblage bois/bois travaillant
en double cisaillement – Cas de l'arbalétrier et de l'entrait moisé** .. 231
1.1 Hypothèses de calcul 232
1.2 Détermination de la résistance des boulons de l'assemblage 233
    1.2.1 *Calcul de la résistance d'une tige isolée (ou un boulon)* 233
        1.2.1.1 *Portance locale dans l'arêtier et dans l'entrait moisé* 233
        1.2.1.2 *Moment d'écoulement plastique* 235
        1.2.1.3 *Mode de rupture du boulon* 236
        1.2.1.4 *Effet de corde* 237
    1.2.2 *Espacements et distances* 240
    1.2.3 *Nombre efficace de boulons* 242
        1.2.3.1 *Nombre efficace dans l'arbalétrier* 243
        1.2.3.2 *Nombre efficace dans l'entrait* 243
        1.2.3.3 *Nombre efficace de l'assemblage* 244
1.3 Résistance et taux de travail de l'assemblage 244
1.4 Vérification du cisaillement et du fendage 244

1.4.1 *Cisaillement* 244

    1.4.1.1 τ_d: *contrainte de cisaillement induite par la combinaison d'action des états limites ultimes (ELU)* 245

    1.4.1.2 $f_{v,d}$: *contrainte de résistance de cisaillement* 246

    1.4.1.3 *Taux de travail* 246

1.4.2 *Fendage* 246

2 Exemple 2: assemblage bois/métal travaillant en double cisaillement – Cas du pied de poteau 248

2.1 Hypothèses de calcul 248

2.2 Calcul des effets du vent sur les boulons 250

2.3 Détermination de la résistance du boulon le plus sollicité de l'assemblage (boulon 1) 251

  2.3.1 *Portance locale dans le poteau* 252

  2.3.2 *Moment d'écoulement plastique* 253

  2.3.3 *Mode de rupture du boulon* 253

  2.3.4 *Effet de corde* 254

2.4 Espacements et distances des boulons par rapport au bois et à la ferrure ... 255

2.5 Taux de travail de l'assemblage 257

2.6 Vérification du cisaillement et du fendage 257

  2.6.1 *Cisaillement* 257

    2.6.1.1 *Contrainte de cisaillement* 258

    2.6.1.2 *Contrainte de résistance de cisaillement* 259

    2.6.1.3 *Taux de travail* 259

  2.6.2 *Fendage* 259

Annexes 261

1 Formulaire 261

1.1 Unités 261

1.2 Flexion 261

  1.2.1 *Taux de travail* 261

  1.2.2 *Contrainte de flexion* 261

  1.2.3 *Contrainte de résistance en flexion* 262

  1.2.4 *Coefficient d'instabilité provenant du déversement* k_{crit} 262

    1.2.4.1 *Calcul de la contrainte critique de flexion* $\sigma_{m,\mathrm{crit}}$ 262

    1.2.4.2 *Calcul de l'élancement relatif de flexion* $\lambda_{\mathrm{rel},m}$ 263

    1.2.4.3 *Calcul du coefficient* k_{crit} 263

1.3 Cisaillement 263

  1.3.1 *Taux de travail* 263

  1.3.2 *Contrainte de cisaillement provoquée par les actions* τ_d 263

  1.3.3 *Contrainte de résistance de cisaillement* $f_{v,d}$ 264

1.4 Compression sous les appuis 264

  1.4.1 *Taux de travail* 264

  1.4.2 *Contrainte de compression transversale provoquée par les actions* $\sigma_{c,90,d}$ 264

  1.4.3 *Contrainte de résistance en compression transversale* $f_{c,90,d}$ 265

1.4.4 *Coefficient majorant la contrainte de résistance $k_{c,90}$* 265
1.5 Traction 265
    1.5.1 *Taux de travail* 265
    1.5.2 *Contrainte de traction axiale provoquée par les actions $\sigma_{t,0,d}$* 266
    1.5.3 *Contrainte de résistance du bois $f_{t,0,d}$* 266
1.6 Compression axiale avec risque de flambement 266
    1.6.1 *Taux de travail* 266
    1.6.2 *Contrainte de compression axiale provoquée par les actions $\sigma_{c,0,d}$* .. 266
    1.6.3 *Élancement mécanique λ* 267
    1.6.4 *Contrainte de résistance en compression axiale $f_{c,0,d}$* 267
    1.6.5 *Influence des assemblages des extrémités
         sur la longueur de flambement* 267
    1.6.6 *Élancement relatif* 268
    1.6.7 *Coefficient intermédiaire* 268
    1.6.8 *Coefficient d'instabilité* 268
1.7 Déformation 268
    1.7.1 *Déformation instantanée sous charge variable* 268
    1.7.2 *Déformation totale* 268
    1.7.3 *Poutre sur deux appuis avec une charge uniformément répartie* 268
    1.7.4 *Poutre sur deux appuis avec charge ponctuelle centrée* 269
    1.7.5 *Déformation totale* 269
1.8 Sollicitations composées 269
    1.8.1 *Compression axiale avec risque de flambement et flexion* 269
    1.8.2 *Flexion déviée* 270

2   Tableaux : vérification des structures en bois avec les Eurocodes 271

Étapes pour justifier une pièce

La vérification d'une pièce à l'Eurocode comporte de nombreuses étapes dont voici un exemple pour vérifier une pièce travaillant en flexion.

Descente de charge

Exemple : G, Q, S

Charge de calcul

Exemples :

$$\text{ELU} \rightarrow q_1 = 1,35G + 1,5Q$$

$$\text{ELU} \rightarrow q_2 = 1,35G + 1,5S + 1,5\Psi_0 W$$

$$\text{ELS} \rightarrow q_3 = G + Q + k_{\text{def}}(G + \Psi_2 Q)$$

$$\text{ELS} \rightarrow q_4 = G + S + \Psi_0 W + k_{\text{def}}(G + \Psi_2 S + \Psi_2 W)$$

Efforts extérieurs à la barre : statique

Exemple : une barre reposant sur deux appuis avec un chargement uniformément réparti :

$$R_A = \frac{q \cdot l}{2}$$

Efforts internes : diagrammes des efforts normaux, tranchants et du moment fléchissant

Exemple : une barre reposant sur deux appuis avec un chargement uniformément réparti :

$$V_{\max} = \frac{q \cdot l}{2} \; ; \; M_{\text{f,max}} = \frac{q \cdot l^2}{8}$$

ELU : contrainte subie par le bois

$$\text{Exemple} : \sigma_{m,d} = \frac{M_{\mathrm{f},y}}{\dfrac{I_{G,y}}{V}}$$

ELU : contrainte de résistance du bois

$$\text{Exemple} : f_{m,d} = f_{m,k} \cdot \frac{k_{\mathrm{mod}}}{\gamma_M} \cdot k_{\mathrm{sys}} \cdot k_{\mathrm{h}}$$

ELU : taux de travail

$$\frac{\sigma_{m,d}}{k_{\mathrm{crit}} \cdot f_{m,d}} \leqslant 1$$

ELS : déformation instantanée

$$U_{\mathrm{inst}(Q)} = \frac{5 q_{\mathrm{inst}(Q)} \cdot L^4}{384 E_{0,mean} \cdot I}$$

ELS : déformation instantanée limite

$$\text{Exemple} : L/300$$

ELS : taux de déformation

$$\frac{U_{\mathrm{inst}(Q)}}{W_{\mathrm{inst}(Q)}} \leqslant 1$$

ELS : déformation totale

$$U_{\mathrm{net,fin}} = \frac{5q_{\mathrm{net,fin}} \cdot L^4}{384 E_{0,mean} \cdot I}$$

ELS : déformation totale limite

Exemple : $L/200$

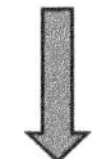

ELS : taux de déformation

$$\frac{U_{\mathrm{net,fin}}}{W_{\mathrm{net,fin}}} \leq 1$$

CHAPITRE 1

Vérifications des structures en bois avec les Eurocodes, généralités

1 Vérifier à l'état limite

Une première vérification consiste à confirmer que, pendant toute la durée d'exploitation du bâtiment, la sécurité des personnes est assurée : c'est la vérification à l'état limite ultime (ELU). Une seconde vérification permet de contrôler que les usagers peuvent exploiter le bâtiment conformément à sa destination : c'est la vérification à l'état limite de service (ELS).

1.1 Vérifier à l'état limite ultime (ELU)

L'état limite ultime ne doit pas être dépassé car il y aurait un risque d'effondrement du bâtiment. Il consiste à vérifier les relations suivantes :

- la sollicitation agissante doit être inférieure ou égale à la résistance du matériau ou de l'assemblage :

$$\text{sollicitation} \leqslant \text{résistance}$$

- les effets des actions E_d doivent rester inférieurs aux résistances de calcul R_d :

$$E_d \leqslant R_d$$

L'état limite ultime distingue trois types de vérification :

- la vérification de la résistance des différentes parties de la structure (STR) : barres, assemblages, structures, etc. ;

- la vérification des risques de perte d'équilibre (EQU), qui peut concerner, par exemple, le soulèvement d'une toiture, le déplacement d'une construction sous l'effet du vent, un balcon, etc. ;
- la vérification de la résistance du sol (GEO), rare, les fondations n'étant généralement pas en bois. Cette vérification est réalisée pour des bâtiments importants, mais par un bureau d'étude spécialisé.

1.2 Vérifier à l'état limite de service (ELS)

L'état limite de service est vérifié lorsque les déformations ne dépassent pas une valeur limite réglementaire. Le comportement des planchers doit aussi être vérifié vis-à-vis des vibrations.

Exemple :

Il faut vérifier que la flèche provoquée par les charges de structure et les charges d'exploitation ne dépassent pas la flèche limite réglementaire, c'est-à-dire :

$$U_{fin} \leq W_{fin}$$

avec :

- U_{fin} : déformation totale, fluage inclus (flèche différée), provoquée par les actions appliquées à la structure ;
- W_{fin} : flèche limite réglementaire.

2 Actions appliquées aux structures

Les actions appliquées aux structures sont classées en trois catégories :
- les actions permanentes « G », essentiellement composées des forces de gravitées exercées par le poids propre de la structure ;
- les actions variables « Q », provenant des charges d'exploitation, de la neige et des effets du vent ;
- les actions accidentelles « A », qui ont une probabilité très faible de se produire pendant la vie du bâtiment (neige exceptionnelle ou séisme).

Le tableau 1.1 liste les références des textes réglementaires qui définissent les différents types d'actions.

Tableau 1.1 Types d'actions et textes normatifs.

Actions	Symbole	Exemples	Normes
Permanentes	G	Poids propre de la structure et des équipements fixes	NF EN 1991-1-1
Variables	Q	Charges d'exploitation (Q)	NF P 06-111-2/A1
		Neige (S)	NF EN 1991-1-3 NF EN 1991-1-3/NA
		Vent (W)	NF EN 1991-1-4 NF EN 1991-1-4/NA
Accidentelles	A	Neige exceptionnelle, séismes, etc.	NF EN 1998-1 à NF EN 1998-6

2.1 Actions provoquées par le poids de la structure

Les actions provoquées par le poids de la structure et des équipements fixes sont permanentes. Leur valeur est définie dans l'Eurocode 1-1-1 et l'annexe nationale NF P 06-111-2/A1. La masse volumique du bois massif et du bois lamellé-collé est précisée au § 4.1.4.

2.1.1 Exemple 1 : charge de structure supportée par une solive

Calcul des charges de structure (G) supportées par une solive d'un plancher

Considérons un plancher composé d'un parquet contrecollé, d'un support en OSB de 16 mm d'épaisseur et de solives de 200×50 mm. L'entraxe entre les solives est de 50 cm (figures 1.1 et 1.2).

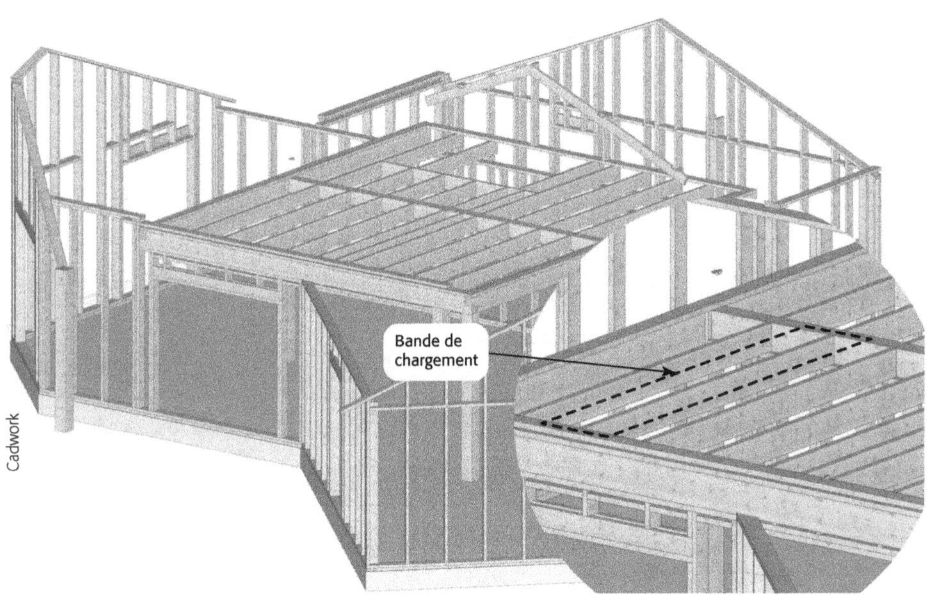

Figure 1.1 Définition de la bande de chargement de la solive étudiée.

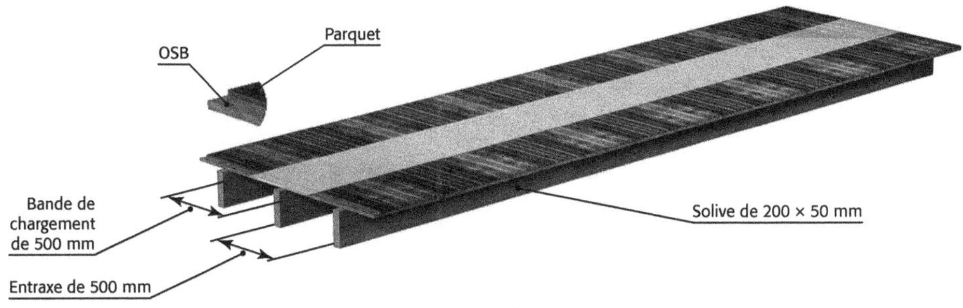

Figure 1.2 Détermination de la bande de chargement.

Étape 1 : détermination de la bande de chargement

La solive intermédiaire reprend 1/2 entraxe à gauche et 1/2 entraxe à droite, soit un entraxe complet (250 + 250 = 500 mm).

Étape 2 : calcul de la charge

Ce calcul consiste à transformer :

- la masse des éléments surfaciques (parquet contrecollé et OSB) en actions exprimées en kN/m^2 ;
- la masse des éléments linéiques (solives) en actions exprimées en kN/m.

Les charges correspondantes sont calculées comme suit :

- pour le parquet contrecollé, de masse surfacique 8 kg/m^2 : [kg/m^2] · [g/1 000] = kN/m^2, soit 8 × (10/1 000) = 0,08 kN/m^2, avec g l'accélération terrestre prise, par simplification, égale à 10 m/s^2 ;
- pour l'OSB, de masse volumique 660 kg/m^3 :

$$\frac{\left[kg/m^3\right] \cdot g}{1\,000} \cdot \text{épaisseur (m)} = kN/m^2, \text{ soit } \frac{660 \times 10}{1\,000} \times 0,016 = 0,106 \ kN/m^2 ;$$

- pour les solives, de masse volumique 420 kg/m^3 :

$$\frac{\left[kg/m^3\right] \cdot g}{1\,000} \cdot \text{hauteur (m)} \cdot \text{épaisseur (m)} = kN/m,$$

$$\text{soit } \frac{420 \times 10}{1\,000} \times 0,2 \times 0,05 = 0,042 \ kN/m.$$

Étape 3 : détermination de la charge de structure (G) par mètre de solive

La charge de structure surfacique est multipliée par la bande de chargement pour obtenir une charge linéique. Le poids des solives est ajouté.

La charge totale est G = (0,08 + 0,106) × 0,5 + 0,042 = 0,135 kN/m.

2.1.2   Exemple 2 : charge de structure supportée par une porteuse

Remarque : pour simplifier, nous ne tiendrons pas compte de la trémie.

Calcul des charges de structure (G) supportées par la porteuse (poutre maîtresse de 405 × 75 mm) du plancher étudié, placée au milieu d'une pièce de 8 m de long (figures 1.3 et 1.4).

Étape 1 : détermination de la bande de chargement

La porteuse reprend la moitié de la surface à gauche de la porteuse et la moitié de la surface à droite de la porteuse, soit 4/2 + 4/2 = 4 m.

Étape 2 : calcul de la charge

Ce calcul consiste à transformer le poids par mètre de solives en poids par mètre carré, puis de le transformer en poids par mètre de porteuse et d'ajouter son propre poids.

$$G_{\text{porteuse}} = 420 \times \frac{10}{1\,000} \times 0,405 \times 0,075 = 0,128 \ kN/m.$$

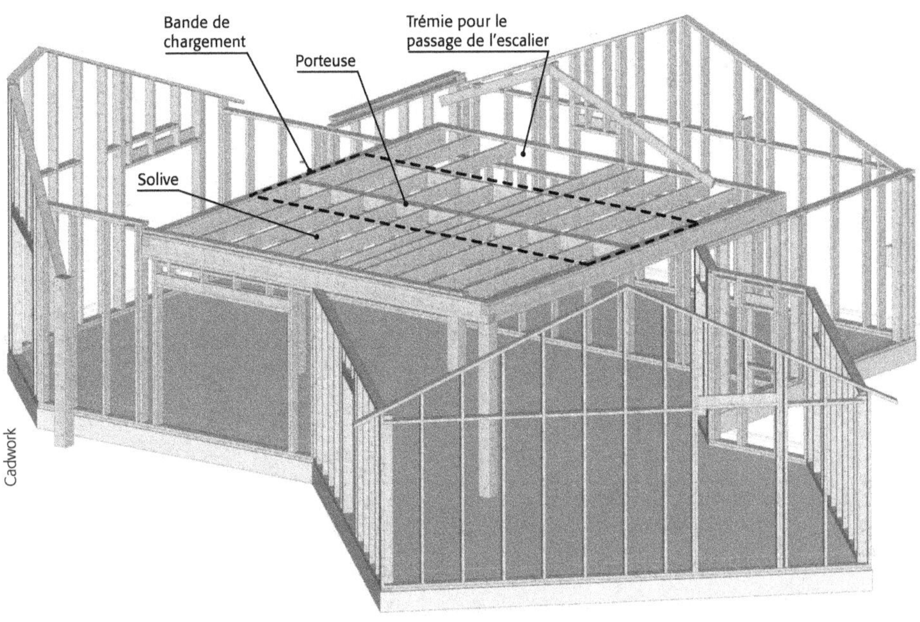

Figure 1.3 Définition de la bande de chargement de la porteuse étudiée (par simplification, la trémie est négligée).

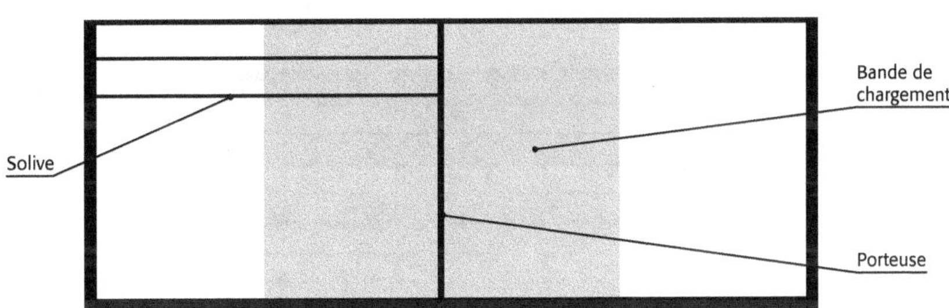

Figure 1.4 Vue en plan de la porteuse étudiée.

La charge totale est $\dfrac{G_{\text{total solive}}}{Entraxe_{\text{solive}}} \cdot Entraxe_{\text{porteuse}} + G_{\text{porteuse}},$

soit $\dfrac{0,135}{0,5} \times 4 + 0,128 = 1,208$ kN/m.

Remarque : le calcul des charges de structure d'une toiture repose sur le même principe. Les chevrons sont l'équivalent des solives et les pannes sont l'équivalent des porteuses.

Calcul des charges de structure (G) supportées par les solives, le chevêtre (figures 1.5 et 1.6), la solive d'enchevêtrure et la porteuse d'un plancher.

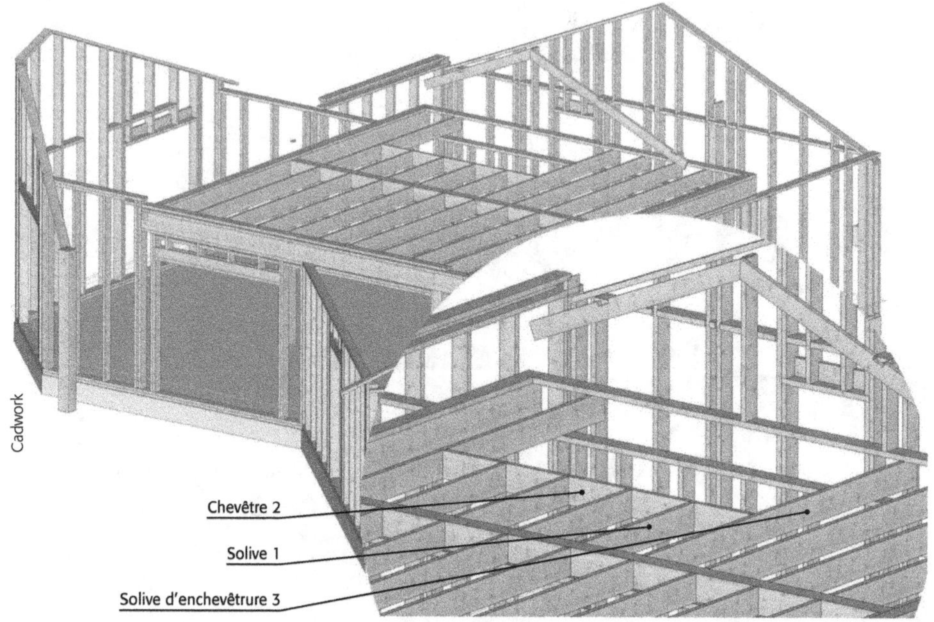

Figure 1.5 Définition du chevêtre.

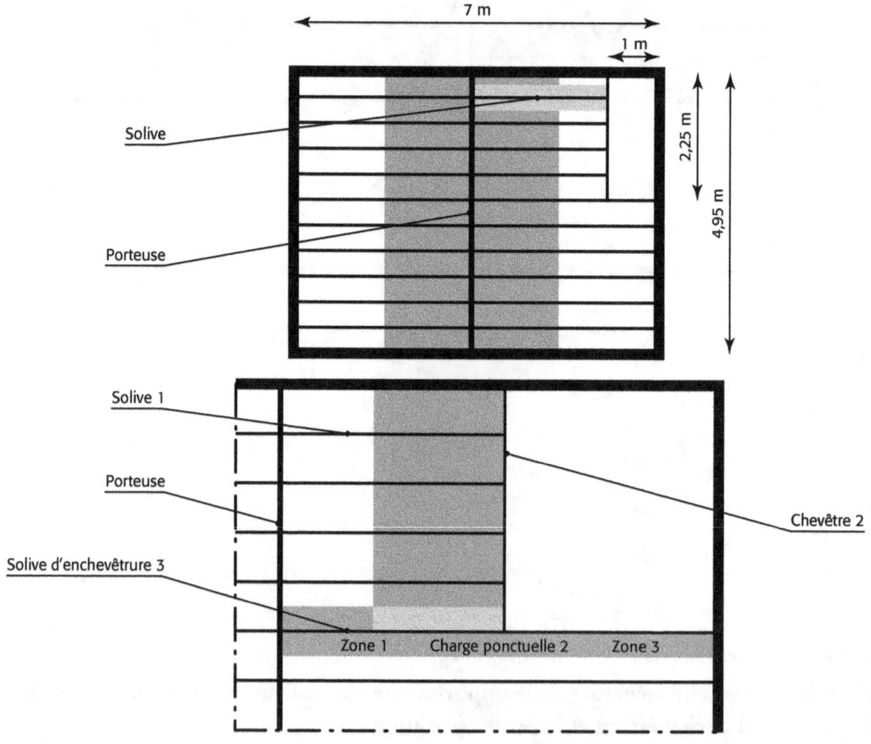

Figure 1.6 Vue en plan du chevêtre (par simplification, la trémie est placée dans l'angle de la pièce).

• *Solive 1*

Étape 1 : détermination de la bande de chargement

Les solives forment 11 intervalles. La largeur de la bande de chargement est de 4,95/11 = 0,45 m.

Étape 2 : calcul de la charge de structure

Le revêtement de sol : 9 kg/m², soit $9 \times (10/1\,000) = 0,09$ kN/m².

Le panneau : $740 \times \dfrac{10}{1\,000} \times 0,015 = 0,111$ kN/m².

Les solives : $\dfrac{420 \times 10}{1\,000} \times 0,200 \times 0,075 = 0,063$ kN/m .

La charge totale est $G = (0,09 + 0,111) \times 0,45 + 0,063 = 0,154$ kN/m.

• *Porteuse 2*

Étape 1 : détermination de la bande de chargement

La porteuse reprend la moitié de la surface à gauche de la porteuse et la moitié de la surface à droite de la porteuse, soit $3,5/2 + 3,5/2 = 3,5$ m.

Étape 2 : calcul de la charge

Ce calcul consiste à transformer le poids par mètre de solives en poids par mètre carré, puis de le transformer en poids par mètre de porteuse et d'ajouter son propre poids.

$$G_{\text{porteuse}} = 380 \times \frac{10}{1\,000} \times 0,300 \times 0,200 = 0,228 \text{ kN/m.}$$

La charge totale par mètre est $\dfrac{G_{\text{total solive}}}{Entraxe_{\text{solive}}} \cdot Entraxe_{\text{porteuse}} + G_{\text{porteuse}}$,

soit $\dfrac{0,154}{0,45} \times 3,5 + 0,228 = 1,426$ kN/m.

• *Chevêtre 3*

Étape 1 : détermination de la bande de chargement

Le chevêtre reprend la moitié de la surface à gauche, soit $\dfrac{\left(\dfrac{7}{2} - 1\right)}{2} = 1,25$ m.

Étape 2 : calcul de la charge de structure

Ce calcul consiste à transformer le poids par mètre de solives en poids par mètre carré, puis de le transformer en poids par mètre de chevêtre et d'ajouter son propre poids.

$G_{\text{chevêtre}} = G_{\text{solive}} = 0,063$ kN/m.

La charge totale est $\dfrac{G_{\text{total solive}}}{Entraxe_{\text{solive}}} \cdot Entraxe_{\text{chevêtre}} + G_{\text{chevêtre}}$,

soit $\dfrac{0,154}{0,45} \times 1,25 + 0,063 = 0,491$ kN/m.

• *Solive d'enchevêtrure 4*

La solive d'enchevêtrure comprend trois charges différentes (figure 1.6). Dans la première zone, la charge est équivalente à la charge de la solive 1. Le chevêtre crée un deuxième type de force, une force ponctuelle. Il repose sur le mur et sur la solive d'enchevêtrure. Il transmet une force équivalente à la moitié de sa charge totale. Dans la zone 3, la charge est sensiblement équivalente à la moitié de la charge de la solive 1.

Zone 1 : $G = 0,154$ kN/m.

$$\text{Charge 2}: G = \frac{\text{Charge totale sur le chevêtre}}{2} = \frac{\text{Charge par mètre} \cdot \text{longueur}}{2},$$

soit $G = \dfrac{0,491 \times 2,25}{2} = 0,553$ kN.

Zone 3 : $G = (0,09 + 0,111) \times 0,225 + 0,063 = 0,108$ kN/m.

Remarque : le kN/m est retenu puisque 1 kN/m = 1 N/mm, unité compatible avec le MPa ou le N/mm², employé pour les vérifications de contrainte et de déformation. Par simplification, l'accélération terrestre g est prise égale à 10 m/s².

2.2 Charges d'exploitation

Les charges d'exploitation sont précisées dans le tableau 1.2.

Exemple : calcul des charges d'exploitation (Q) supportées par une solive

Considérons un plancher situé dans un local d'habitation dont la bande de chargement est de 0,5 m.

La détermination de la charge d'exploitation (Q) par mètre de solive est la suivante :

$Q =$ charge par m² · largeur de bande de chargement $= 1,50 \times 0,5 = 0,75$ kN/m.

2.3 Charges de neige sur une toiture

Une toiture composée de deux versants (sans accumulation de neige) a une charge de neige S définie par la formule :

$$S = S_k \cdot \mu_{i(\alpha)} \cdot c_e \cdot c_t$$

avec :

- S_k : valeur caractéristique de la charge de neige sur le sol (§ 2.3.1) ;
- $\mu_{i(\alpha)}$: coefficient de forme appliqué à la charge de neige (§ 2.3.2) ;
- c_e : coefficient d'exposition au vent ; généralement égal à 1, il peut prendre la valeur de 1,25 lorsque le vent ne déplace pratiquement plus la neige, la toiture étant très abritée (clause 5.2(7) de la norme NF EN 1991-1-3/NA) ;
- c_t : coefficient thermique ; $c_t = 1$, les bâtiments chauffés étant aujourd'hui systématiquement isolés. Ce coefficient peut diminuer la charge de neige uniquement dans de très rares cas.

En situation accidentelle, une charge de neige S répond à l'équation suivante :

$$S = S_{Ad} \cdot \mu_{i(\alpha)} \cdot c_e \cdot c_t$$

Dans ce cas, S_{Ad} est la valeur de la charge exceptionnelle de neige sur le sol.

Tableau 1.2 Valeurs des charges d'exploitation en fonction du bâtiment
(source : NF P 06-111-2/A1, clause 6.3.1.2(1)P, tableau 6.2).

Catégorie	Charge uniformément répartie q_k (kN/m²)	Charge concentrée Q_k (kN)
A – Logement		
– Plancher	1,5	2
– Escalier	2,5	2
– Balcon	3,5	2
B – Bureau		
– Bureau	2,5	4
C – Locaux publics		
– C1 Locaux avec table (écoles, restaurants, etc.)	2,5	3
– C2 Locaux avec sièges fixes (théâtres, cinémas, etc.)	4	4
– C3 Locaux sans obstacles à la circulation (musées, salles d'exposition)	4	4
– C4 Locaux pour activités physiques (dancings, salles de gymnastique, etc.)	5	7
– C5 Locaux susceptibles d'être surpeuplés (salles de concert, terrasses, etc.)	5	4,5
D – Commerces		
– D1 Commerces de détail courants	5	5
– D2 Grands magasins	5	7
E – Aires de stockage et locaux industriels		
– E1 Surfaces de stockage (entrepôts, bibliothèques, etc.)	7,5	7
– E2 Usage industriel	Cf. CCTP	
H – Toitures		
– Si pente ⩽ 15 % + étanchéité	0,8 (1)	1,5
– Autres toitures	0	1,5
I – Toitures accessibles		
– Pour les usages des catégories A à D	Charges identiques à la catégorie de l'usage	
– Si aménagement paysager	⩾ 3	–
(1) q_k sur une surface rectangulaire ($A \times B$) de 10 m² telle que $0,5 \leqslant A/B \leqslant 2$.		

– Les vérifications sont effectuées avec la charge uniformément répartie q_k puis avec la charge concentrée Q_k.

– Pour le locaux de catégories A, B, C3 et D1, la charge uniformément répartie q_k est minorée par le coefficient $\alpha_A = 0,77 + A_0/A \leqslant 1$ avec $A_0 = 3,5$ m² lorsque l'élément étudié reprend une surface supérieur à 15,2 m². Exemple : une porteuse qui reprend une surface de chargement de 25 m² aura un coefficient réducteur appliqué à la charge de $0,77 + 3,5/25 = 0,91$.

– La charge des équipements importants sont précisés dans le cahier des clauses techniques particulières (CCTP) de l'opération de construction.

– Les charges d'exploitation de la catégorie H sont des charges d'entretien ; elles ne doivent pas être cumulées en action principale de base (cf. § 3 « Combinaisons d'actions ») avec les actions de la neige ou du vent, mais sont prises en compte lors de la vérification de la déformation à l'état limite de service.

2.3.1 Charge de neige sur le sol S_k

L'Eurocode 1 fournit une carte de France qui précise la charge de neige sur le sol (figure 1.7).

Remarques :

– La valeur de charge neige accidentelle est indépendante de l'altitude.

– La valeur totale de neige est obtenue en ajoutant la valeur caractéristique de la charge de neige sur le sol à l'augmentation de la charge lorsque l'altitude est supérieure à 200 m.

2.3.2 Coefficient de forme μ_i

Le coefficient de forme μ_i est défini dans le § 5.3.2 de la norme NF EN 1991-1-3 (tableau 1.3).

Tableau 1.3. Coefficients μ_i pour une toiture sans dispositif de retenue de la neige (source : NF EN 1991-1-3).

Angle α du toit (degré)	$0 < \alpha \leqslant 30$	$30 < \alpha \leqslant 60$	$\alpha \geqslant 60$
μ_1 (toiture à 1 ou 2 versants)	0,8	$0,8 \times (60 - \alpha)/30$	0
μ_2 (toiture à versants multiples)	$0,8 + (0,8\alpha/30)$	1,6	

Remarques :

– Si des éléments (barre à neige, acrotères, etc.) empêchent la neige de glisser, μ_1 est pris égal à 0,8.

– Les accumulations de neige sont définies dans les annexes des normes NF EN 1991-1-3 et NF EN 1991-1-3/NA.

La figure 1.8 présente la répartition de la neige sur une toiture dissymétrique sans vent, pour un vent venant de gauche et pour un vent venant droite.

Exemple :

Considérons un bâtiment couvert d'une toiture asymétrique dont un versant a une pente de 40 % et l'autre de 70 % (figure 1.9). Le bâtiment est situé en zone A2 à une altitude de 580 m. Les coefficients d'exposition c_e et thermique c_t sont égaux à 1.

Étape 0 : calcul des angles

$$\alpha_1 = \tan^{-1}(0,4) = 21,8°.$$

$$\alpha_2 = \tan^{-1}(0,7) = 35°.$$

Étape 1 : calcul de la neige au sol

$$S_{580} = S_{200} + \Delta S_1.$$

$$S_{580} = S_{200} + \left(1,5 \times \frac{A}{1\,000} - 0,45\right).$$

$$S_{580} = 0,45 + \left(1,5 \times \frac{580}{1\,000} - 0,45\right) = 0,87 \text{ kN/m}^2 \text{ de sol.}$$

Étape 2 : calcul du coefficient de forme μ_i

Pour le versant incliné à 21,8° (angle inférieur à 30°) : $\mu_{1(21,8°)} = 0,8$.

Pour un versant dont l'inclinaison est comprise entre 30° et 60° : $\mu_{1(\alpha)} = \dfrac{0,8 \times (60 - \alpha)}{30}$.

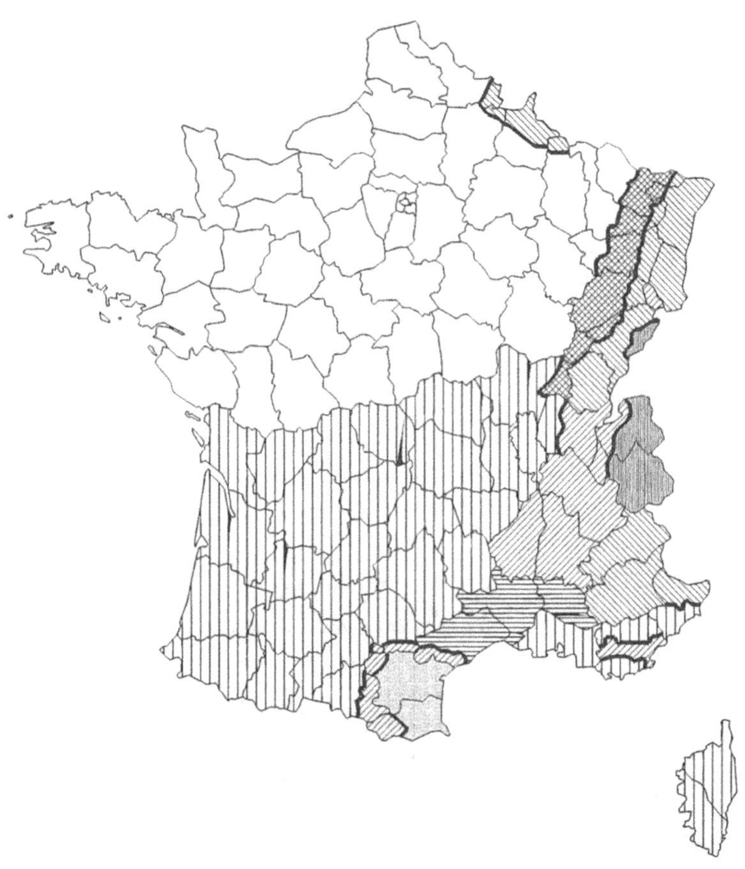

Régions	A1	A2	B1	B2	C1	C2	D	E
Valeurs caractéristiques (S_k) de la charge de neige sur un sol à une altitude inférieure à 200 mètres	0,45	0,45	0,55	0,55	0,65	0,65	0,90	1,40
Valeurs de la charge de neige exceptionnelle (S_{Ad}) sur un sol	–	1,00	1,00	1,35	–	1,35	1,80	–
Augmentation de la charge lorsque l'altitude est supérieure à 200 mètres	ΔS_1							ΔS_2

Charges en kN/m^2

Altitude A	ΔS_1	ΔS_2
De 200 à 500 m	$A/1\,000 - 0,20$	$1,5A/1\,000 - 0,30$
De 500 à 1 000 m	$1,5A/1\,000 - 0,45$	$1,5A/1\,000 - 1,30$
De 1 000 à 2 000 m	$3,5A/1\,000 - 2,45$	$7A/1\,000 - 4,80$

Figure 1.7 Carte de France des valeurs des charges de neige (source : NF EN 1991-1-3/NA).

soit, pour l'inclinaison de 35° : $\mu_{1(35°)} = \dfrac{0,8 \times (60 - 35)}{30} = 0,67$.

Étape 3 : calcul de la charge de neige sur chaque versant (kN/m^2 horizontal)

La formule de calcul de neige sur une toiture est $S = S_k \cdot \mu_{i(\alpha)} \cdot c_e \cdot c_t$.

Pour le versant incliné à 21,8° : $S_{21,8°} = 0,87 \times 0,8 \times 1 \times 1 = 0,70$ kN/m^2 horizontal.

Pour le versant incliné à 35° : $S_{35°} = 0,87 \times 0,67 \times 1 \times 1 = 0,58$ kN/m^2 horizontal.

Étape 4 : calcul de la charge de neige sur chaque versant (kN/m^2 de toiture réel ou rampant)

La figure 1.10 précise la méthode pour transformer les « charges surfaciques horizontales » en « charges surfaciques de rampants » : ainsi, on observe que 1 m^2 « rampant » a une projection de $1 \times \cos(\alpha)$ horizontal. La charge de neige est donc moins importante pour « 1 m^2 rampant » que pour « 1 m^2 horizontal ».

La quantité de neige au sol est égale à la quantité de neige sur le toit.

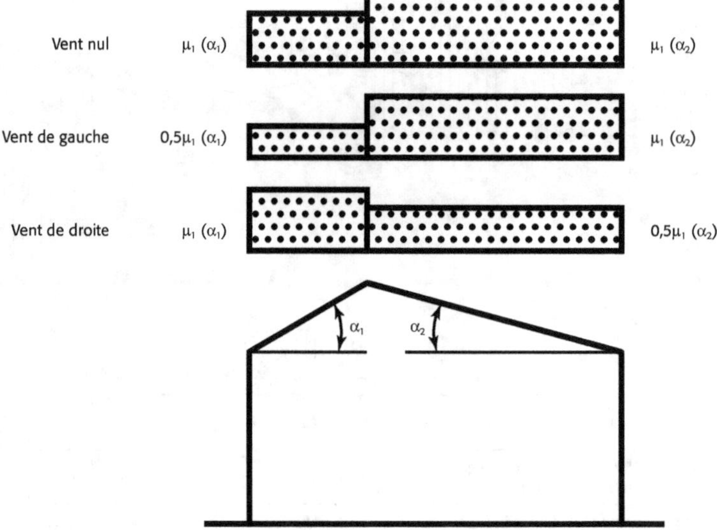

Figure 1.8 Coefficient de forme en fonction du vent (source : NF EN 1991-1-3).

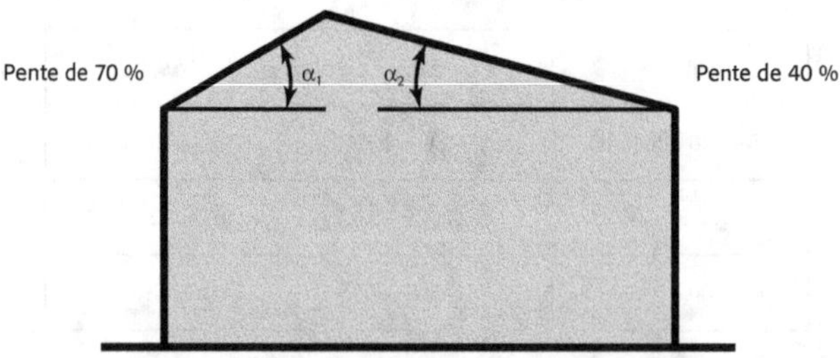

Figure 1.9 Calcul de la neige sur une toiture asymétrique.

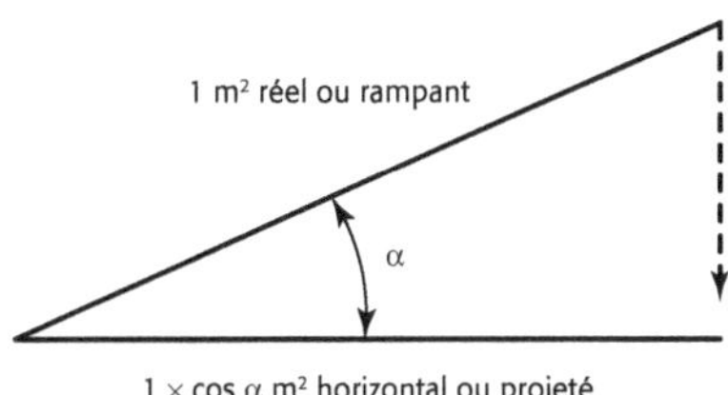

Figure 1.10 Relation entre les surfaces de rampant et horizontale.

$$S_0 \times 1 \times \cos \alpha = S_\alpha \times 1 .$$

$$S_\alpha = S_0 \cdot \cos \alpha .$$

Pour le versant incliné à 21,8° : $S_{21,8°} = 0,70 \times \cos (21,8°) = 0,65 \ \mathrm{kN/m^2}$ rampant.

Pour le versant incliné à 35° : $S_{35°} = 0,58 \times \cos (35°) = 0,475 \ \mathrm{kN/m^2}$ rampant.

Étape 5 : calcul de la charge de neige exceptionnelle sur chaque versant (kN/m² de toiture rampant)

Pour un versant incliné à α : $S = S_{Ad} \cdot \mu_{i(\alpha)} \cdot \cos \alpha .$

Pour le versant incliné à 21,8° : $S_{21,8°} = 1 \times 0,8 \times \cos (21,8°) = 0,743 \ \mathrm{kN/m^2}$ rampant.

Pour le versant incliné à 35° : $S_{35°} = 1 \times 0,67 \times \cos (35°) = 0,549 \ \mathrm{kN/m^2}$ rampant.

Étape 6 : calcul de la charge de neige en fonction du vent

La figure 1.11 précise les charges de neige en fonction du vent. Les charges de neige exceptionnelles sont distribuées selon le même principe.

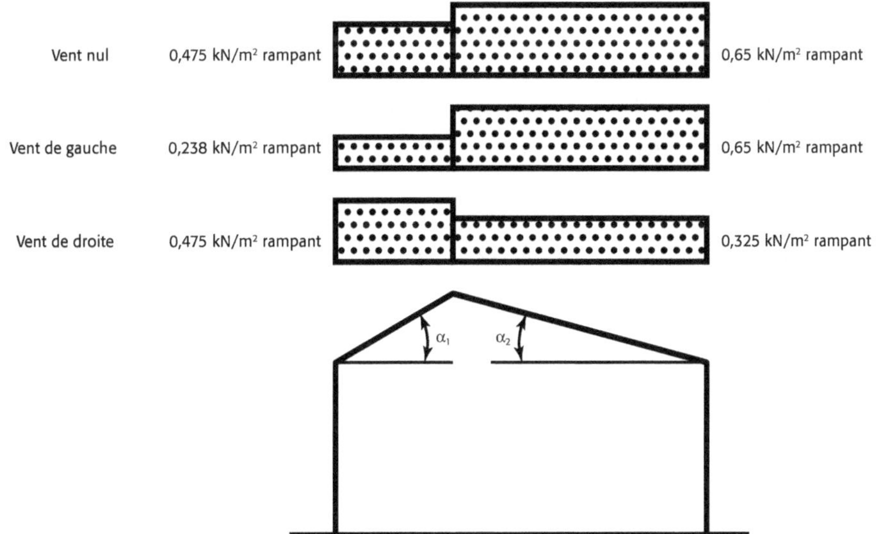

Figure 1.11 Charge de neige en fonction du vent.

3   Combinaisons d'actions

Les combinaisons d'actions permettent de simuler les situations que rencontrera le bâtiment pendant son exploitation. En fonction de la situation du bâtiment et des vérifications réalisées, les actions sont pondérées et additionnées. Pour un bâtiment courant, les coefficients sont définis sur des bases statistiques correspondant à un usage de cinquante ans. Les combinaisons sont différentes pour chaque situation :

- à l'état limite ultime :
    - la résistance de la structure (STR),
    - la vérification au soulèvement (EQU),
    - la vérification des situations accidentelles ;
- à l'état limite de service :
    - la flèche instantanée sous charge variable,
    - la flèche totale avec le fluage,
    - le déplacement total avec le fluage lorsqu'il y a une contre-flèche.

3.1   Combinaisons à l'état limite ultime (ELU)

L'expression générale qui permet de calculer les combinaisons est donnée par l'expression suivante :

$$q = \gamma_G G + \gamma_Q Q_1 + \sum_{n=2}^{\infty} \Psi_{0,i} \gamma_Q Q_i$$

avec :

- q : actions de calcul ;
- G : action permanente ;
- Q : action variable ;
- γ_G : coefficient partiel de l'action permanente ;
- γ_Q : coefficient partiel de l'action variable ;
- $\Psi_{0,i}$: facteur statistique ;
- $\sum_{n=2}^{\infty} \Psi_{0,i} \gamma_Q Q_i$: actions(s) variable(s) d'accompagnement.

Remarque :

$q = \gamma_G G + \gamma_Q Q_1 + \sum_{n=2}^{\infty} \Psi_{0,i} \gamma_Q Q_i$ *signifie, par exemple s'il y a 3 charges variables, n = 3, et alors*

$q = \gamma_G G + \gamma_Q Q_1 + \Psi_{0,2} \gamma_Q Q_2 + \Psi_{0,3} \gamma_Q Q_3.$

Exemple :

Un balcon subira comme action son propre poids (G), la charge liée à l'usage (Q_1), les charges climatiques de neige (Q_2 ou S) et de vent (Q_3 ou W). Pour simuler certaines situations que rencontrera le balcon on étudiera les cas suivants :

- son propre poids (G) uniquement ;

- son propre poids (G) et la charge d'exploitation (Q_1) ;
- son propre poids (G) et la charge de neige (Q_2) ;
- son propre poids (G) et l'effet du vent (Q_3) ;
- son propre poids (G), la charge principale de base d'exploitation (Q_1) et la charge de neige (Q_2) diminuée par le facteur statistique $\Psi_{0,2}$;
- son propre poids (G), la charge principale de base d'exploitation (Q_1) et la charge de vent (Q_3) diminuée par le facteur statistique $\Psi_{0,3}$;
- son propre poids (G), la charge principale de base de neige (Q_2) et la charge d'exploitation (Q_1) diminuée par le facteur statistique $\Psi_{0,1}$;
- son propre poids (G), la charge principale de base de neige (Q_2) et l'effet du vent (Q_3) diminuée par le facteur statistique $\Psi_{0,3}$;
- son propre poids (G), l'effet principal de base du vent (Q_3) et la charge d'exploitation (Q_1) diminuée par le facteur statistique $\Psi_{0,1}$;
- son propre poids (G), l'effet principal de base du vent (Q_3) et la charge de neige (Q_2) diminuée par le facteur statistique $\Psi_{0,2}$;
- son propre poids (G), la charge principale de base d'exploitation (Q1), la charge de neige (Q_2) diminuée par le facteur statistique $\Psi_{0,2}$ et l'effet du vent (Q_3) diminuée par le facteur statistique $\Psi_{0,3}$;
- son propre poids (G), la charge principale de base de neige (Q_2), la charge d'exploitation (Q_1) diminuée par le facteur statistique $\Psi_{0,1}$ et l'effet du vent (Q_3) diminuée par le facteur statistique $\Psi_{0,3}$;
- son propre poids (G), l'effet principal de base du vent (Q_3), la charge d'exploitation (Q_1) diminuée par le facteur statistique $\Psi_{0,1}$ et la charge de neige (Q_2) diminuée par le facteur statistique $\Psi_{0,2}$.

Remarques :

– L'opérateur « + » signifie « fonctionne ensemble » : par exemple, les charges de structure et les effets du vent. Ce n'est pas une addition traditionnelle.

– L'expression permettant de calculer les combinaisons pour une situation accidentelle est différente (cf. « Combinaison pour les situations accidentelles »).

Les valeurs des coefficients partiels et des coefficients statistiques sont précisées dans les tableaux 1.4 et 1.5.

Tableau 1.4 Coefficients partiels de l'action permanente pour un bâtiment courant
(durée indicative d'utilisation de 50 ans).

Type d'action	Coefficient partiel
Permanente :	
– (STR) : $\gamma_{G,\text{sup}}$	1,35
– (STR) : $\gamma_{G,\text{inf}}$	1
– (EQU) : $\gamma_{G,\text{inf}}$	0,9
Variable :	
– (STR) : γ_Q	1,5

Tableau 1.5 Coefficients statistiques en fonction des catégories de bâtiment et de l'altitude.

	Action variable d'accompagnement Ψ_0	Combinaison accidentelle (incendie) Ψ_1	Fluage et combinaison accidentelle Ψ_2
Charges d'exploitation des bâtiments			
Catégorie A : habitations résidentielles	0,7	0,5	0,3
Catégorie B : bureaux	0,7	0,5	0,3
Catégorie C : lieux de réunion	0,7	0,7	0,6
Catégorie D : commerce	0,7	0,7	0,6
Catégorie E : stockage	1	0,9	0,8
Catégorie H : toits	0	0	0
Charges de neige			
Altitude > 1 000 m	0,7	0,5	0,2
Altitude ≤ 1 000 m	0,5	0,3	0
Action du vent			
	0,6	0,2	0

Les combinaisons sont exprimées différemment selon l'approche effectuée :

- combinaison pour la résistance de la structure à des charges descendantes ELU (STR) :

$$q = \gamma_{G,\mathrm{sup}}G + \gamma_Q Q_1 + \sum_{n=2}^{\infty} \Psi_{0,i}\gamma_Q Q_i$$

- combinaison pour la résistance au soulèvement ELU (STR et EQU) :

$$q = \gamma_{G,\mathrm{inf}}G + \gamma_Q W$$

- combinaison pour les situations accidentelles (exceptées l'incendie) :

$$q = G + A + \sum_{n=2}^{\infty} \Psi_{2,i}Q_i, \text{ avec } A : \text{action accidentelle}$$

- combinaison pour les situations d'incendie :

$$q = G + \Psi_{1,i}Q_1 + \sum_{n=2}^{\infty} \Psi_{2,i}Q_i$$

Remarques :

– $\gamma_{G,\mathrm{inf}}$ prend la valeur 1 à l'ELU (STR) et 0,9 à l'ELU (EQU).

– Les actions s'opposant au soulèvement ne sont pas prises en compte.

3.2   Combinaisons à l'état limite de service (ELS)

L'expression générale des combinaisons est donnée par l'expression suivante :

$$q = G + Q_1 + \sum_{n=2}^{\infty} \Psi_{0,i}Q_i + k_{\mathrm{def}}\left(G + \sum_{n=1}^{\infty} \Psi_{2,i}Q_i \right)$$

avec :

- q : actions de calcul ;
- G : action permanente ; pour la déformation instantanée (G) ;
- Q : action variable ;
- Q_1 : action variable de base ;
- $\Psi_{0,i}$, $\Psi_{2,i}$: facteurs statistiques ;
- $\sum\limits_{n=2}^{\infty} \Psi_{0,i}\gamma_Q Q_i$: actions(s) variable(s) d'accompagnement ;
- $Q_1 + \sum\limits_{n=2}^{\infty} \Psi_{0,i} Q_i$: pour la déformation instantanée (Q) ;
- k_{def} : facteur de déformation (fluage) ;
- $G + \sum\limits_{n=1}^{\infty} \Psi_{2,i} Q_i$: pour la déformation différée ou fluage.

Remarque : l'opérateur « + » signifie « fonctionne ensemble », par exemple les charges de structure et les effets du vent ; ce n'est pas une addition traditionnelle.

Le tableau 1.6 fournit les valeurs du facteur de déformation. Celui-ci permet de tenir compte de la déformation différée ou du fluage, et dépend du matériau et de la variation d'humidité du bois.

Tableau 1.6 Facteur de déformation (k_{def}) selon la classe de service et l'humidité H_{bois}.

Matériau			Classe de service		
			1 $H_{bois} < 13\ \%$	**2** $13\ \% < H_{bois} < 20\ \%$	**3** $H_{bois} > 20\ \%$
Essence	**Type**	**Classe de service (1)**	(local chauffé)	(sous abri)	(extérieur)
Bois massif	–	–	0,60	0,80	2,00
Lamellé-collé	–	–	0,60	0,80	2,00
Lamibois (LVL)	–	–	0,60	0,80	2,00
Contreplaqué	1	1	0,80	Sans objet	Sans objet
	2	2	0,80	1,00	Sans objet
	3	3	0,80	1,00	2,50
OSB	OSB/2	1	2,25	Sans objet	Sans objet
	OSB/3/4	2	1,50	2,25	Sans objet
Panneau de particules	P4	1	2,25	Sans objet	Sans objet
	P5	2	2,25	3,00	Sans objet
	P6	1 (2)	1,50	Sans objet	Sans objet
	P7	2 (2)	1,50	2,25	Sans objet
Panneau de fibre dur	HB.LA	1	2,25	Sans objet	Sans objet
	HB.HLA	2	2,25	3	Sans objet
Panneau de fibre semi-dur	MHB.LA	1	2,25	Sans objet	Sans objet
	MHB.HLS	2	1,50	2,25	Sans objet

Matériau			Classe de service		
			1 $H_{bois} < 13\ \%$	**2** $13\ \% < H_{bois} < 20\ \%$	**3** $H_{bois} > 20\ \%$
Essence	**Type**	**Classe de service (1)**	**(local chauffé)**	**(sous abri)**	**(extérieur)**
Panneau de fibre MDF	MDF.LA	1	2,25	Sans objet	Sans objet
	MDF.HLS	2	1,50	2,25	Sans objet

(1) On distingue 3 classes de service, numérotées 1, 2 et 3 :

Classe de service	Utilisation du bois	Humidité d'équilibre du bois
1	Dans un local chauffé	< 13 % pendant la majorité de l'année ; valeur qui peut être dépassée pendant quelques semaines par an
2	Dans un local non chauffé	Comprise entre 13 et 20 % pendant la majorité de l'année ; valeur qui peut être dépassée pendant quelques semaines par an
3	À l'extérieur	> 20 % pendant la majorité de l'année

(2) Sous contrainte élevée.

Remarque : un bois massif mis en œuvre à une humidité supérieure à 20 % sèche sous charge et le fluage augmente. Le facteur statistique k_{def} est alors augmenté de 1,00.

Les combinaisons sont exprimées différemment selon l'approche effectuée :

- combinaison pour la déformation instantanée sous charges variables :

$$q = Q_1 + \sum_{n=2}^{\infty} \Psi_{0,i} Q_i$$

- combinaison pour la déformation totale avec une charge variable :

$$q = G + Q_1 + k_{def}\left(G + \Psi_{2,1} Q_1\right)$$

- combinaison pour la déformation totale avec deux charges variables :

$$q = G + Q_1 + \Psi_{0,2} Q_2 + k_{def}\left(G + \Psi_{2,1} Q_1 + \Psi_{2,2} Q_2\right)$$

3.3 Applications : vérification de la poutre maîtresse d'un plancher

Considérons la poutre maîtresse d'un plancher d'un bâtiment d'habitation (figure 1.12) : elle supporte des charges de structure (G) et des charges d'exploitation (Q).

Pour vérifier la résistance de la poutre maîtresse, il faut envisager toutes les combinaisons précédemment évoquées (§ 3.2).

3.3.1 Combinaisons à l'état limite ultime (ELU)

Les combinaisons à l'ELU concernent la résistance de la structure et le risque incendie. Dans notre exemple, il n'y a ni risque de soulèvement ni risque de neige exceptionnelle. Les valeurs des facteurs statistiques sont précisées dans les tableaux 1.4 et 1.5.

Les combinaisons à envisagée à l'ELU sont les suivantes :

- Combinaisons pour la résistance de la structure avec des charges descendantes ELU (STR) :

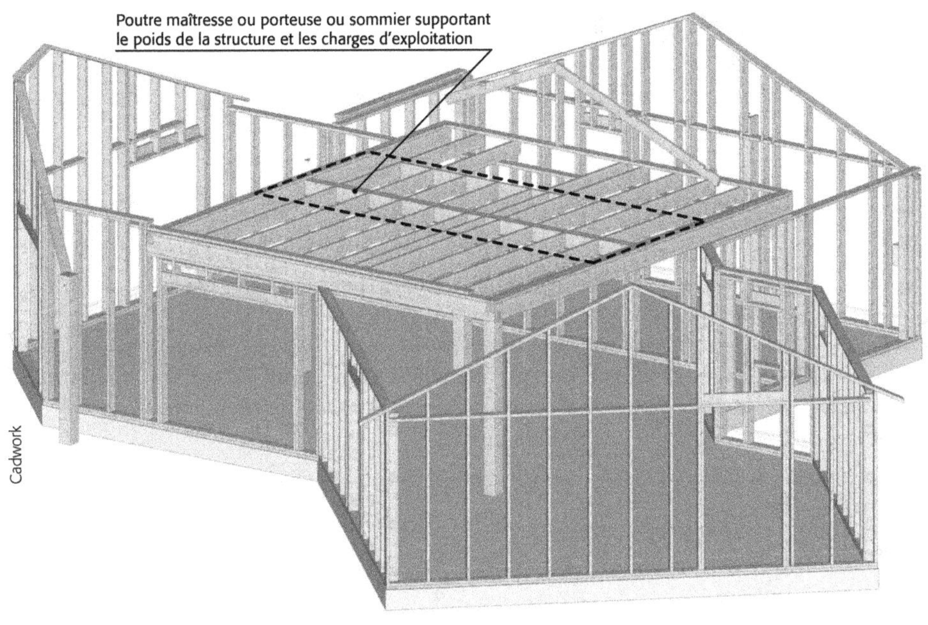

Figure 1.12 Combinaisons d'actions d'une porteuse.

$$q_1 = \gamma_{G,\text{sup}} G$$

$$q_1 = 1,35G$$

$$q_2 = \gamma_{G,\text{sup}} G + \gamma_Q Q_1$$

$$q_2 = 1,35G + 1,5Q_1$$

Remarque : la combinaison q_1 peut devenir dimensionnante lorsque la structure est lourde puisque la résistance du bois diminue lorsque la durée de la charge augmente. La durée de la charge de la première combinaison est supérieure à 10 ans, tandis que la durée de la charge de la deuxième combinaison est de 1 semaine à 6 mois (cf. § 4 « Valeurs de résistance du bois »).

• Combinaisons pour les situations d'incendie ELU (STR) :

$$q = G + \Psi_{1,1} Q_1$$

$$q = G + 0,5Q_1$$

3.3.2 Combinaisons à l'état limite de service (ELS)

Les combinaisons à l'ELS concernent la déformation sous charge variable et la déformation totale de la poutre maîtresse. Les valeurs des facteurs statistiques et de déformation sont précisées dans les tableaux 1.5 et 1.6.

Les combinaisons à envisagée à l'ELS sont les suivantes :

• Valeur de la charge de calcul pour la déformation instantanée sous charge variable :

$$q = Q_1$$

Remarque : il n'y a combinaison d'actions qu'en présence de plusieurs actions, sinon c'est un cas de charge.

- Combinaisons pour la déformation totale avec une charge variable :

$$q = G + Q_1 + k_{\text{def}}\left(G + \Psi_{2,1}Q_1\right)$$

$$q = G + Q_1 + 0,6\left(G + 0,3Q_1\right)$$

3.4 Applications : vérification d'une panne de toiture

Considérons une panne en bois lamellé-collé classé GL24h de 315×115 mm avec un entraxe de 1,8 m et une portée de 6 m d'un bâtiment situé à une altitude supérieure à 1 000 m (figure 1.13). Elle supporte des charges de structure (G) et des actions climatiques, la neige (S), le vent en pression ($W+$) et en dépression ($W-$).

Pour vérifier sa résistance, il faut envisager toutes les combinaisons précédemment évoquées (§ 3.2).

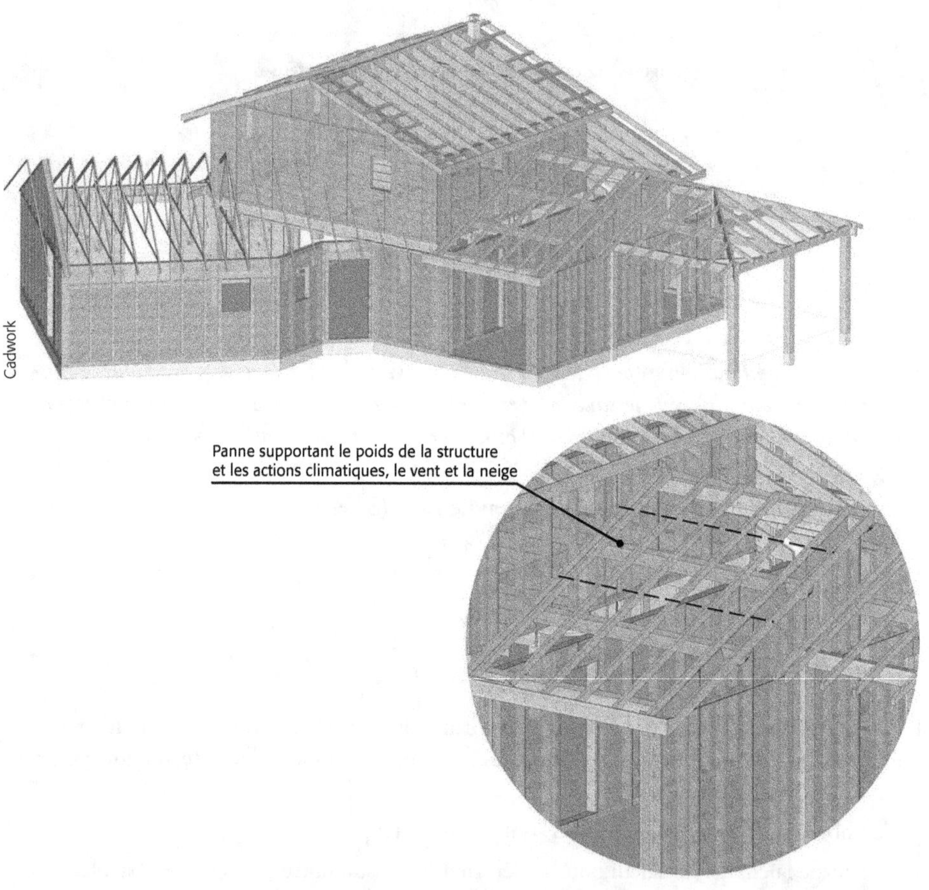

Figure 1.13 Combinaisons d'actions d'une panne.

3.4.1 Combinaisons à l'état limite ultime (ELU)

Les combinaisons à l'ELU concernent la résistance de la panne, le risque de soulèvement, le risque de neige exceptionnelle et le risque incendie. Les valeurs des facteurs statistiques sont précisées dans les tableaux 1.4 et 1.5.

Les combinaisons à envisager à l'ELU sont les suivantes :

- Combinaisons pour la résistance de la structure avec des charges descendantes ELU (STR) :

$$q_1 = \gamma_{G,\text{sup}} G$$

$$q_1 = 1,35G$$

$$q_2 = \gamma_{G,\text{sup}} G + \gamma_Q Q_1$$

$$q_2 = 1,35G + 1,5Q_1$$

$$q_3 = \gamma_{G,\text{sup}} G + \gamma_Q Q_1 + \Psi_{0,2} \gamma_Q Q_2$$

$$\text{Avec } Q_1 = S \text{ et } Q_2 = W+$$

$$q_3 = 1,35G + 1,5S + 0,6 \times 1,5W+$$

$$\text{Avec } Q_1 = W+ \text{ et } Q_2 = S$$

$$q_4 = 1,35G + 1,5W+ + 0,7 \times 1,5S$$

Remarques :

– La combinaison q_1 peut devenir dimensionnante lorsque la toiture est lourde puisque la résistance du bois diminue lorsque la durée de la charge augmente. La durée de la charge de la première combinaison est supérieure à 10 ans, tandis que la durée de la charge de la deuxième combinaison varie de 1 semaine à 6 mois (cf. § 4 « Valeurs de résistance du bois »).

– La combinaison q_2 peut devenir dimensionnante par rapport à la combinaison q_3 puisque la résistance du bois diminue lorsque la durée de la charge augmente. La durée de la charge de la combinaison q_2 varie de 1 semaine à 6 mois (lorsqu'il y a de la neige), tandis que la durée de la charge de la combinaison q_3 est instantanée (rafale de vent) (cf. § 4 « Valeurs de résistance du bois »).

- Combinaisons pour la résistance au soulèvement ELU (STR) :

$$q = \gamma_{G,\text{inf}} G + \gamma_Q W-$$

$$q = 1G + 1,5W-$$

- Combinaisons pour la stabilité vis-à-vis du soulèvement ELU (EQU) :

$$q = \gamma_{G,\text{inf}} G + \gamma_Q W-$$

$$q = 0,9G + 1,5W-$$

Remarque : cette combinaison permet de vérifier la stabilité de la panne lorsque la toiture est lourde. Lorsque la stabilité est vérifiée, un assemblage structurel vis-à-vis de l'arrachement n'est pas nécessaire.

- Combinaison pour les situations accidentelles telles que la neige exceptionnelle :

$$q = G + A + \Psi_{2,1} Q_1$$

$$q = G + S_{Ad} + 0W+$$

- Combinaisons pour les situations d'incendie :

$$q = G + \Psi_{1,1}Q_1 + \Psi_{2,2}Q_2$$

$$\text{Avec } Q_1 = S \text{ et } Q_2 = W+$$

$$q_1 = G + 0,5S + 0W+$$

$$\text{Avec } Q_1 = W+ \text{ et } Q_2 = S$$

$$q_1 = G + 0,2W+ + 0,2S$$

Remarque : le vent ne provoque pas d'action quasi permanente.

3.4.2 Combinaisons à l'état limite de service (ELS)

Les combinaisons à l'ELS concernent la déformation sous charge variable et la déformation totale de la panne. Les valeurs des facteurs statistiques et de déformation sont précisées dans les tableaux 1.5 et 1.6.

Les combinaisons à envisagée à l'ELS sont les suivantes :

- Combinaisons pour la déformation instantanée sous charges variables :

$$q = Q_1 + \Psi_{0,2}Q_2$$

$$\text{Avec } Q_1 = S \text{ et } Q_2 = W+$$

$$q_1 = S + 0,6W+$$

$$\text{Avec } Q_1 = W+ \text{ et } Q_2 = S$$

$$q_2 = W+ + 0,7S$$

- Combinaisons pour la déformation totale avec deux charges variables :

$$q = G + Q_1 + \Psi_{0,2}Q_2 + k_{\text{def}}\left(G + \Psi_{2,1}Q_1 + \Psi_{2,2}Q_2\right)$$

$$\text{Avec } Q_1 = S \text{ et } Q_2 = W+$$

$$q = G + S + 0,6W+ + 0,8\left(G + 0,2S + 0W+\right)$$

$$\text{Avec } Q_1 = W+ \text{ et } Q_2 = S$$

$$q = G + W+ + 0,7S + 0,8\left(G + 0W+ + 0,2S\right)$$

4 Valeurs de résistance du bois

La résistance du bois dépend du type de matériau et de son usage. Le matériau est caractérisé par son essence, sa nature (bois massif, lamellé-collé, etc.) et sa classe de résistance. L'emploi du matériau définit son humidité et la durée d'application des charges.

4.1 Classe de résistance du bois massif et lamellé-collé

Dans les règles CB71, les contraintes de calcul sont comparées aux contraintes admissibles. Elles sont calculées en divisant la contrainte de rupture moyenne par un coefficient de sécurité, sans notion statistique.

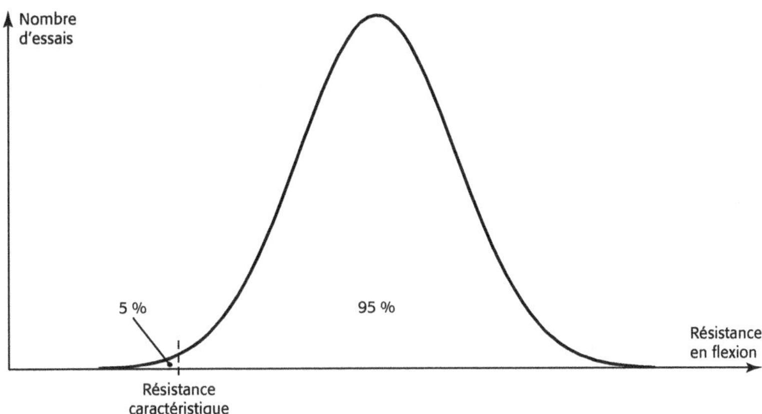

Figure 1.14 Résistance caractéristique en flexion pour le classement de résineux C30.

Dans l'Eurocode 5, le bois est classé en fonction de la valeur caractéristique de la contrainte de flexion. La valeur caractéristique correspond à une valeur de rupture de 5 % des pièces. 95 % des pièces ont donc une résistance supérieure à la valeur caractéristique. La valeur caractéristique est définie au moyen d'un calcul statistique. Par exemple, pour la classe de résineux C30, 95 % des bois ont une résistance à la rupture en flexion $\geqslant$ 30 N/mm² (figure 1.14).

4.1.1   Classements de structure

L'Eurocode 5 a adopté un système de notation mnémotechnique. La notation des classements de structure est liée à la nature du matériau et à la contrainte caractéristique de flexion :

- C30 : bois résineux (C) ayant une contrainte caractéristique de flexion de 30 MPa ;
- D30 : bois feuillus (D) ayant une de contrainte caractéristique de flexion de 30 MPa ;
- GL24h : bois lamellé-collé (GL) homogène (h) ayant une contrainte caractéristique de flexion de 24 MPa, les lamelles ayant la même qualité sur toute la hauteur de la poutre ;
- GL24c : bois lamellé-collé (GL) combiné (c) ayant une contrainte caractéristique de flexion de 24 MPa, les lamelles ayant une qualité supérieure dans les parties haute et basse de la poutre.

4.1.2   Contraintes caractéristiques $f_{x,k}$

Le symbole d'une contrainte caractéristique f contient un indice composé de trois parties qui précisent la nature de la sollicitation, l'angle de la sollicitation par rapport au fil du bois et le type de contrainte :

- $f_{t,0,k}$: contrainte (f) de traction (t), parallèle au fil du bois (0°), caractéristique (k) ;
- $f_{c,90,k}$: contrainte (f) de compression (c), perpendiculaire au fil du bois (90°), caractéristique (k).

4.1.3   Module d'élasticité E

Le symbole du module d'élasticité E contient un indice composé de trois parties précisant la nature du module, l'angle de la sollicitation par rapport au fil du bois et le type de module :

- $E_{0,05}$: module d'élasticité (E), parallèle au fil du bois (0°), au fractile[1] 5 % ou au 5e pourcentile ;
- $E_{90,mean}$: module d'élasticité (E), perpendiculaire au fil du bois (90°), moyen (*mean*).

4.1.4 Valeurs caractéristiques

Les tableaux 1.7 à 1.9 précisent les valeurs caractéristiques du bois massif et lamellé-collé.

Tableau 1.7 Valeurs caractéristiques des bois massifs résineux et de peuplier (source : NF EN 338).

Symbole	Désignation	Unité	C14	C16	C18	C22	C24	C27	C30	C35	C40
$f_{m,k}$	Contrainte de flexion	N/mm²	14	16	18	22	24	27	30	35	40
$f_{t,0,k}$	Contrainte de traction axiale		8	10	11	13	14	16	18	21	24
$f_{t,90,k}$	Contrainte de traction perpendiculaire		0,4	0,5	0,5	0,5	0,5	0,6	0,6	0,6	0,6
$f_{c,0,k}$	Contrainte de compression axiale		16	17	18	20	21	22	23	25	26
$f_{c,90,k}$	Contrainte de compression perpendiculaire		2,0	2,2	2,2	2,4	2,5	2,6	2,7	2,8	2,9
$f_{v,k}$	Contrainte de cisaillement		3	3,2	3,4	3,8	4	4	4	4	4
$E_{0,mean}$	Module moyen axial	kN/mm²	7	8	9	10	11	11,5	12	13	14
$E_{0,05}$	Module axial au 5e pourcentile		4,7	5,4	6,0	6,7	7,4	7,7	8,0	8,7	9,4
$E_{90,mean}$	Module moyen transversal		0,23	0,27	0,30	0,33	0,37	0,38	0,40	0,43	0,47
G_{mean}	Module de cisaillement		0,44	0,50	0,56	0,63	0,69	0,72	0,75	0,81	0,88
ρ_k	Masse volumique caractéristique	kg/m³	290	310	320	340	350	370	380	400	420
ρ_{mean}	Masse volumique moyenne		350	370	380	410	420	450	460	480	500

Tableau 1.8 Valeurs caractéristiques des bois massifs feuillus (source : NF EN 338).

Symbole	Désignation	Unité	D30	D35	D40	D50	D60	D70
$f_{m,k}$	Contrainte de flexion	N/mm²	30	35	40	50	60	70
$f_{t,0,k}$	Contrainte de traction axiale		18	21	24	30	36	42
$f_{t,90,k}$	Contrainte de traction perpendiculaire		0,6	0,6	0,6	0,6	0,6	0,6
$f_{c,0,k}$	Contrainte de compression axiale		23	25	26	29	32	34
$f_{c,90,k}$	Contrainte de compression perpendiculaire		8,0	8,4	8,8	9,7	10,5	13,5
$f_{v,k}$	Contrainte de cisaillement		3,0	3,4	3,8	4,6	5,3	6,0
$E_{0,mean}$	Module moyen axial	kN/mm²	10	10	11	14	17	20
$E_{0,05}$	Module axial au 5e pourcentile		8,0	8,7	9,4	11,8	14,3	16,8
$E_{90,mean}$	Module moyen transversal		0,64	0,69	0,75	0,93	1,13	1,33
G_{mean}	Module de cisaillement		0,60	0,65	0,70	0,88	1,06	1,25
ρ_k	Masse volumique caractéristique	kg/m³	530	560	590	650	700	900
ρ_{mean}	Masse volumique moyenne		640	670	700	780	840	1080

---

1. Fraction de courbe correspondant à un pourcentage de l'échelle des abscisses, par exemple de 0 à 5 %.

Tableau 1.9 Valeurs caractéristiques des bois lamellés (source : NF EN 14080).

Symbole	Désignation	Unité	Classe de résistance du bois lamellé-collé						
			GL20h	**GL22h**	**GL24h**	**GL26h**	**GL28h**	**GL30h**	**GL32h**
$f_{m,g,k}$	Résistance à la flexion	N/mm^2	20	22	24	26	28	30	32
$f_{t,0,g,k}$	Résistance à la traction		16	17,6	19,2	20,8	22,4	24	25,6
$f_{t,90,g,k}$			0,5						
$f_{c,0,g,k}$	Résistance à la compression		20	22	24	26	28	30	32
$f_{c,90,g,k}$			2,5						
$f_{v,g,k}$	Résistance au cisaillement (cisaillement et torsion)		3,5						
$E_{0,g,moyen}$	Module d'élasticité		8 400	10 500	11 500	12 100	12 600	13 600	14 200
$E_{0,g,05}$			7 000	8 800	9 600	10 100	10 500	11 300	11 800
$E_{90,g,moyen}$			300						
$G_{g,moyen}$	Module de cisaillement		650						
$\rho_{g,k}$	Masse volumique	kg/m^3	340	370	385	405	425	430	440
$\rho_{g,moyen}$			370	410	420	445	460	480	490

Le bois lamellé-collé panaché ou combiné est composé de lamelles extérieures (près des chants) de classement supérieur aux lamelles intérieures de la poutre (tableau 1.10).

Tableau 1.10 Classement des lamelles constituant les poutres en bois lamellé-collé panaché
(source : NF EN 1194).

Classe du bois lamellé-collé	GL 36	GL 32	GL 28	GL 24
Bois des lamelles de lamellé-collé panaché extérieures	–	C40	C30	C24
Bois des lamelles de lamellé-collé panaché intérieures sur 2/3 de la hauteur de la poutre	–	C30	C24	C18

4.2 Calcul de la valeur de résistance du bois

La valeur de la résistance du bois est définie à partir de la valeur caractéristique et des coefficients k_{mod} et γ_M. L'influence de l'humidité du bois et de la durée d'application des charges est prise en compte par le coefficient k_{mod} ; la dispersion des caractéristiques mécaniques du bois est prise en compte par le coefficient γ_M.

4.2.1 Coefficient k_{mod}

La résistance d'un bois dépend de la durée d'application des chargements qui lui sont appliqués et de son humidité lorsqu'il est mis en œuvre ou sa classe de service. Il existe trois classes de service : la classe 1 lorsque l'humidité moyenne du bois est stabilisée et est comprise entre 7 et 13 %, la classe 2 lorsque l'humidité moyenne du bois est stabilisée et est comprise entre 13 et 20 % et la classe 3 lorsque l'humidité du bois est supérieure à 20 %. La figure 1.15 mentionne l'humidité d'équilibre du bois en fonction de la température et de l'humidité relative de l'air.

Remarque : un bois sec supportant une charge de courte durée est plus résistant qu'un bois humide supportant une charge sur une longue période.

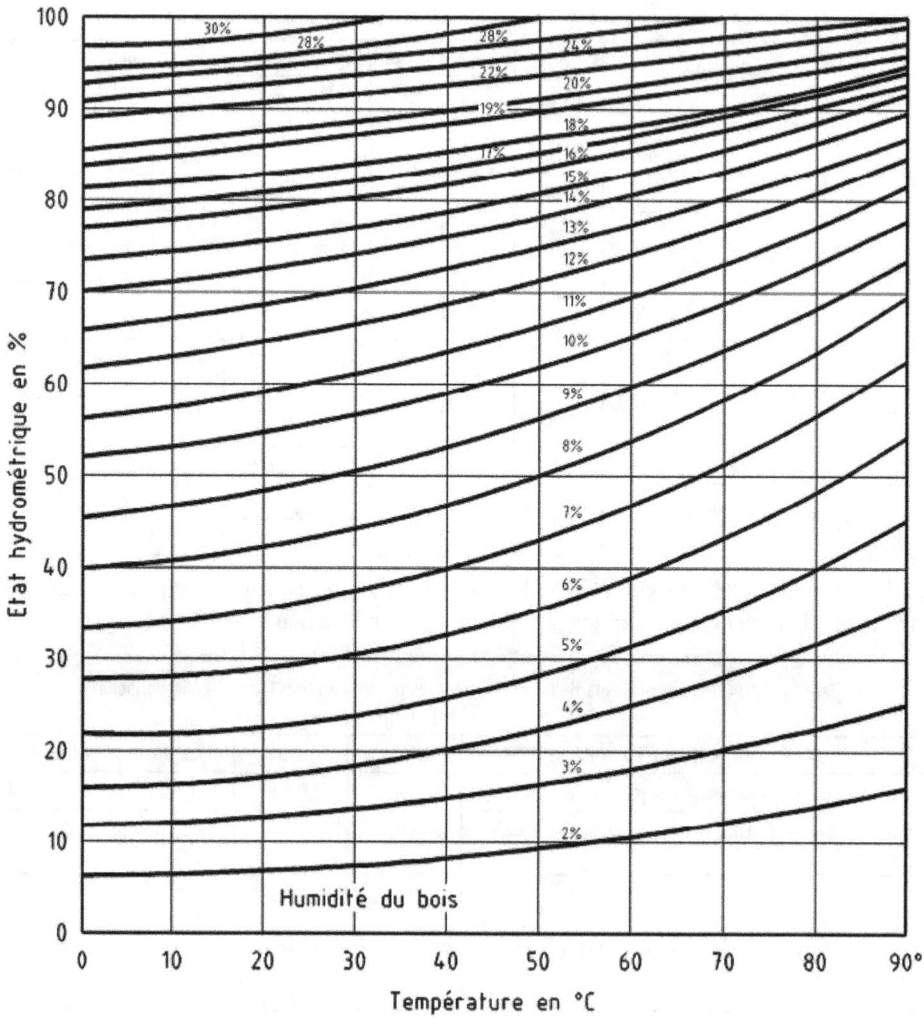

Figure 1.15 Courbe d'équilibre hygroscopique du bois.

Le facteur pour la durée de chargement k_{mod} est sélectionné en fonction de la charge la plus courte de la combinaison des actions.

Exemple :

Si une combinaison d'actions comprend des charges de structure et des charges climatiques, le facteur k_{mod} est sélectionné en fonction des charges climatiques.

Les tableaux 1.11 et 1.12 présentent la valeur de k_{mod} en fonction de la durée de chargement et de la classe de service.

Tableau 1.11 Valeur de k_{mod} du bois massif, du lamellé-collé, du lamibois (LVL) et du contreplaqué.

Durée de chargement		Classe de service		
Classe de durée	Exemple de chargement	1 $H_{bois} < 13\ \%$ (local chauffé)	2 $13\ \% < H_{bois} < 20\ \%$ (sous abris)	3 $H_{bois} > 20\ \%$ (extérieur)
Permanente (> 10 ans)	Charge de structure	0,6	0,6	0,5
Long terme (6 mois à 10 ans)	Stockage	0,7	0,7	0,55
Moyen terme (1 semaine à 6 mois)	Charges d'exploitation Neige Altitude > 1 000 m	0,8	0,8	0,65
Court terme (< 1 semaine)	Neige Altitude ≤ 1 000 m	0,9	0,9	0,7
Instantanée	Vent Situation accidentelle Neige exceptionnelle	1,1	1,1	0,9

Tableau 1.12 Valeur de k_{mod} des panneaux de lamelles minces, longues et orientées (OSB).

Durée de chargement		Classe de service		
		1 $H_{bois} < 13\ \%$ (local chauffé)		2 $13\ \% < H_{bois} < 20\ \%$ (sous abris)
Classe de durée	Exemple de chargement	OSB/2	OSB/3, OSB/4	OSB/3, OSB/4
Permanente (> 10 ans)	Charge de structure	0,3	0,4	0,3
Long terme (6 mois à 10 ans)	Stockage	0,45	0,5	0,4
Moyen terme (1 semaine à 6 mois)	Charges d'exploitation Neige Altitude > 1 000 m	0,65	0,7	0,55
Court terme (< 1 semaine)	Neige Altitude ≤ 1 000 m	0,85	0,9	0,7
Instantanée	Vent Situation accidentelle Neige exceptionnelle	1,1	1,1	0,9

Le tableau 1.13 mentionne la valeur du k_{mod} en fonction de la durée de la charge et de la classe de service du bois.

Tableau 1.13 Valeur du facteur pour la durée de chargement k_{mod} du bois massif et des matériaux dérivés du bois (source : NF EN 1995-1-1/A1).

Matériau	Norme	Classe de service	Classe de durée de chargement				
			Action permanente	Action de long terme	Action de moyen terme	Action de court terme	Action instantanée
Bois massif	EN 14081-1	1	0,60	0,70	0,80	0,90	1,10
		2	0,60	0,70	0,80	0,90	1,10
		3	0,50	0,55	0,65	0,70	0,90
Bois lamellé-collé	EN 14080	1	0,60	0,70	0,80	0,90	1,10
		2	0,60	0,70	0,80	0,90	1,10
		3	0,50	0,55	0,65	0,70	0,90
LVL	EN 14374, EN 14279	1	0,60	0,70	0,80	0,90	1,10
		2	0,60	0,70	0,80	0,90	1,10
		3	0,50	0,55	0,65	0,70	0,90
Contreplaqué	EN 636, type EN 636-1	1	0,60	0,70	0,80	0,90	1,10
	EN 636, type EN 636-2	2	0,60	0,70	0,80	0,90	1,10
	EN 636, type EN 636-3	3	0,50	0,55	0,65	0,70	0,90
OSB	EN 300, OSB/2	1	0,30	0,45	0,65	0,85	1,10
	EN 300, OSB/3, OSB/4	1	0,40	0,50	0,70	0,90	1,10
	EN 300, OSB/3, OSB/4	2	0,30	0,40	0,55	0,70	0,90
Panneau de particules	EN 312, type P4, P5	1	0,30	0,45	0,65	0,85	1,10
	EN 312, type P5	2	0,20	0,30	0,45	0,60	0,80
	EN 312, type P6, P7	1	0,40	0,50	0,70	0,90	1,10
	EN 312, type P7	2	0,30	0,40	0,55	0,70	0,90
Panneau de fibres dur	EN 622-2-HB.LA, HB.HLA ou 2	1	0,30	0,45	0,65	0,85	1,10
	EN 622-2-HB. HLA1 ou 2	2	0,20	0,30	0,45	0,60	0,80
Panneau de fibres semi-dur	EN 622-3-MBH. LA1 ou 2	1	0,20	0,40	0,60	0,80	1,10
	EN 622-3-MBH. HLS1 ou 2	1	0,20	0,40	0,60	0,80	1,10
	EN 622-3-MBH. HLS1 ou 2	2	–	–	–	0,45	0,80
Panneau de fibres MDF	EN 622-5-MDF. LA, MDF.HLS	1	0,20	0,40	0,60	0,80	1,10
	MDF.HLS	2	–	–	–	0,45	0,80

4.2.2 Coefficient γ_M

Le coefficient γ_M permet de prendre en compte la dispersion du matériau ; il diminue la résistance des matériaux. Ses différentes valeurs sont données dans le tableau 1.14.

Tableau 1.14 Valeurs du coefficient γ_M.

Éléments considérés		γ_M
Matériaux	Bois	1,3
	Lamellé-collé	1,25
	Lamibois (LVL), OSB	1,2
	Panneaux de particules et de fibres	1,3
Assemblages		1,3
Combinaisons accidentelles		1

4.2.3 Calcul de la résistance du bois

La résistance est calculée par la formule suivante :

$$f_{x,d} = f_{x,k} \frac{k_{\mathrm{mod}}}{\gamma_M}$$

avec :

- $f_{x,d}$: valeur de calcul de la résistance « design » en N/mm^2 ;
- $f_{x,k}$: valeur caractéristique en N/mm^2.

Remarque : pour certaines applications, des coefficients complémentaires peuvent être utilisés, comme le coefficient de hauteur, le coefficient de système, etc.

Exemple :

Considérons la résistance en cisaillement d'une solive en résineux classé C30 supportant un plancher dans une maison. La classe de service est 1 (local chauffé) et la durée de chargement est de moyen terme avec une combinaison de $1,35G + 1,5Q$.

La résistance au **cisaillement** de la solive est :

$$f_{v,d} = f_{v,k} \frac{k_{\mathrm{mod}}}{\gamma_M}$$

avec :

- $f_{v,k} = 4$ MPa, déterminé au moyen du tableau 1.7 ; contrainte caractéristique ;
- $k_{\mathrm{mod}} = 0,8$, déterminé au moyen du tableau 1.11.

Le chargement pris en compte est composé des charges permanentes G et des charges d'exploitation Q. Le coefficient k_{mod} est défini en fonction de la durée d'application de la charge la plus courte, soit la charge d'exploitation.

Le matériau étant du bois massif (tableau 1.14), $\gamma_M = 1,3$.

La résistance au **cisaillement** est : $f_{v,d} = 4 \times \dfrac{0,8}{1,3} = 2,46$ MPa ou N/mm^2.

Exemple :

Considérons un poteau en bois lamellé-collé classé GL28h, supportant une toiture de préau, de classe de service 3 (figure 1.16) ; la durée de chargement est de court terme (neige) ; la combinaison d'actions considérée est $1,35G + 1,5S$.

La résistance en **compression axiale** est :

$$f_{c,0,d} = f_{c,0,k} \frac{k_{\mathrm{mod}}}{\gamma_M}$$

avec :

- $f_{c,0,k} = 28$ MPa, déterminé au moyen du tableau 1.9 ;
- f : contrainte ;
- c : compression ;
- 0 : angle parallèle au fil ;
- $k_{\mathrm{mod}} = 0,7$, déterminé au moyen du tableau 1.11.

Le chargement pris en compte est composé des charges permanentes G et des charges de neige S. Le coefficient k_{mod} est défini en fonction de la durée d'application de la charge de la plus courte exposition, soit la charge de neige.

Le matériau étant du bois lamellé-collé (tableau 1.14), $\gamma_M = 1,25$.

La résistance en **compression axiale** est : $f_{c,0,d} = 28 \times \dfrac{0,7}{1,25} = 15,7$ MPa ou N/mm^2.

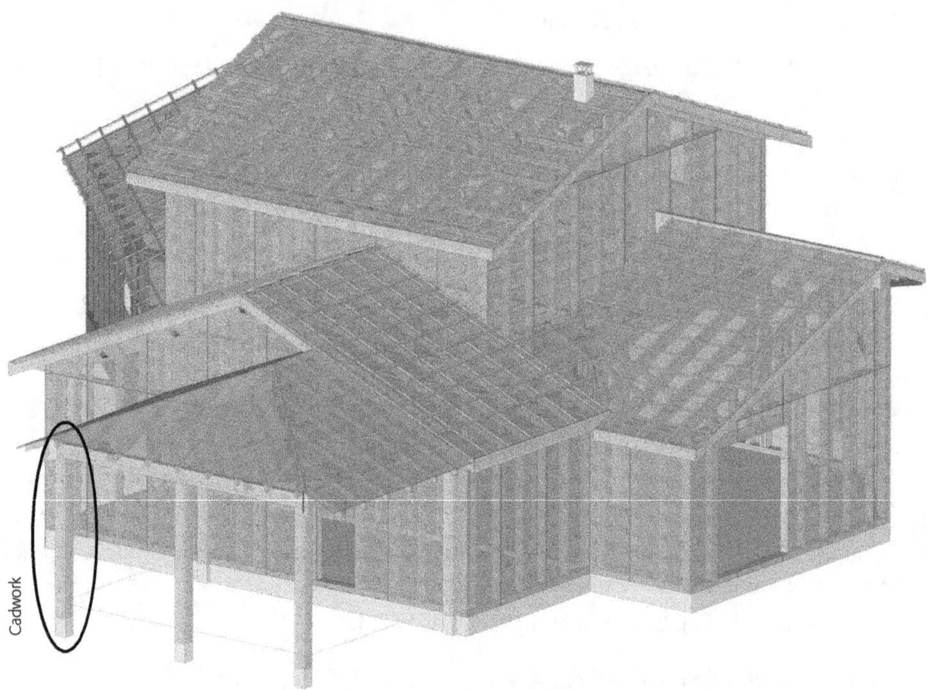

Figure 1.16 Résistance en compression axiale d'un poteau.

5 Sections de calcul

Le bois est un matériau hygroscopique, c'est-à-dire que lorsque son humidité varie, ses dimensions varient. Pour éviter les litiges commerciaux, les dimensions standardisées des sciages sont considérées à une humidité de référence du bois de 20 %.

Lorsque la structure est réalisée, l'humidité du bois varie entre 10 et 15 %. L'annexe nationale de l'Eurocode 5 précise que les dimensions de calcul doivent être définies lorsque le bois a une humidité de 12 %. La section de calcul est donc inférieure à la section standardisée. Le coefficient de variation dimensionnelle moyen pour les essences résineuses est de 0,25 % ($\beta90$) par pourcentage de variation d'humidité. Les dimensions de calcul sont alors déterminées par la formule suivante :

$$D_{\text{calcul}} = D_{\text{commercial}} - \left(\Delta H \cdot C_{\text{r}} \cdot D_{\text{commercial}}\right)$$

avec :

- ΔH : variation d'humidité, soit de $20 - 12 = 8$ % ;
- C_{r} : coefficient de variation dimensionnelle moyen pour les essences résineuses, avec $C_{\text{r}} = 0{,}0025$.
- soit pour une largeur de 100 mm : $D_{\text{calcul}} = 100 - \left(8 \times 0{,}0025 \times 100\right) = 98$ mm.

La diminution en pourcentage de la hauteur et de la largeur de la section est donc de 2 %. Le tableau 1.15 présente les principales sections de calcul définies à partir des sections standardisées.

Tableau 1.15 Sections de calcul définies à partir des sections standardisées.

Section standard à 20 % d'humidité		Section de calcul à 12 % d'humidité	
38	100	37	98
38	125	37	122
38	150	37	147
50	100	49	98
50	125	49	122
50	150	49	147
50	175	49	171
50	200	49	196
50	225	49	220
63	100	61	98
63	125	61	122
63	150	61	147
63	175	61	171
75	150	73	147
75	175	73	171
75	200	73	196
75	225	73	220

Section standard à 20 % d'humidité		Section de calcul à 12 % d'humidité	
100	200	98	196
100	225	98	220
100	250	98	245
100	300	98	294
150	200	147	196
150	225	147	220
150	250	147	245
150	300	147	294
200	250	196	245
200	300	196	294

6   Valeurs de flèche réglementaires

L'Eurocode 5 exige de vérifier la flèche instantanée sous charge variable ($W_{\mathrm{inst}(Q)}$), la flèche nette finale sous les appuis ($W_{\mathrm{net,fin}}$) et, lorsqu'il y a une contre-flèche (W_c), la flèche finale (W_{fin}) qui représente le déplacement total.

La flèche nette finale (figure 1.17) et/ou la flèche finale (figure 1.18) sont la somme de la flèche instantanée sous charges permanentes ($W_{\mathrm{inst}(G)}$), de la flèche instantanée sous charge variable ($W_{\mathrm{inst}(Q)}$) et de la flèche différée ou fluage (W_{creep}). La flèche différée est la valeur de la flèche due aux charges de longue durée.

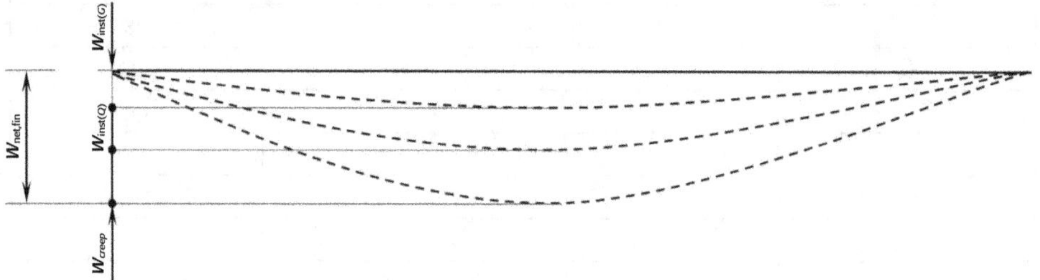

Figure 1.17 Flèche nette finale ($W_{\mathrm{net,fin}}$) mesurée sous les appuis.

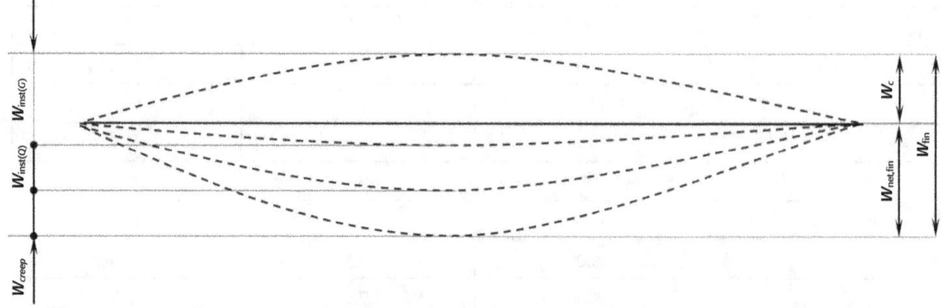

Figure 1.18 Flèche finale (W_{fin}) ou déplacement total de la poutre.

La flèche nette finale ($W_{net,fin}$) est la flèche apparente totale mesurée sous la ligne des appuis. Lorsqu'il y a une contre-flèche, elle est déterminée par la formule :

$$W_{net,fin} = W_{fin} - W_c = W_{inst(G)} + W_{inst(Q)} + W_{creep} - W_c$$

La contre-flèche (W_c) peut être réalisée en atelier lors de la fabrication de la poutre, notamment les poutres en bois lamellé-collé ; elle permet d'augmenter la valeur absolue de la déformation de la poutre, car la limite réglementaire est plus importante.

Le tableau 1.16 mentionne les valeurs limites réglementaires des flèches.

Tableau 1.16 Valeurs limites réglementaires des flèches.

	Bâtiments courants			Bâtiments agricoles et similaires		
	$W_{inst(Q)}$	$W_{net,fin}$	W_{fin}	$W_{inst(Q)}$	$W_{net,fin}$	W_{fin}
Chevrons	–	$L/150$	$L/125$	–	$L/150$	$L/100$
Éléments structuraux	$L/300$	$L/200$	$L/125$	$L/200$	$L/150$	$L/100$

Remarques :

– La valeur limite des consoles et porte-à-faux est doublée. Elle est toujours supérieure à 5 mm.

– Les panneaux de planchers et supports de toiture ont une valeur limite de flèche nette finale ($W_{net,fin}$) de L/250.

– La valeur limite de flèche horizontale est de L/200 pour les éléments individuels soumis au vent. Pour les autres applications, elles sont identiques aux valeurs limites verticales des éléments structuraux.

Exemple :

Considérons une panne en bois lamellé-collé dont la distance entre appuis est de 6 m.

Les calculs des flèches provoquées par les charges et des flèches réglementaires sont précisés dans le tableau 1.17.

Tableau 1.17 Flèches provoquées par les charges et flèches réglementaires.

Flèches	Flèches calculées (mm)	Valeurs limites de flèche (mm)	Critère vérifié
$W_{inst(Q)}$	12	$6\,000/300 = 20$	Oui
$W_{net,fin}$	42	$6\,000/200 = 30$	Non

Une contre-flèche minimum de $W_c = W_{fin} - W_{net,fin,lim}$ permettra de répondre aux exigences réglementaires, soit $42 - 30 = 12$ mm. Pour plus de sécurité, la contre-flèche sera de 15 mm.

Flèches	Flèches calculées (mm)	Valeurs limites de flèche (mm)	Critère vérifié
$W_{inst(Q)}$	12	$6\,000/300 = 20$	Oui
$W_{net,fin}$	$42 - 15 = 27$	$6\,000/200 = 30$	Oui
W_{fin}	42	$6\,000/125 = 48$	Oui

L'état limite de service est respecté puisque la valeur limite de la flèche est supérieure à la flèche de calcul.

APPLICATIONS RÉSOLUES

1 Charges de structure et d'exploitation

1.1 Calcul des charges de structure (G) et d'exploitation supportées par une solive d'un plancher d'un local d'habitation

Considérons un plancher composé :

- d'un carrelage de masse surfacique 20 kg/m^2 ;
- d'une chape de mortier de 4 cm d'épaisseur et de masse volumique 2 500 kg/m^3 ;
- d'un support en panneau de particules CTBH de 19 mm d'épaisseur et de masse volumique 750 kg/m^3 ;
- de solives de 225 × 75 mm de masse volumique 420 kg/m^3 et posées avec un entraxe de 48 cm.

Bande de chargement : 0,48 m.

Étape 1 : calcul de la charge de structure

Le carrelage : $20 \times (10/1\,000) = 0,2$ kN/m^2.

La chape : $2\,500 \times \dfrac{10}{1\,000} \times 0,04 = 1$ kN/m^2.

Le panneau : $750 \times \dfrac{10}{1\,000} \times 0,019 = 0,143$ kN/m^2.

Les solives : $\dfrac{420 \times 10}{1\,000} \times 0,225 \times 0,075 = 0,074$ kN/m.

La charge totale est $G = (0,2 + 1 + 0,143) \times 0,48 + 0,074 = 0,716$ kN/m.

Étape 2 : calcul de la charge d'exploitation

$Q = 1,50 \times 0,48 = 0,72$ kN/m.

1.2 Calcul des charges de structure (G) et d'exploitation supportées par une solive et une porteuse (ou poutre maîtresse) d'un plancher d'un local de stockage (figure 1.19)

Considérons un plancher composé :

- d'un revêtement de sol de masse surfacique 7 kg/m^2 ;
- d'un support en panneau de particules CTBH de 25 mm d'épaisseur et de masse volumique 700 kg/m^3 ;
- de solives de 175 × 75 mm de masse volumique 420 kg/m^3, posées avec un entraxe de 45 cm ;
- d'une porteuse de 450 × 110 mm de masse volumique 480 kg/m^3, posée au milieu d'une pièce de 6 m de long.

1.2.1 Charge sur la solive

Bande de chargement : 0,45 m.

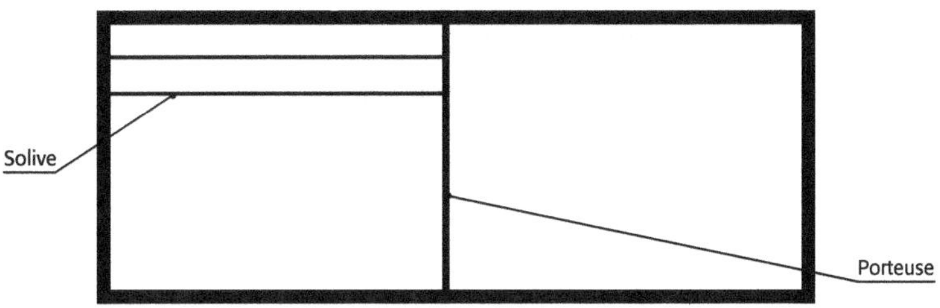

Figure 1.19 Vue en plan des solives et de la porteuse.

Étape 1 : calcul de la charge de structure

Le revêtement de sol : $7 \times (10/1\,000) = 0{,}07$ kN/m².

Le panneau : $700 \times \dfrac{10}{1\,000} \times 0{,}025 = 0{,}175$ kN/m².

Les solives : $\dfrac{420 \times 10}{1\,000} \times 0{,}175 \times 0{,}075 = 0{,}055$ kN/m.

La charge totale est $G = (0{,}07 + 0{,}175) \times 0{,}45 + 0{,}055 = 0{,}165$ kN/m.

Étape 2 : calcul de la charge d'exploitation

$Q = 7{,}50 \times 0{,}45 = 3{,}375$ kN/m.

1.2.2 *Charge sur la porteuse*

Bande de chargement : 3 m.

Étape 1 : calcul de la charge de structure

La porteuse : $480 \times \dfrac{10}{1\,000} \times 0{,}450 \times 0{,}110 = 0{,}238$ kN/m.

La charge totale est $\dfrac{0{,}165}{0{,}45} \times 3 + 0{,}238 = 1{,}338$ kN/m.

Étape 2 : calcul de la charge d'exploitation

$Q = 7{,}50 \times 3 = 22{,}5$ kN/m.

1.3 Calcul des charges de structure (*G*) et de la charge d'exploitation (*Q*) supportées par les solives, le chevêtre, la solive d'enchevêtrure et la porteuse d'un plancher d'un local d'habitation (figure 1.20)

Considérons un plancher composé :

- d'un revêtement de sol de masse surfacique 10 kg/m² ;
- d'un support en panneau d'OSB de 16 mm d'épaisseur et de masse volumique 660 kg/m³ ;
- de solives de 200×50 mm de masse volumique 420 kg/m³, posées avec un entraxe de 55 cm ;
- d'une porteuse de 360×75 mm de masse volumique 420 kg/m³, posée au milieu d'une pièce de 6 m de long.

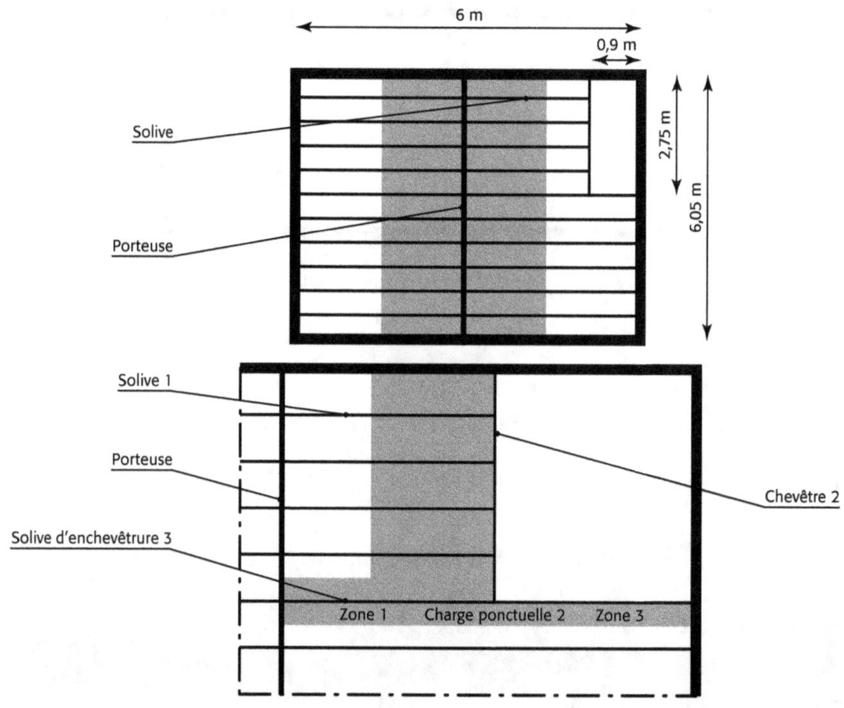

Figure 1.20 Vue en plan du chevêtre.

1.3.1 Solive 1

Étape 1 : détermination de la bande de chargement

Les solives forment 11 intervalles. La largeur de la bande de chargement est de 6,05/11 = 0,55 m.

Étape 2 : calcul de la charge de structure

Le revêtement de sol de 10 kg/m^2 : $10 \times (10/1\,000) = 0,1$ kN/m^2.

Le panneau OSB de 16 mm et de 660 kg/m^3 : $660 \times \dfrac{10}{1\,000} \times 0,016 = 0,106$ kN/m^2.

Les solives de 200×50 mm et de 420 kg/m^3 : $\dfrac{420 \times 10}{1\,000} \times 0,200 \times 0,05 = 0,042$ kN/m.

La charge totale est $G = (0,1 + 0,106) \times 0,55 + 0,042 = 0,156$ kN/m.

Étape 3 : calcul de la charge d'exploitation

$Q = 1,50 \times 0,55 = 0,825$ kN/m.

1.3.2 Porteuse 2

Étape 1 : détermination de la bande de chargement

La porteuse reprend la moitié de la surface à gauche de la porteuse et la moitié de la surface à droite de la porteuse, soit $3/2 + 3/2 = 3$ m.

Étape 2 : calcul de la charge de structure

Ce calcul consiste à transformer le poids par mètre de solives en poids par mètre carré, puis de le transformer en poids par mètre de porteuse et d'ajouter son propre poids.

Porteuse de 360×75 mm et de 420 kg/m^3 : $420 \times \dfrac{10}{1\,000} \times 0,360 \times 0,075 = 0,114$ kN/m.

La charge totale est $\dfrac{0,156}{0,55} \times 3 + 0,114 = 0,965$ kN/m.

Étape 3 : calcul de la charge d'exploitation

$Q = 1,50 \times 3 = 4,5$ kN/m.

1.3.3   Chevêtre 3

Étape 1 : détermination de la bande de chargement

Le chevêtre reprend la moitié de la surface à gauche, soit $\dfrac{\left(\dfrac{6}{2} - 0,9 \right)}{2} = 1,05$ m.

Étape 2 : calcul de la charge de structure

Ce calcul consiste à transformer le poids par mètre de solives en poids par mètre carré, puis de le transformer en poids par mètre de chevêtre et d'ajouter son propre poids.

$G_{\text{chevêtre}} = G_{\text{solive}} = 0,042$ kN/m.

La charge totale est $\dfrac{G_{\text{total solive}}}{Entraxe_{\text{solive}}} \cdot Entraxe_{\text{chevêtre}} + G_{\text{chevêtre}}$,

soit $\dfrac{0,156}{0,55} \times 1,05 + 0,042 = 0,340$ kN/m .

Étape 3 : calcul de la charge d'exploitation

$Q = 1,50 \times 1,05 = 1,575$ kN/m.

1.3.4   Solive d'enchevêtrure 4

La solive d'enchevêtrure comprend trois charges différentes (figure 1.6). Dans la première zone, la charge est équivalente à la charge de la solive 1. Le chevêtre crée un deuxième type de force, une force ponctuelle. Il repose sur le mur et sur la solive d'enchevêtrure. Il transmet une force équivalente à la moitié de sa charge totale. Dans la zone 3, la charge est sensiblement équivalente à la moitié de la charge de la solive 1.

Étape 1 : calcul de la charge de structure

Zone 1 : $G = 0,156$ kN/m.

Charge 2 : $G = \dfrac{\text{Charge totale sur le chevêtre}}{2} = \dfrac{\text{Charge par mètre} \cdot \text{longueur}}{2}$,

soit $G = \dfrac{0,340 \times 2,75}{2} = 0,468$ kN.

Zone 3 : $G = (0,1 + 0,106) \times 0,275 + 0,042 = 0,099$ kN/m.

Étape 2 : calcul de la charge d'exploitation

Zone 1 : $Q = 0{,}825$ kN/m.

Charge 2 :

$$Q = \frac{\text{Charge totale sur le chevêtre}}{2}$$

$$Q = \frac{\text{Charge par mètre carré} \cdot \text{largeur bande de chargement du chevêtre} \cdot \text{longueur}}{2},$$

soit $Q = \dfrac{1{,}5 \times 1{,}05 \times 2{,}75}{2} = 2{,}166$ kN.

Zone 3 : $Q = 0{,}825/2 = 0{,}413$ kN/m.

2   Charges de structure et de neige

2.1   Considérons un bâtiment couvert d'une toiture symétrique avec une pente de 30 %. Le bâtiment est situé en zone A1 à une altitude de 170 m. Les coefficients d'exposition c_e et thermique c_t sont égaux à 1. Calculer la charge de neige sur le toit (l'étude de la redistribution de la neige par le vent ne sera pas réalisée)

Étape 0 : calcul de l'angle

$\alpha = \tan^{-1}(0{,}3) = 16{,}7°$.

Étape 1 : calcul de la neige au sol

$S_{170} = S_{200} = 0{,}45$ kN/m^2.

Étape 2 : calcul du coefficient de forme μ_i

Pour un angle inférieur à 30° : $\mu_{1(16{,}7°)} = 0{,}8$.

Étape 3 : calcul de la charge de neige (kN/m^2 horizontal)

La formule de calcul de neige sur une toiture est $S = S_k \cdot \mu_{i(\alpha)} \cdot c_e \cdot c_t$.

$S_{16{,}7°} = 0{,}45 \times 0{,}8 \times 1 \times 1 = 0{,}36$ kN/m^2 horizontal.

Étape 4 : calcul de la charge de neige (kN/m^2 de toiture réel ou rampant)

$S_{16{,}7°} = 0{,}36 \times \cos(16{,}7°) = 0{,}343$ kN/m^2 rampant.

Étape 5 : calcul de la charge de neige exceptionnelle

Pas de neige exceptionnelle dans la zone A1.

2.2   Considérons un bâtiment couvert d'une toiture asymétrique dont un versant a une pente de 36 % et l'autre de 78 %. Le bâtiment est situé en zone A2 à une altitude de 670 m. Les coefficients d'exposition c_e et thermique c_t sont égaux à 1. Calculer la charge de neige sur le toit

Étape 0 : calcul des angles

$\alpha_1 = \tan^{-1}(0{,}78) = 38°$.

$$\alpha_1 = \tan^{-1}(0,36) = 20°.$$

Étape 1 : calcul de la neige au sol

$$S_{670} = S_{200} + \Delta S_1.$$

$$S_{670} = S_{200} + \left(1,5 \times \frac{A}{1\,000} - 0,45\right).$$

$$S_{670} = 0,45 + \left(1,5 \times \frac{670}{1\,000} - 0,45\right) = 1,005 \text{ kN/m}^2 \text{ de sol.}$$

Étape 2 : calcul du coefficient de forme μ_i

Pour le versant incliné à 20° (angle inférieur à 30°) : $\mu_{1(20°)} = 0,8$.

Pour un versant dont l'inclinaison est comprise entre 30° et 60° : $\mu_{2(\alpha)} = \dfrac{0,8 \times (60 - \alpha)}{30}$.

soit, pour l'inclinaison de 38° : $\mu_{1(38°)} = \dfrac{0,8 \times (60 - 38)}{30} = 0,587$.

Étape 3 : calcul de la charge de neige sur chaque versant (kN/m² horizontal)

La formule de calcul de neige sur une toiture est $S = S_k \cdot \mu_{i(\alpha)} \cdot c_e \cdot c_t$.

Pour le versant incliné à 20° : $S_{20°} = 1,005 \times 0,8 \times 1 \times 1 = 0,804$ kN/m² horizontal.

Pour le versant incliné à 38° : $S_{38°} = 1,005 \times 0,587 \times 1 \times 1 = 0,59$ kN/m² horizontal.

Étape 4 : calcul de la charge de neige sur chaque versant (kN/m² de toiture réel ou rampant)

Pour le versant incliné à 20° : $S_{20°} = 0,804 \times \cos(20°) = 0,756$ kN/m² rampant.

Pour le versant incliné à 38° : $S_{38°} = 0,59 \times \cos(38°) = 0,465$ kN/m² rampant.

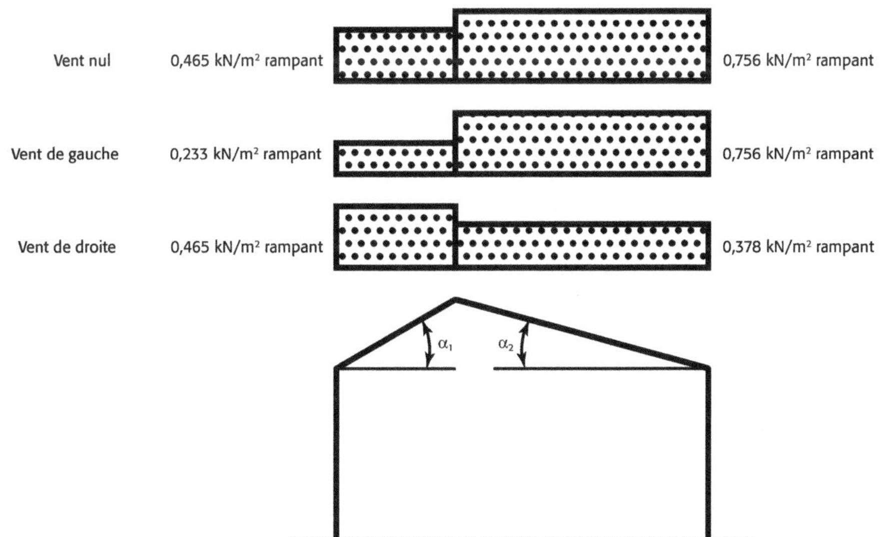

Figure 1.22 Charge de neige en fonction du vent.

Étape 5 : calcul de la charge de neige exceptionnelle sur chaque versant (kN/m² de toiture rampant)

Pour un versant incliné à α : $S = S_{Ad} \cdot \mu_{i(\alpha)} \cdot \cos \alpha$.

Pour le versant incliné à 20° : $S_{20°} = 1 \times 0,8 \times \cos (20°) = 0,752$ kN/m² rampant.

Pour le versant incliné à 38° : $S_{38°} = 1 \times 0,587 \times \cos (38°) = 0,463$ kN/m² rampant.

Étape 6 : calcul de la charge de neige en fonction du vent

La figure 1.22 précise les charges de neige en fonction du vent. Les charges de neige exceptionnelles sont distribuées selon le même principe.

2.3 Considérons un bâtiment couvert d'une toiture symétrique avec une pente de 65 %. Le bâtiment est situé en zone A2 à une altitude de 470 m. Les coefficients d'exposition c_e et thermique c_t sont égaux à 1. Calculer la charge de structure et la charge de neige sur le toit

La toiture est composée :

* de tuiles à emboitement de masse surfacique 45 kg/m² ;
* d'un support en panneau OSB de 15 mm d'épaisseur et de masse volumique 660 kg/m³ ;
* de chevrons de 100×50 mm de masse volumique 420 kg/m³, posées avec un entraxe de 55 cm ;
* d'une panne de 225×100 mm de masse volumique 420 kg/m³, posée avec un entraxe de 2,05 m.

2.3.1 *Calcul de la charge de neige*

Étape 0 : calcul de l'angle

$\alpha = \tan^{-1}\left(0,65\right) = 33°$.

Étape 1 : calcul de la neige au sol

$S_{470} = S_{200} + \Delta S_1$.

$$S_{470} = S_{200} + \left(\frac{A}{1\,000} - 0,20\right).$$

$$S_{470} = 0,45 + \left(\frac{470}{1\,000} - 0,20\right) = 0,72 \text{ kN/m}^2 \text{ de sol.}$$

Étape 2 : calcul du coefficient de forme μ_i

Pour un versant dont l'inclinaison est comprise entre 30° et 60° : $\mu_{1(\alpha)} = \dfrac{0,8 \times \left(60 - \alpha\right)}{30}$.

soit, pour l'inclinaison de 33° : $\mu_{1(33°)} = \dfrac{0,8 \times \left(60 - 33\right)}{30} = 0,72$.

Étape 3 : calcul de la charge de neige sur chaque versant (kN/m² horizontal)

La formule de calcul de neige sur une toiture est $S = S_k \cdot \mu_{i(\alpha)} \cdot c_e \cdot c_t$.

$S_{33°} = 0,72 \times 0,72 \times 1 \times 1 = 0,519$ kN/m² horizontal.

Étape 4 : calcul de la charge de neige sur chaque versant (kN/m² de toiture réel ou rampant)

$S_{33°} = 0,519 \times \cos (33°) = 0,435$ kN/m² rampant.

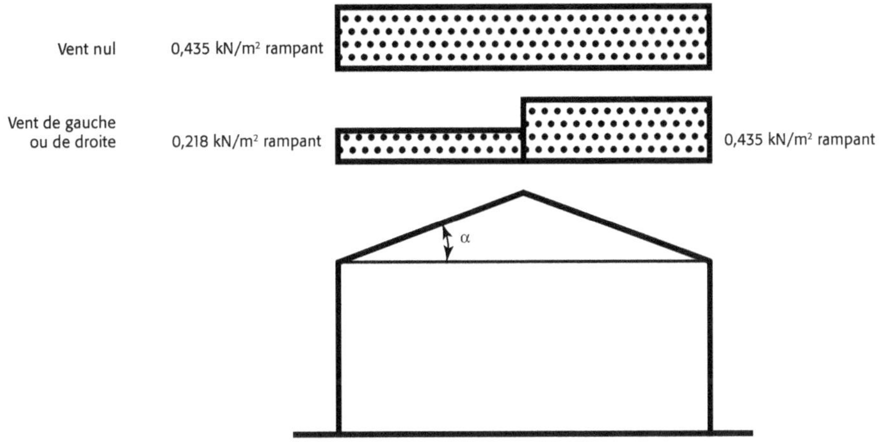

Figure 1.23 Charge de neige en fonction du vent.

Étape 5 : calcul de la charge de neige exceptionnelle sur chaque versant (kN/m² de toiture rampant)

Pour un versant incliné à α : $S = S_{Ad} \cdot \mu_{i(\alpha)} \cdot \cos \alpha$.

$S_{33°} = 1 \times 0,72 \times \cos (33°) = 0,604$ kN/m² rampant.

Étape 6 : calcul de la charge de neige en fonction du vent

La figure 1.23 précise les charges de neige en fonction du vent. Les charges de neige exceptionnelles sont distribuées selon le même principe.

2.3.2 Calcul de la charge sur les chevrons

Bande de chargement : 0,55 m.

Étape 1 : calcul de la charge de structure

Les tuiles : $45 \times (10/1\,000) = 0,45$ kN/m².

Le panneau : $660 \times \dfrac{10}{1\,000} \times 0,015 = 0,099$ kN/m².

Les chevrons : $\dfrac{420 \times 10}{1\,000} \times 0,100 \times 0,05 = 0,021$ kN/m.

La charge totale est $G = (0,45 + 0,099) \times 0,55 + 0,021 = 0,323$ kN/m.

Étape 2 : calcul des charges de neige

$S = 0,435 \times 0,55 = 0,239$ kN/m.

$S = 0,604 \times 0,55 = 0,332$ kN/m (neige exceptionnelle).

2.3.3 Calcul de la charge sur la panne

Bande de chargement : 2,05 m.

Étape 1 : calcul de la charge de structure

La panne : $420 \times \dfrac{10}{1\,000} \times 0,225 \times 0,100 = 0,095$ kN/m.

La charge totale est $\dfrac{0,323}{0,55} \times 2,05 + 0,095 = 1,299$ kN/m .

Étape 2 : calcul des charges de neige

$S = 0,435 \times 2,05 = 0,892$ kN/m.

$S = 0,604 \times 2,05 = 1,238$ kN/m (neige exceptionnelle).

3   Combinaisons d'actions

3.1   Vérification d'une solive d'un plancher

Considérons une solive d'un plancher d'un local scolaire : elle supporte des charges de structure (G) et des charges d'exploitation (Q).

3.1.1   *Combinaisons à l'état limite ultime (ELU)*

Les combinaisons à l'ELU concernent la résistance de la structure et le risque incendie. Dans notre exemple, il n'y a ni risque de soulèvement ni risque de neige exceptionnelle. Les valeurs des facteurs statistiques sont précisées dans les tableaux 1.4 et 1.5. Les combinaisons à envisagée à l'ELU sont les suivantes :

- Combinaisons pour la résistance de la structure avec des charges descendantes ELU (STR) :

$q_1 = \gamma_{G,\mathrm{sup}} G$

$q_1 = 1,35G$

$q_2 = \gamma_{G,\mathrm{sup}} G + \gamma_Q Q_1$

$q_2 = 1,35G + 1,5Q_1$

- Combinaisons pour les situations d'incendie ELU (STR) :

$q = G + \Psi_{1,1} Q_1$

$q = G + 0,7 Q_1$

3.1.2   *Combinaisons à l'état limite de service (ELS)*

Les combinaisons à l'ELS concernent la déformation sous charge variable et la déformation totale. Les valeurs des facteurs statistiques et de déformation sont précisées dans les tableaux 1.5 et 1.6. Les combinaisons à envisagée à l'ELS sont les suivantes :

- Valeur de la charge de calcul pour la déformation instantanée sous charge variable :

$q = Q_1$

Remarque : il n'y a combinaison d'actions qu'en présence de plusieurs actions, sinon c'est un cas de charge.

- Combinaisons pour la déformation totale avec une charge variable :

$q = G + Q_1 + k_{\mathrm{def}} \left(G + \Psi_{2,1} Q_1 \right)$

$q = G + Q_1 + 0,6 \left(G + 0,6 Q_1 \right)$

3.2 Vérification d'une poutre d'un plancher

Considérons une poutre d'un plancher d'un local chauffé de stockage : elle supporte des charges de structure (G) et des charges d'exploitation (Q).

3.2.1 *Combinaisons à l'état limite ultime (ELU)*

Les combinaisons à l'ELU concernent la résistance de la structure et le risque incendie. Dans notre exemple, il n'y a ni risque de soulèvement ni risque de neige exceptionnelle. Les valeurs des facteurs statistiques sont précisées dans les tableaux 1.4 et 1.5. Les combinaisons à envisagée à l'ELU sont les suivantes :

- Combinaisons pour la résistance de la structure avec des charges descendantes ELU (STR) :

$$q_1 = \gamma_{G,\text{sup}}G$$

$$q_1 = 1{,}35G$$

$$q_2 = \gamma_{G,\text{sup}}G + \gamma_Q Q_1$$

$$q_2 = 1{,}35G + 1{,}5Q_1$$

- Combinaisons pour les situations d'incendie ELU (STR) :

$$q = G + \Psi_{1,1}Q_1$$

$$q = G + 0{,}9Q_1$$

3.2.2 *Combinaisons à l'état limite de service (ELS)*

Les combinaisons à l'ELS concernent la déformation sous charge variable et la déformation totale. Les valeurs des facteurs statistiques et de déformation sont précisées dans les tableaux 1.5 et 1.6. Les combinaisons à envisagée à l'ELS sont les suivantes :

- Valeur de la charge de calcul pour la déformation instantanée sous charge variable :

$$q = Q_1$$

- Combinaisons pour la déformation totale avec une charge variable :

$$q = G + Q_1 + k_{\text{def}}\left(G + \Psi_{2,1}Q_1\right)$$

$$q = G + Q_1 + 0{,}6\left(G + 0{,}8Q_1\right)$$

3.3 Vérification d'une panne de toiture

Considérons une panne d'un bâtiment situé à une altitude inférieure à 1 000 m en zone A2. Elle supporte des charges de structure (G) et des actions climatiques, la neige (S) le vent en pression ($W+$) et en dépression ($W-$).

3.3.1 *Combinaisons à l'état limite ultime (ELU)*

Les combinaisons à l'ELU concernent la résistance de la panne, le risque de soulèvement, le risque de neige exceptionnelle et le risque incendie. Les valeurs des facteurs statistiques sont précisées dans les tableaux 1.4 et 1.5. Les combinaisons à envisager à l'ELU sont les suivantes :

- Combinaisons pour la résistance de la structure avec des charges descendantes ELU (STR) :

$q_1 = \gamma_{G,\text{sup}}G$

$q_1 = 1,35G$

$q_2 = \gamma_{G,\text{sup}}G + \gamma_Q Q_1$

Avec $Q_1 = S$

$q_2 = 1,35G + 1,5S$

$q_3 = \gamma_{G,\text{sup}}G + \gamma_Q Q_1 + \Psi_{0,2}\gamma_Q Q_2$

Avec $Q_1 = S$ et $Q_2 = W+$

$q_3 = 1,35G + 1,5S + 0,6 \times 1,5W+$

Avec $Q_1 = W+$ et $Q_2 = S$

$q_4 = 1,35G + 1,5W+ + 0,5 \times 1,5S$

- Combinaisons pour la résistance au soulèvement ELU (STR) :

$q = \gamma_{G,\text{inf}}G + \gamma_Q W-$

$q = 1G + 1,5W-$

- Combinaisons pour la stabilité vis-à-vis du soulèvement ELU (EQU) :

$q = \gamma_{G,\text{inf}}G + \gamma_Q W-$

$q = 0,9G + 1,5W-$

- Combinaison pour les situations accidentelles telles que la neige exceptionnelle :

$q = G + A + \Psi_{2,1}Q_1$

$q = G + S_{Ad} + 0W+$

- Combinaisons pour les situations d'incendie :

$q = G + \Psi_{1,1}Q_1 + \Psi_{2,2}Q_2$

Avec $Q_1 = S$ et $Q_2 = W+$

$q_1 = G + 0,3S + 0W+$

Avec $Q_1 = W+$ et $Q_2 = S$

$q_1 = G + 0,2W+ + 0S$

3.3.2 *Combinaisons à l'état limite de service (ELS)*

Les combinaisons à l'ELS concernent la déformation sous charge variable et la déformation totale de la panne. Les valeurs des facteurs statistiques et de déformation sont précisées dans les tableaux 1.5 et 1.6. Les combinaisons à envisagée à l'ELS sont les suivantes :

- Combinaisons pour la déformation instantanée sous charges variables :

$q_1 = Q_1 + \Psi_{0,2}Q_2$

Avec $Q_1 = S$ et $Q_2 = W+$

$$q_1 = S + 0,6W+$$

Avec $Q_1 = W+$ et $Q_2 = S$

$$q_2 = W+ + 0,5S$$

- Combinaisons pour la déformation totale avec deux charges variables :

$$q = G + Q_1 + \Psi_{0,2}Q_2 + k_{\text{def}}\left(G + \Psi_{2,1}Q_1 + \Psi_{2,2}Q_2\right)$$

Avec $Q_1 = S$ et $Q_2 = W+$

$$q = G + S + 0,6W+ + 0,8\left(G + 0S + 0W+\right)$$

Avec $Q_1 = W+$ et $Q_2 = S$

$$q = G + W+ + 0,5S + 0,8\left(G + 0W+ + 0S\right)$$

3.4 Vérification d'une poutre d'une toiture terrasse accessible dans un bâtiment résidentiel

Considérons un bâtiment situé à une altitude supérieure à 1 000 m. Il supporte des charges de structure (G) et des actions climatiques, la neige (S), le vent en dépression ($W–$) uniquement (la pression très faible est négligée) et des charges d'exploitation Q.

3.4.1 *Combinaisons à l'état limite ultime (ELU)*

Les combinaisons à l'ELU concernent la résistance de la poutre, le risque de soulèvement, le risque de neige exceptionnelle et le risque incendie. Les valeurs des facteurs statistiques sont précisées dans les tableaux 1.4 et 1.5. Les combinaisons à envisager à l'ELU sont les suivantes :

- Combinaisons pour la résistance de la structure avec des charges descendantes ELU (STR) :

$$q_1 = \gamma_{G,\text{sup}}G$$

$$q_1 = 1,35G$$

$$q_2 = \gamma_{G,\text{sup}}G + \gamma_Q Q_1$$

Avec $Q_1 = Q$

$$q_2 = 1,35G + 1,5Q$$

$$q_3 = \gamma_{G,\text{sup}}G + \gamma_Q Q_1 + \Psi_{0,2}\gamma_Q Q_2$$

Avec $Q_1 = S$ et $Q_2 = Q$

$$q_3 = 1,35G + 1,5S + 0,7 \times 1,5Q$$

Avec $Q_1 = Q$ et $Q_2 = S$

$$q_4 = 1,35G + 1,5Q + 0,7 \times 1,5S$$

- Combinaisons pour la résistance au soulèvement ELU (STR) :

$$q = \gamma_{G,\text{inf}}G + \gamma_Q W-$$

$$q = 1G + 1,5W-$$

- Combinaisons pour la stabilité vis-à-vis du soulèvement ELU (EQU) :

$$q = \gamma_{G,\text{inf}}\, G + \gamma_Q W -$$

$$q = 0,9G + 1,5W -$$

- Combinaison pour les situations accidentelles telles que la neige exceptionnelle :

$$q = G + A + \Psi_{2,1} Q_1$$

$$q = G + S_{Ad} + 0,3Q$$

- Combinaisons pour les situations d'incendie :

$$q = G + \Psi_{1,1} Q_1 + \Psi_{2,2} Q_2$$

Avec $Q_1 = S$ et $Q_2 = Q$

$$q_1 = G + 0,5S + 0,3Q$$

Avec $Q_1 = Q$ et $Q_2 = S$

$$q_1 = G + 0,5Q + 0,2S$$

3.4.2 *Combinaisons à l'état limite de service (ELS)*

Les combinaisons à l'ELS concernent la déformation sous charge variable et la déformation totale de la poutre. Les valeurs des facteurs statistiques et de déformation sont précisées dans les tableaux 1.5 et 1.6. Les combinaisons à envisagée à l'ELS sont les suivantes :

- Combinaisons pour la déformation instantanée sous charges variables :

$$q_1 = Q_1 + \Psi_{0,2} Q_2$$

Avec $Q_1 = S$ et $Q_2 = Q$

$$q_1 = S + 0,7Q$$

Avec $Q_1 = Q$ et $Q_2 = S$

$$q_2 = Q + 0,7S$$

- Combinaisons pour la déformation totale avec deux charges variables :

$$q = G + Q_1 + \Psi_{0,2} Q_2 + k_{\text{def}} \left(G + \Psi_{2,1} Q_1 + \Psi_{2,2} Q_2 \right)$$

Avec $Q_1 = S$ et $Q_2 = Q$

$$q = G + S + 0,7Q + 0,8 \left(G + 0,2S + 0,3Q \right)$$

Avec $Q_1 = Q$ et $Q_2 = S$

$$q = G + Q + 0,7S + 0,8 \left(G + 0,3Q + 0,2S \right)$$

4 Valeurs de résistance du bois

4.1 Calculer la résistance en cisaillement d'une solive en résineux classé C24 supportant un plancher dans une maison (local chauffé) avec et une combinaison de 1,35G + 1,5Q

La résistance au cisaillement de la solive est : $f_{v,d} = f_{v,k}\, \dfrac{k_{\text{mod}}}{\gamma_M}$.

avec :

- $f_{v,k} = 4$ MPa, déterminé au moyen du tableau 1.7 ; contrainte caractéristique ;
- $k_{\mathrm{mod}} = 0,8$, déterminé au moyen du tableau 1.11.

Le chargement pris en compte est composé des charges permanentes G et des charges d'exploitation Q. Le coefficient k_{mod} est défini en fonction de la durée d'application de la charge la plus courte, soit la charge d'exploitation.

Le matériau étant du bois massif (tableau 1.14), $\gamma_M = 1,3$.

La résistance au cisaillement est : $f_{v,d} = 4 \times \dfrac{0,8}{1,3} = 2,46$ MPa ou N/mm².

4.2 **Calculer la résistance en compression transversale d'un panne en bois lamellé-collé classé GL24h, supportant une toiture de préau (sous abris) à une altitude de 580 m ; la combinaison d'actions considérée est 1,35G + 1,5S**

La résistance en compression transversale est : $f_{c,90,d} = f_{c,90,k} \dfrac{k_{\mathrm{mod}}}{\gamma_M}$.

avec :

- $f_{c,90,k} = 2,5$ MPa, déterminé au moyen du tableau 1.9 ;
- $k_{\mathrm{mod}} = 0,9$, déterminé au moyen du tableau 1.11.

Le chargement pris en compte est composé des charges permanentes G et des charges de neige S. Le coefficient k_{mod} est défini en fonction de la durée d'application de la charge de la plus courte exposition, soit la charge de neige.

Le matériau étant du bois lamellé-collé (tableau 1.14), $\gamma_M = 1,25$.

La résistance en compression transversale est : $f_{c,90,d} = 2,5 \times \dfrac{0,9}{1,25} = 1,8$ MPa .

4.3 **Calculer la résistance en compression axiale d'un poteau en bois lamellé-collé classé GL24h, supportant une toiture de préau (exposé aux intempéries) à une altitude de 580 m ; la combinaison d'actions considérée est $G + S_{Ad}$**

La résistance en compression axiale est : $f_{c,0,d} = f_{c,0,k} \dfrac{k_{\mathrm{mod}}}{\gamma_M}$.

avec :

- $f_{c,0,k} = 24$ MPa, déterminé au moyen du tableau 1.9 ;
- $k_{\mathrm{mod}} = 0,9$, déterminé au moyen du tableau 1.11.

Le chargement pris en compte est composé des charges permanentes G et des charges de neige exceptionnelle S_{Ad}. Le coefficient k_{mod} est défini en fonction de la durée d'application de la charge de la plus courte exposition, soit la charge de neige exceptionnelle.

Le matériau étant du bois lamellé-collé (tableau 1.14), $\gamma_M = 1$.

La résistance en compression axiale est : $f_{c,0,d} = 24 \times \dfrac{0,9}{1} = 21,6$ MPa.

5   Sections de calcul et valeurs de flèche réglementaires

Vérifier à l'ELS une poutre en bois lamellé-collé dont la distance entre appuis est de 12 m. Les calculs des flèches provoquées par les charges et des flèches réglementaires sont précisés dans le tableau 1.18.

Tableau 1.18 Flèches provoquées par les charges et flèches réglementaires.

Flèches	Flèches calculées (mm)	Valeurs limites de flèche (mm)	Critère vérifié
$W_{\text{inst}(Q)}$	30	12 000/300 = 40	Oui
$W_{\text{net,fin}}$	80	12 000/200 = 60	Non

La fabrication d'une contre-flèche de 25 mm (supérieur à 80 − 60 = 20 mm) permettrait de répondre aux exigences réglementaires.

Flèches	Flèches calculées (mm)	Valeurs limites de flèche (mm)	Critère vérifié
$W_{\text{inst}(Q)}$	30	12 000/300 = 40	Oui
$W_{\text{net,fin}}$	80 − 25 = 55	12 000/200 = 60	Oui
W_{fin}	80	12 000/125 = 96	Oui

L'état limite de service est respecté puisque la valeur limite de la flèche est supérieure à la flèche de calcul.

Vérification aux Eurocodes d'une pièce travaillant en flexion et en cisaillement – Justification d'une solive

La justification d'une solive exige des vérifications à l'état limite ultime et à l'état limite de service. La première étape consiste à définir les actions, les charges de structure et les charges d'exploitation. Puis il faut déterminer les combinaisons d'actions. Celles-ci simulent les différentes situations de charge auxquelles les solives seront soumises au cours de leur vie. Ces combinaisons d'actions définissent la charge de calcul pour établir les contraintes de flexion, de cisaillement et de compression transversale à l'état limite ultime et la déformation instantanée sous charges variables et la déformation totale à l'état limite de service.

1   Hypothèses de calcul

Considérons un plancher situé dans une chambre. Les éléments structuraux sont des solives de 175×75 mm classées C18 avec un entraxe de 46 cm reposant sur des murs espacés de 4,6 m. La longueur du repos sur le mur est de 25 mm. Elles supportent un panneau OSB de 15 mm d'épaisseur et un parquet flottant de 12 kg/m^2 (figure 2.1).

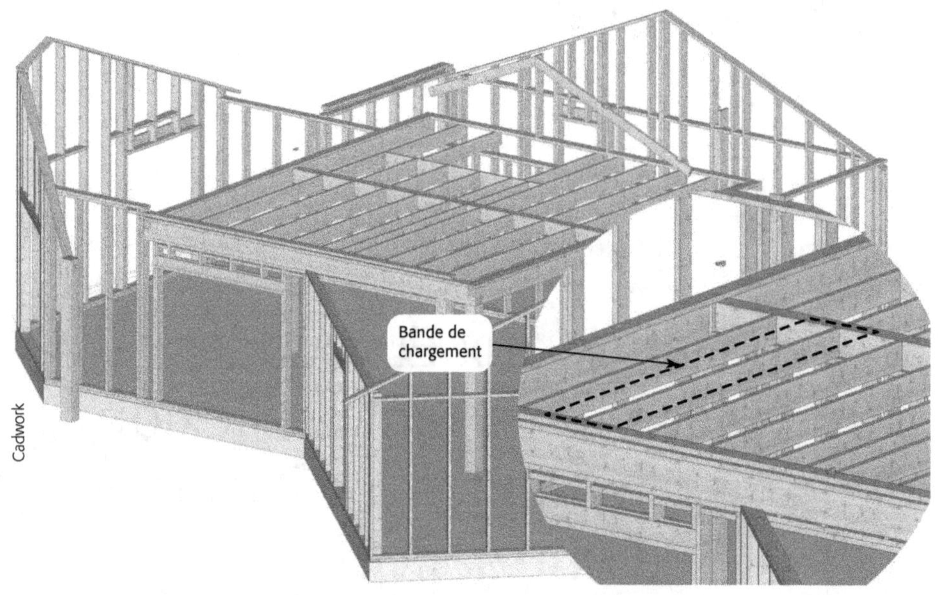

Figure 2.1 Bande de chargement de la solive.

2   Détermination des actions

2.1   Actions provoquées par le poids de la structure

Étape 1 : détermination de la bande de chargement

La solive reprend 1/2 entraxe à gauche et 1/2 entraxe à droite, soit un entraxe complet (230 + 230 = 460 mm).

Étape 2 : transformation de la masse en charge

Parquet flottant avec sous-couche : 12 kg/m^2.

OSB (panneau de grandes particules orientées) : 660 kg/m^3.

Solives : 380 kg/m^3.

Le calcul consiste à transformer la masse des éléments surfaciques (parquet contrecollé et OSB) en action exprimées en kN/m^2 et la masse des éléments linéique (solive) en action exprimées en kN/m. Par simplification, l'accélération terrestre g est prise égale à 10 m/s^2.

Parquet contrecollé : [kg/m^2] $\cdot$ [g/1 000] = kN/m^2, soit 12 $\times$ (10/1 000) = 0,12 kN/m^2.

OSB (panneau de grandes particules orientées) : $\dfrac{\left[\text{kg/m}^3\right] \cdot \text{g}}{1\,000} \cdot$ épaisseur (m) = kN/m^2,

soit $\dfrac{660 \times 10}{1\,000} \times 0,015 = 0,099$ kN/m^2.

Solives : $\dfrac{\left[\text{kg/m}^3\right]\cdot g}{1\,000}\cdot$ hauteur (m) $\cdot$ épaisseur (m) = kN/m,

soit $\dfrac{380\times10}{1\,000}\times0,175\times0,075 = 0,05$ kN/m.

Étape 3 : détermination de la charge de structure (G) par mètre de solive

La charge de structure surfacique est multipliée par la bande de chargement pour obtenir une charge linéique. Le poids de la solive est ajouté.

La charge totale est $G = (0,12 + 0,099) \times 0,46 + 0,05 = 0,151$ kN/m.

2.2 Les charges d'exploitation

Le plancher est situé dans un local d'habitation. La charge d'exploitation est de 1,5 kN/m^2. La bande de chargement est de 0,46 m.

Détermination de la charge d'exploitation (Q) par mètre de solive :

$Q = 1,5 \times 0,46 = 0,69$ kN/m.

3 Les combinaisons d'action

Une première vérification consiste à confirmer que pendant toute la durée d'exploitation du bâtiment la sécurité des personnes sera assurée. C'est la vérification à l'état limite ultime (ELU). Une deuxième vérification permet de contrôler que les usagers pourront avoir une exploitation du bâtiment conforme à sa destination. C'est la vérification à l'état limite de service (ELS).

3.1 Les combinaisons à l'état limite ultime (ELU)

Les combinaisons à l'ELU concernent la résistance de la structure. Il n'y a ni risque de soulèvement ni de risque de neige exceptionnelle.

Combinaisons pour la résistance de la structure avec des charges descendantes ELU (STR) :

$$q_1 = \gamma_{G,\text{sup}}G$$

$$q_1 = 1,35G$$

$$q_1 = 1,35\times0,151 = 0,204 \text{ kN/m}$$

$$q_2 = \gamma_{G,\text{sup}}G + \gamma_Q Q_1$$

$$q_2 = 1,35G + 1,5Q_1$$

$$q_2 = 1,35\times0,151 + 1,5\times0,69 = 1,239 \text{ kN/m}$$

Remarque : La combinaison q_1 deviendrait dimensionnante si $G > 3,33Q$. Dans l'exemple, la structure est légère par apport à la charge d'exploitation ($G = 0,22Q$).

3.2   Les combinaisons à l'état limite de service (ELS)

Les combinaisons à l'ELS concernent la déformation sous charge variable et la déformation totale.

Valeur de la charge de calcul pour la déformation instantanée sous charge variable :

$$q = Q_1$$

$$q = 0,69 \text{ kN/m}$$

Combinaisons pour la déformation totale avec une charge variable :

$$q = G + Q_1 + k_{\text{def}}\left(G + \Psi_{2,1}Q_1\right)$$

$$q = G + Q_1 + 0,6\left(G + 0,3Q_1\right)$$

$$q = 0,151 + 0,69 + 0,6\left(0,151 + 0,3 \times 0,69\right) = 1,056 \text{ kN/m}$$

4   Vérification à l'état limite ultime (ELU)

La vérification à l'ELU consiste à vérifier la résistance en flexion au milieu de la solive, en cisaillement et en compression transversale sous les appuis.

La combinaison d'action retenue est $1,35G + 1,5Q$ (cf. la remarque du § 3.1).

$q = 1,35G + 1,5Q = 1,239 \text{ kN/m} = 1,239 \text{ N/mm}.$

Pour obtenir les sections de calcul, il faut diminuer de 2 % les dimensions commerciales. La section commerciale de 175×75 mm devient 171×73 mm.

4.1   La flexion

La contrainte de flexion provoquée par les actions doit rester inférieure à la contrainte de résistance de flexion déterminée en tenant compte du risque de déversement.

Le taux de travail est :

$$\frac{\sigma_{m,d}}{k_{\text{crit}} \cdot f_{m,d}} \leq 1$$

avec :

- $\sigma_{m,d}$: contrainte de flexion provoquée par les actions en N/mm^2.
- $f_{m,d}$: contrainte de résistance de flexion calculée en N/mm^2.
- k_{crit} : coefficient d'instabilité provenant du déversement.

4.1.1   Contrainte provoquée par les actions $\sigma_{m,d}$

La contrainte de flexion provoquée par la charge est calculée par la formule :

$$\sigma_{m,d} = \frac{M_{f,y}}{\dfrac{I_{G,y}}{V}}$$

avec :

- $M_{f,y}$: moment de flexion maximum, pour une poutre sur deux appuis avec une charge uniformément répartie ; $M_{f,y} = qL^2/8$, avec :
    - q : charge linéique de poutre ($q = 1{,}239$ N/mm),
    - L : distance entre appuis ($L = 4\,600$ mm) ;
- $I_{G,y}/V$: module d'inertie ; $bh^2/6$ pour une section rectangulaire avec le repère de la figure 2.2.

$$\sigma_{m,d} = \frac{M_{f,y}}{\dfrac{I_{G,y}}{V}} = \frac{6qL^2}{8bh^2} = \frac{6 \times 1{,}239 \times 4\,600^2}{8 \times 73 \times 171^2} = 9{,}22 \ \text{N/mm}^2.$$

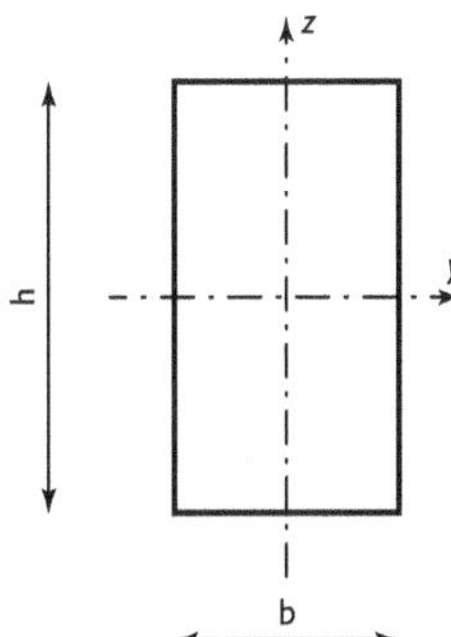

Figure 2.2 Repère de la section adopté par l'Eurocode.

4.1.2 Contrainte de résistance du bois $f_{m,d}$

La contrainte de résistance du bois dépend de la contrainte caractéristique, de la classe de service (humidité du bois), de la charge de plus courte durée de la combinaison d'action, de l'effet système et de la plus grande dimension de la section.

$$f_{m,d} = f_{m,k} \cdot \frac{k_{\text{mod}}}{\gamma_M} \cdot k_{\text{sys}} \cdot k_{\text{h}}$$

avec :

- $f_{m,k}$: contrainte caractéristique de résistance en flexion ($f_{m,k} = 18$ N/mm^2) ;
- k_{mod} : coefficient modificatif en fonction de la charge de plus courte durée (la charge d'exploitation) et de la classe de service ($k_{\text{mod}} = 0{,}8$) ;
- γ_M : coefficient partiel qui tient compte de la dispersion du matériau ($\gamma_M = 1{,}3$) ;
- k_{sys} : coefficient d'effet système ($k_{\text{sys}} = 1{,}1$). Il apparaît lorsque plusieurs éléments porteurs de même nature et de même fonction avec un entraxe inférieur à 1,2 m (solives, fermes) sont sollicités par un même type de chargement réparti uniformément et avec un système capable (le panneau dans notre exemple) de reporter les efforts sur les pièces adjacentes ;
- k_{h} : coefficient de hauteur ($k_{\text{h}} = 1$ car la hauteur de la poutre est supérieure à 150 mm). Il majore les résistances pour les hauteurs inférieures à 150 mm pour le bois massif et 600 mm pour le bois lamellé-collé. Le risque de défauts cachés dans la structure du bois est moins important pour les petites sections que pour les grandes sections.

Calcul du coefficient de hauteur pour du bois massif :

- si $\quad h \geqslant 150$ mm $\qquad k_{\mathrm{h}} = 1$;
- si $\quad h < 150$ mm $\qquad k_{\mathrm{h}} = \min(1,3 \,; (150/h)^{0,2})$.

Calcul du coefficient de hauteur pour du bois lamellé-collé :

- si $\quad h \geqslant 600$ mm $\qquad k_{\mathrm{h}} = 1$;
- si $\quad h < 600$ mm $\qquad k_{\mathrm{h}} = \min(1,1 \,; (600/h)^{0,1})$.

Avec h la hauteur de la pièce en millimètres.

$$f_{m,d} = 18 \times \frac{0,8}{1,3} \times 1,1 \times 1 = 12,19 \text{ N/mm}^2.$$

4.1.3 Coefficient d'instabilité provenant du déversement k_{crit}

Le déversement est un flambement latéral de la membrure comprimée. Il peut apparaître lorsque les appuis sont limités en torsion (sabots, encastrement dans un mur, etc.) et si l'élancement est important, c'est-à-dire lorsque le rapport hauteur/épaisseur est élevé et lorsque la membrure comprimée n'est pas maintenue. Le calcul du coefficient k_{crit} s'effectue à partir de la contrainte critique de flexion $\sigma_{m,\mathrm{crit}}$ et de l'élancement relatif de flexion $\lambda_{\mathrm{rel},m}$.

4.1.3.1 *Calcul de la contrainte critique de flexion $\sigma_{m,\mathrm{crit}}$*

La contrainte critique de flexion est définie par la formule :

$$\sigma_{m,\mathrm{crit}} = \frac{0,78 E_{0,05} \cdot b^2}{h \cdot \left(l \cdot k_{l_{\mathrm{ef}}} + \Delta l \right)}$$

avec :

- $E_{0,05}$: module axial au 5e pourcentile (ou caractéristique) ($E_{0,05} = 6\,000$ N/mm^2) ;
- h : hauteur de la pièce ($h = 171$ mm) ;
- b : épaisseur de la pièce ($b = 73$ mm) ;
- l : longueur de la pièce ($l = 4\,600$ mm) ;
- Δl : lorsque la pièce est chargée sur sa fibre comprimée, la longueur efficace l_{ef} est augmentée de la valeur $\Delta l = 2h$; si la pièce est chargée sur sa partie tendue, l_{ef} est diminuée de la valeur $\Delta l = 0,5h$; ici, $\Delta l = 2 \times 171 = 342$ mm ;
- $k_{l_{\mathrm{ef}}}$: coefficient de longueur efficace (cf. annexe « Tableaux et formulaire ») ($k_{l_{ef}} = 0,9$).

$$\sigma_{m,\mathrm{crit}} = \frac{0,78 \times 6\,000 \times 73^2}{171 \times \left(4\,600 \times 0,9 + 342 \right)} = 32,5 \text{ N/mm}^2.$$

4.1.3.2 *Calcul de l'élancement relatif de flexion $\lambda_{\mathrm{rel},m}$*

L'élancement relatif de flexion est défini par la formule :

$$\lambda_{\mathrm{rel},m} = \sqrt{\frac{f_{m,k}}{\sigma_{m,\mathrm{crit}}}}$$

avec :

- $\sigma_{m,\mathrm{crit}}$: contrainte critique de flexion ($\sigma_{m,\mathrm{crit}} = 32,5$ N/mm^2) ;
- $f_{m,k}$: contrainte caractéristique de résistance en flexion ($f_{m,k} = 18$ N/mm^2).

$$\lambda_{\mathrm{rel},m} = \sqrt{\dfrac{18}{32,5}} = 0,74.$$

4.1.3.3 *Calcul du coefficient k_{crit}*

Si $\quad\quad \lambda_{\mathrm{rel},m} \leqslant 0,75 \quad\quad\quad\quad k_{\mathrm{crit}} = 1$, pas de déversement.

Si $\quad\quad 0,75 < \lambda_{\mathrm{rel},m} \leqslant 1,4 \quad\quad k_{\mathrm{crit}} = 1,56 - 0,75\lambda_{\mathrm{rel},m}.$

Si $\quad\quad 1,4 < \lambda_{\mathrm{rel},m} \quad\quad\quad\quad k_{\mathrm{crit}} = 1\big/\lambda_{\mathrm{rel},m}^{2}.$

$\lambda_{\mathrm{rel},m} = 0,74$, donc $k_{\mathrm{crit}} = 1$.

Remarque : lorsque le déplacement latéral de la face comprimée est évité sur toute sa longueur (entretoises ou voile travaillant fixé), le coefficient k_{crit} peut être pris égal à 1.

4.1.4 Taux de travail

Le taux de travail est :

$$\frac{\sigma_{m,d}}{k_{\mathrm{crit}} \cdot f_{m,d}} = \frac{9,22}{1\times 12,19} = 0,76 \leqslant 1.$$

Le critère est vérifié.

4.2 Le cisaillement

La contrainte de cisaillement provoquée par les actions doit rester inférieure à la contrainte de résistance de cisaillement déterminée.

Le taux de travail est :

$$\frac{\tau_d}{f_{v,d}} \leqslant 1.$$

avec :

- τ_d : contrainte de cisaillement provoquée par les actions, en N/mm^2.
- $f_{v,d}$: contrainte de résistance de cisaillement calculée, en N/mm^2.

4.2.1 Contrainte provoquée par les actions τ_d

La contrainte de cisaillement provoquée par la charge est calculée par la formule :

$$\tau_d = \frac{k_{\mathrm{f}} \cdot F_{v,d}}{k_{cr} \cdot b \cdot h_{ef}}$$

avec :

- k_{f} : coefficient de forme de la section pour une section rectangulaire ($k_{\mathrm{f}} = 1,5$) ;
- $F_{v,d}$: effort tranchant, en N. Une poutre sur deux appuis avec une charge uniformément répartie a un effort tranchant maximum au voisinage des appuis. Il a la même valeur que la réaction d'appuis, $ql/2$, soit $1,239 \times 4\,600/2 = 2\,850$ N ;
- h_{ef} : hauteur réelle exposée au cisaillement ($h_{ef} = 171$ mm) ;
- b : épaisseur de la pièce ($b = 73$ mm) ;

- k_{cr} : coefficient tenant compte du risque de fente aux extrémités de la poutre (tableau 2.1) ($k_{cr} = 0{,}67$).

Tableau 2.1 Valeur de k_{cr} en fonction du matériau, de la section et du chargement.

	Classe de service 1	Classe de service 2	Classe de service 3
Bois massif avec toutes les dimensions de la section < 150 mm	1	1	0,67
Bois massif dont une des dimensions de la section > 150 mm	0,67	0,67	0,67
Bois lamellé-collé avec moins de 70 % de charge permanente par rapport à la charge totale	1	1	0,67
Bois lamellé-collé avec au moins 70 % de charge permanente par rapport à la charge totale	1	0,67	0,67

$$\tau_d = \frac{1{,}5 \times 2\,850}{73 \times 0{,}67 \times 171} = 0{,}52 \text{ N/mm}^2.$$

4.2.2 Contrainte de résistance du bois $f_{v,d}$

La contrainte de résistance du bois dépend de la contrainte caractéristique, de la classe de service (humidité du bois), de la charge de plus courte durée de la combinaison d'actions. Les tableaux 1.7 à 1.9 présentent les contraintes caractéristiques.

$$f_{v,d} = f_{v,k} \frac{k_{\mathrm{mod}}}{\gamma_M}$$

avec :

- $f_{v,k}$: contrainte caractéristique de résistance en cisaillement ($f_{v,k} = 3{,}4$ N/mm^2) ;
- k_{mod} : coefficient modificatif en fonction de la charge de plus courte durée (la charge d'exploitation) et de la classe de service ($k_{\mathrm{mod}} = 0{,}8$) ;
- γ_M : coefficient partiel qui tient compte de la dispersion du matériau ($\gamma_M = 1{,}3$).

$$f_{v,d} = 3{,}4 \times \frac{0{,}8}{1{,}3} = 2{,}09 \text{ N/mm}^2.$$

4.2.3 Taux de travail

Le taux de travail est :

$$\frac{\tau_d}{f_{v,d}} = \frac{0{,}52}{2{,}09} = 0{,}25 \leqslant 1.$$

Le critère est vérifié.

4.3 La compression sous les appuis

La contrainte de compression transversale provoquée par les actions doit être inférieure ou égale à la contrainte de résistance de compression transversale. Dans certains cas, la contrainte de résistance peut être augmentée du coefficient $k_{c,90}$.

Le taux de travail est :

$$\frac{\sigma_{c,90,d}}{k_{c,90} \cdot f_{c,90,d}} \leq 1.$$

avec :

- $\sigma_{c,90,d}$: contrainte de compression transversale provoquée par les actions, en N/mm^2 ;
- $f_{c,90,d}$: contrainte de résistance de compression transversale, en N/mm^2 ;
- $k_{c,90}$: coefficient majorant la contrainte de résistance ;

4.3.1   Contrainte provoquée par les actions $\sigma_{c,90,d}$

La contrainte de compression transversale provoquée par la charge est calculée par la formule :

$$\sigma_{c,90,d} = \frac{F_{c,90,d}}{b \cdot l_{ef}}$$

avec :

- $F_{c,90,d}$: effort de compression en N, soit la réaction aux appuis, pour une poutre sur deux appuis avec une charge uniformément répartie : $F_{c,90,d} = \dfrac{q \cdot L}{2} = \dfrac{1,239 \times 4\,600}{2} = 2\,850 \text{ N}$,

  avec :
    - q : charge linéique de la poutre ($q = 1{,}239 \text{ N/mm}$),
    - L : distance entre appuis ($L = 4\,600 \text{ mm}$) ;
- b : épaisseur de la pièce ($b = 73 \text{ mm}$) ;
- l_{ef} : longueur efficace de l'appui de la pièce en mm ($l_{ef} = l + c_1 + c_2 = 25 + 0 + 25 = 50 \text{ mm}$),

  avec :
    - c_1 : majoration à gauche de l'appui de gauche (a sur la figure 2.4) ; $c_1 = \min(30\,;\,a\,;\,l)$ $= \min(30\,;\,0\,;\,25) = 0 \text{ mm}$,
    - c_2 : majoration à droite de l'appui de gauche (l_1 sur les figures 2.3 et 2.4) ; $c_2 = \min(30\,;\,l\,;\,0{,}5l_1) = \min(30\,;\,25\,;\,0{,}5 \times 4\,600) = 25 \text{ mm}$,
    - a : distance entre l'extrémité de la poutre et une charge ponctuelle (a sur la figure 2.4) ($a = 0 \text{ mm}$),
    - l : longueur de l'appui ($l = 25 \text{ mm}$),
    - l_1 : distance entre deux charges ponctuelles ($l_1 = 4\,600 \text{ mm}$).

Remarque : si vous retournez la poutre sur appuis continu (à gauche) vous obtenez une poutre sur appuis discontinue uniformément chargée.

$$\sigma_{c,90,d} = \frac{2\,850}{73 \times 50} = 0{,}78 \text{ N/mm}^2.$$

4.3.2   Contrainte de résistance du bois $f_{c,90,d}$

La contrainte de résistance du bois dépend de la contrainte caractéristique, de la classe de service (humidité du bois), de la charge de plus courte durée de la combinaison d'action. Les tableaux 1.7 à 1.9 présentent les contraintes caractéristiques.

$$f_{c,90,d} = f_{c,90,k} \frac{k_{mod}}{\gamma_M}$$

avec :

- $f_{c,90,k}$: contrainte caractéristique de résistance en compression transversale ($f_{u,k} = 2{,}2$ N/mm^2) ;
- k_{mod} : coefficient modificatif en fonction de la charge de plus courte durée (la charge d'exploitation) et de la classe de service ($k_{\mathrm{mod}} = 0{,}8$) ;
- γ_M : coefficient partiel qui tient compte de la dispersion du matériau ($\gamma_M = 1{,}3$).

$$f_{c,90,d} = 2{,}2 \times \frac{0{,}8}{1{,}3} = 1{,}35 \ \text{N/mm}^2.$$

4.3.3 $k_{c,90}$: coefficient permettant de majorer la contrainte de résistance

Le tableau 2.2 précise les cas où il est possible de majorer la contrainte de résistance. La distance l_1 doit être supérieure ou égale à deux fois la hauteur de la pièce ($l_1 \geqslant 2h$) et la longueur de l'appui doit être inférieure ou égale à 400 mm ($l \leqslant 400$ mm).

Tableau 2.2 Valeur de $k_{c,90}$.

Type d'appui	Bois massif résineux	Bois lamellé-collé résineux
Appuis continus	1,25	1,5
Appuis discontinus	1,5	1,75

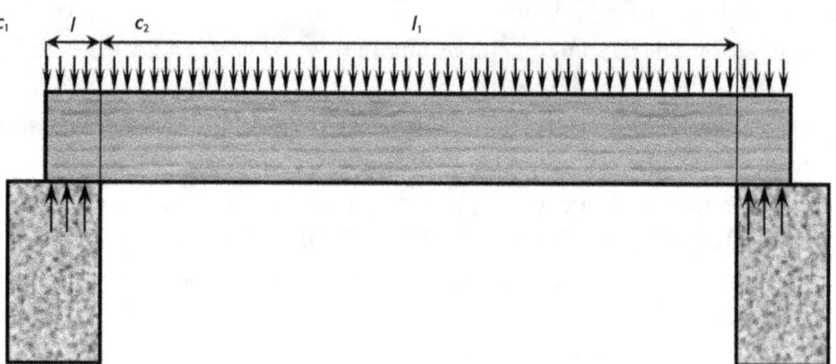

Figure 2.3 Définition des distances l et l_1 de la solive.

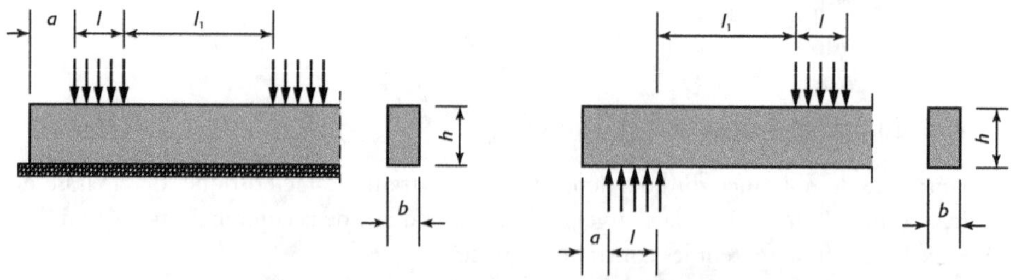

Figure 2.4 Définition des distances a, l et l_1 (cas général).
À gauche, poutre sur appui continu ; à droite, poutre sur appuis discontinus.

4.3.4 Taux de travail

Le taux de travail est :

$$\frac{\sigma_{c,90,d}}{k_{c,90} \cdot f_{c,90,d}} = \frac{0,78}{1,5 \times 1,35} = 0,39 \leqslant 1.$$

Le critère est vérifié.

5   Vérification à l'état limite de service (ELS)

L'état limite de service est vérifié lorsque les déformations ne dépassent pas une valeur limite réglementaire. Le comportement des planchers doit aussi être vérifié vis-à-vis des vibrations. Les vérifications à l'ELS concernent la déformation sous charge variable et la déformation totale de la solive. Le tableau 2.3 mentionne les valeurs limites réglementaires des flèches.

Tableau 2.3 Valeurs limites réglementaires des flèches.

	Bâtiments courants			**Bâtiments agricoles et similaires**		
	$W_{inst(Q)}$	$W_{net,fin}$	W_{fin}	$W_{inst(Q)}$	$W_{net,fin}$	W_{fin}
Chevrons	–	$L/150$	$L/125$	–	$L/150$	$L/100$
Éléments structuraux	$L/300$	$L/200$	$L/125$	$L/200$	$L/150$	$L/100$

Remarques :

– La valeur limite des consoles et porte-à-faux est doublée. Elle est toujours supérieure à 5 mm.

– Les panneaux de planchers et supports de toiture ont une valeur limite de flèche nette finale ($W_{net,fin}$) de L/250.

– La valeur limite de flèche horizontale est de L/200 pour les éléments individuels soumis au vent. Pour les autres applications, elles sont identiques aux valeurs limites verticales des éléments structuraux.

5.1   La déformation instantanée sous charge variable $W_{inst(Q)}$

La déformation instantanée sous charge variable est provoquée par les charges d'exploitation. Le taux de déformation est :

$$\frac{U_{inst(Q)}}{W_{inst(Q)}} \leqslant 1$$

avec :

- $U_{inst(Q)}$: flèche instantanée provoquée par la charge d'exploitation ;
- $W_{inst(Q)}$: flèche instantanée limite réglementaire sous charge variable.

La flèche instantanée est calculée avec la charge $q = 0,69$ kN/m (cf. § 3.2 « Les combinaisons à l'état limite de service (ELS) »). La solive a une charge symétrique et uniforme, la flèche est définie par la formule :

$$U_{inst(Q)} = \frac{5 q_{inst(Q)} \cdot L^4}{384 E_{0,mean} \cdot I}$$

- $q_{\mathrm{inst}(Q)}$: charge linéique provoquée par les actions variables ($q_{\mathrm{inst}(Q)} = 0{,}69$ kN/m ou $q_{\mathrm{inst}(Q)} = 0{,}69$ N/mm) ;
- L : distance entre appuis ($L = 4\,600$ mm) ;
- $E_{0,mean}$: module moyen axial précisé dans le tableau 1.7 ($E_{0,mean} = 9$ kN/mm^2 ou $E_{0,mean} = 9\,000$ N/mm^2) ;
- I : moment quadratique en mm^4 ; pour une section rectangulaire sur chant, $I = bh^3/12$;
- h : hauteur de la pièce ($h = 171$ mm) ;
- b : épaisseur de la pièce ($b = 73$ mm).

La formule devient :

$$U_{\mathrm{inst}(Q)} = \frac{5 q_{\mathrm{inst}(Q)} \cdot L^4 \times 12}{384 E_{0,mean} \cdot b \cdot h^3},$$

soit $U_{\mathrm{inst}(Q)} = \dfrac{5 \times 0{,}69 \times 4\,600^4 \times 12}{384 \times 9\,000 \times 73 \times 171^3} = 14{,}7$ mm.

La valeur limite réglementaire $W_{\mathrm{inst}(Q)}$ est définie dans le tableau 2.3. Elle est de $L/300 = 4\,600/300 = 15{,}3$ mm.

Le taux de déformation est de :

$$\frac{U_{\mathrm{inst}(Q)}}{W_{\mathrm{inst}(Q)}} = \frac{14{,}7}{15{,}3} = 0{,}96 \leqslant 1.$$

Le critère est vérifié.

5.2 La déformation totale

La déformation totale ($U_{\mathrm{net,fin}}$) est la somme de la flèche instantanée provoquée par les charges variables $U_{\mathrm{inst}(Q)}$, la flèche instantanée provoquée par les charges permanentes $U_{\mathrm{inst}(G)}$ et la flèche différée provoquée par la durée de la charge et l'humidité du bois U_{creep}. Lorsqu'elle existe, il faut retrancher la contre-flèche fabriquée.

$$U_{\mathrm{net,fin}} = U_{\mathrm{inst}} + U_{creep} - U_c$$

Le taux de déformation est :

$$\frac{U_{\mathrm{net,fin}}}{W_{\mathrm{net,fin}}} \leqslant 1$$

avec :

- $U_{\mathrm{net,fin}}$: flèche nette finale ;
- $W_{\mathrm{net,fin}}$: flèche nette finale limite réglementaire.

Par simplification, la combinaison $q = G + Q_1 + k_{\mathrm{def}}\left(G + \Psi_{2,1} Q_1\right)$ permet de calculer directement la flèche nette finale. Le premier membre de l'équation (G) permet de calculer la flèche instantanée provoquée par les charges permanentes ($U_{\mathrm{inst}(G)}$), le deuxième membre de l'équation (Q_1) permet de calculer la flèche instantanée provoquée par la charge d'exploitation ($U_{\mathrm{inst}(Q)}$) et le troisième membre de l'équation $k_{\mathrm{def}}\left(G + \Psi_{2,1} Q_1\right)$ permet de calculer la flèche différée provoquée par la durée de la charge et l'humidité du bois (U_{creep}).

La flèche totale est calculée avec la charge $q = G + Q_1 + 0,6(G + 0,3Q_1) = 1,056$ kN/m (cf. § 3.2 « Les combinaisons à l'état limite de service (ELS) »). La solive a une charge symétrique et uniforme, la flèche est définie par la formule :

$$U_{net,fin} = \frac{5q_{net,fin} \cdot L^4}{384 E_{0,mean} \cdot I}$$

- $q_{net,fin}$: charge de calcul linéique ($q_{net,fin} = 1,056$ kN/m $= 1,056$ N/mm) ;
- L : distance entre appuis ($L = 4\,600$ mm) ;
- $E_{0,mean}$: module moyen axial précisé dans le tableau 1.7 ($E_{0,mean} = 9$ kN/mm^2 ou $E_{0,mean} = 9\,000$ N/mm^2) ;
- I : moment quadratique en mm^4 ; pour une section rectangulaire sur chant, $I = bh^3/12$;
- h : hauteur de la pièce ($h = 171$ mm) ;
- b : épaisseur de la pièce ($b = 73$ mm).

La formule devient :

$$U_{net,fin} = \frac{5q_{net,fin} \cdot L^4 \times 12}{384 E_{0,mean} \cdot b \cdot h^3},$$

soit $U_{inst(Q)} = \dfrac{5 \times 1,056 \times 4\,600^4 \times 12}{384 \times 9\,000 \times 73 \times 171^3} = 22,5$ mm.

La valeur limite réglementaire $W_{net,fin}$ est définie dans le tableau 2.3. Elle est de $L/200 = 4\,600/200 = 23$ mm.

Le taux de déformation est de :

$$\frac{U_{net,fin}}{W_{net,fin}} = \frac{22,5}{23} = 0,98 \leqslant 1$$

Le critère est vérifié.

Remarques :

– La vérification vis-à-vis des vibrations ou le support de matériaux fragiles pourrait conduire à augmenter la hauteur de la section pour rigidifier le plancher.

– Il est préférable de calculer la flèche provoquée par l'effort tranchant si le taux de déformation dépasse 0,95 ou si les charges sont importantes et la distance entre appuis courte, c'est-à-dire l'effort tranchant important. La formule est :

$$U_{Effort\ tranchant} = \frac{Mf_{max}}{\frac{5}{6}G_{mean} \cdot b \cdot h}$$

avec :

- *$Mf_{max} = qL^2/8$ (poutre sur deux appuis uniformément chargée) : moment de flexion maximum en N·mm ;*
- *G_{mean} : module de cisaillement moyen ($G_{mean} = 560$ N/mm^2) ;*
- *h : hauteur de la pièce ($h = 171$ mm) ;*
- *b : épaisseur de la pièce ($b = 73$ mm).*

$$U_{\text{Effort tranchant}} = \frac{6\,qL^2}{8 \times 5G_{mean} \cdot b \cdot h},$$

soit $U_{\text{Effort tranchant}} = \dfrac{6 \times 1,056 \times 4\,600^2}{8 \times 5 \times 560 \times 73 \times 171} = 0,48\ mm.$

Le taux de déformation devient :

$$\frac{22,5 + 0,48}{23} = 0,999 \leqslant 1$$

Le critère est vérifié.

6   Comparaison entre les critères de dimensionnement

Tableau 2.4 Synthèse des critères vérifiés.

Critère vérifié	Taux de travail ou de déformation
Contrainte de flexion (ELU)	0,76
Contrainte de cisaillement (ELU)	0,43
Contrainte de compression transversale (ELU) *	0,39
Flèche instantanée sous charge variable (ELS)	0,96
Flèche nette finale (ELS)	0,99

* La contrainte de compression transversale est indépendante de la hauteur de la pièce. Elle dépend notamment de la longueur d'appui de la pièce sur le mur.

Le critère dimensionnant est la flèche nette finale à l'ELS.

1 Vérification d'une solive et d'une porteuse (ou poutre maîtresse) d'un plancher d'une salle de formation

Considérons un plancher composé :

- d'un revêtement de sol de masse surfacique 8 kg/m^2 ;
- d'un support en panneau de particules CTBH de 19 mm d'épaisseur et de masse volumique 750 kg/m^3 ;
- de solives classée C24 de 225×75 mm, de masse volumique 420 kg/m^3, posées avec un entraxe de 45 cm de 5 m de portée avec un appui de 15 mm ;
- d'une porteuse de 6 m de portée, en BLC GL24h de 528×165 mm, de masse volumique 480 kg/m^3, posée au milieu d'une pièce de 10 m de long, avec un appui de 120 mm.

Remarque : pour simplifier, la trémie est négligée.

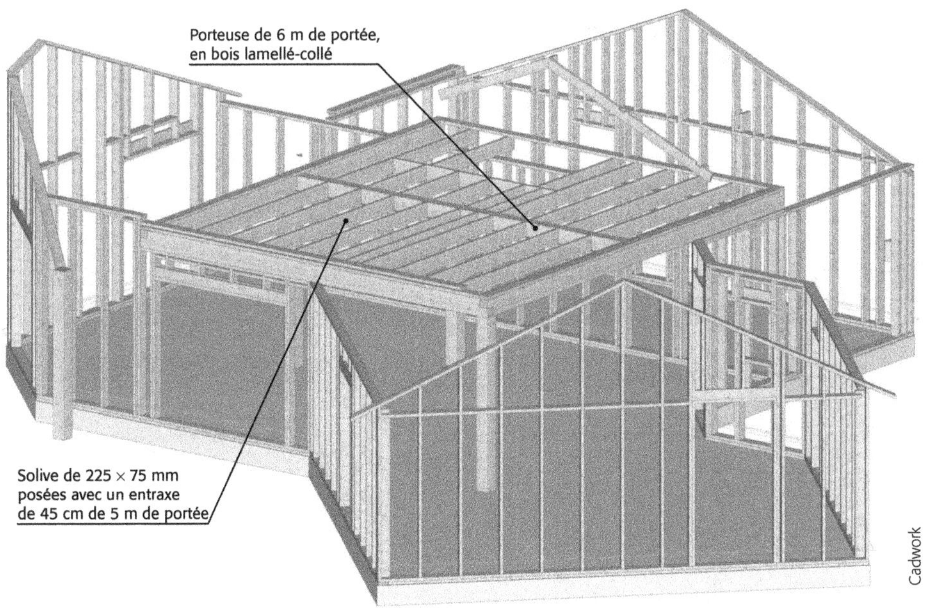

Figure 2.5 Solive et porteuse étudiées.

1.1 Vérification de la solive

La justification d'une pièce travaillant en flexion exige des vérifications à l'état limite ultime (ELU) et à l'état limite de service (ELS). La première étape consiste à définir les actions, les charges de structure et les charges d'exploitation. Puis il faut déterminer les combinaisons d'actions. Celles-ci définissent la charge de calcul pour établir les contraintes de flexion, de cisaillement et de compression transversale à l'ELU et la déformation instantanée sous charges variables et la déformation totale à l'ELS.

1.1.1   Descente de charges et combinaisons d'actions

Cette étape permet de définir les charges de structures et d'exploitation ainsi que les combinaisons d'action pour vérifier la pièce à l'état limite ultime (ELU) et à l'état limite de service (l'ELS).

1.1.1.1   Charges sur la solive

Les charges sur la solive sont composées des charges de structure et d'exploitation.

Bande de chargement : 0,45 m.

Calcul des charges de structure

Le revêtement de sol : $8 \times (10/1\,000) = 0{,}08$ kN/m².

Le panneau : $750 \times \dfrac{10}{1\,000} \times 0{,}019 = 0{,}143$ kN/m².

Les solives : $\dfrac{420 \times 10}{1\,000} \times 0{,}225 \times 0{,}075 = 0{,}071$ kN/m.

La charge totale est $G = (0{,}08 + 0{,}143) \times 0{,}45 + 0{,}071 = 0{,}172$ kN/m.

Calcul des charges d'exploitation

$Q = 2{,}50 \times 0{,}45 = 1{,}125$ kN/m.

1.1.1.2   Combinaisons pour la résistance de la structure avec des charges descendantes ELU (STR)

Les combinaisons à l'ELU concernent la résistance de la structure. Il n'y a ni risque de soulèvement ni de risque de neige.

$$q_1 = \gamma_{G,\mathrm{sup}} G,$$

$$q_1 = 1{,}35 G,$$

$$q_1 = 1{,}35 \times 0{,}172 = 0{,}233 \text{ kN/m}.$$

$$q_2 = \gamma_{G,\mathrm{sup}} G + \gamma_Q Q_1,$$

$$q_2 = 1{,}35 G + 1{,}5 Q_1,$$

$$q_2 = 1{,}35 \times 0{,}172 + 1{,}5 \times 1{,}125 = 1{,}92 \text{ kN/m}.$$

1.1.1.3   Combinaisons à l'état limite de service (ELS)

Les combinaisons à l'ELS concernent la déformation sous charge variable et la déformation totale.

Valeur de la charge de calcul pour la déformation instantanée sous charge variable :

$$q = Q_1,$$

$$q = 1{,}125 \text{ kN/m}.$$

Combinaisons pour la déformation totale avec une charge variable :

$$q = G + Q_1 + k_{\mathrm{def}} \left(G + \Psi_{2,1} Q_1 \right),$$

$$q = G + Q_1 + 0,6\big(G + 0,6Q_1\big),$$

$$q = 0,172 + 1,125 + 0,6 \times \big(0,172 + 0,6 \times 1,125\big) = 1,805 \text{ kN/m}.$$

1.1.2   *Vérification à l'état limite ultime (ELU)*

La vérification à l'ELU consiste à vérifier la résistance en flexion au milieu de la solive, en cisaillement et en compression transversale sous les appuis.

La combinaison d'action retenue est $1,35G + 1,5Q$.

$$q = 1,35G + 1,5Q = 1,92 \text{ kN/m} = 1,92 \text{ N/mm}.$$

Pour obtenir les sections de calcul, il faut diminuer de 2 % les dimensions commerciales. La section commerciale de 225×75 mm devient 220×73 mm.

1.1.2.1   La flexion

Le taux de travail est :

$$\frac{\sigma_{m,d}}{k_{\text{crit}} \cdot f_{m,d}} \leqslant 1.$$

Contrainte provoquée par les actions $\sigma_{m,d}$:

La contrainte de flexion provoquée par la charge est calculée par la formule :

$$\sigma_{m,d} = \frac{M_{f,y}}{\dfrac{I_{G,y}}{V}},$$

avec :

- $M_{f,y} = qL^2/8$ (poutre sur deux appuis uniformément chargée), avec :
    - $q = 1,92$ N/mm : charge linéique de poutre,
    - $L = 5\,000$ mm : distance entre appuis ;
- $I_{G,y}/V$: module d'inertie ; $bh^2/6$.

$$\sigma_{m,d} = \frac{M_{f,y}}{\dfrac{I_{G,y}}{V}} = \frac{6qL^2}{8bh^2} = \frac{6 \times 1,92 \times 5\,000^2}{8 \times 73 \times 220^2} = 10,19 \text{ N/mm}^2.$$

Contrainte de résistance du bois $f_{m,d}$:

$$f_{m,d} = f_{m,k} \cdot \frac{k_{\text{mod}}}{\gamma_M} \cdot k_{\text{sys}} \cdot k_{\text{h}},$$

$$f_{m,d} = 24 \times \frac{0,8}{1,3} \times 1,1 \times 1 = 16,24 \text{ N/mm}^2.$$

Coefficient d'instabilité provenant du déversement k_{crit} :

– Calcul de la contrainte critique $\sigma_{m,\text{crit}}$:

$$\sigma_{m,\text{crit}} = \frac{0,78 E_{0,05} \cdot b^2}{h \cdot \big(l \cdot k_{\text{lef}} + \Delta l\big)},$$

$$\sigma_{m,\mathrm{crit}} = \frac{0,78 \times 7\,400 \times 73^2}{220 \times (5\,000 \times 0,9 + 440)} = 28,3 \ \mathrm{N/mm^2}.$$

– Calcul de l'élancement relatif de flexion $\lambda_{\mathrm{rel},m}$:

$$\lambda_{\mathrm{rel},m} = \sqrt{\frac{f_{m,k}}{\sigma_{m,\mathrm{crit}}}},$$

$$\lambda_{\mathrm{rel},m} = \sqrt{\frac{24}{28,3}} = 0,921.$$

– Calcul du coefficient k_{crit} :

Si $\quad 0,75 < \lambda_{\mathrm{rel},m} \leqslant 1,4 \qquad k_{\mathrm{crit}} = 1,56 - 0,75\lambda_{\mathrm{rel},m} = 1,56 - 0,75 \times 0,921 = 0,869.$

Taux de travail :

Le taux de travail est :

$$\frac{\sigma_{m,d}}{k_{\mathrm{crit}} \cdot f_{m,d}} = \frac{10,19}{0,869 \times 16,24} = 0,73 \leqslant 1.$$

Le critère est vérifié.

1.1.2.2 Le cisaillement

Le taux de travail est :

$$\frac{\tau_d}{f_{v,d}} \leqslant 1.$$

Contrainte provoquée par les actions τ_d :

La contrainte de cisaillement provoquée par la charge est calculée par la formule :

$$\tau_d = \frac{k_{\mathrm{f}} \cdot F_{v,d}}{k_{cr} \cdot b \cdot h_{ef}}.$$

$F_{v,d}$: effort tranchant, en N. Une poutre sur deux appuis avec une charge uniformément répartie a un effort tranchant maximum au voisinage des appuis. Il a la même valeur que la réaction d'appuis, $ql/2$, soit $1,92 \times 5\,000/2 = 4\,800 \ \mathrm{N}$;

$$\tau_d = \frac{1,5 \times 4\,800}{73 \times 0,67 \times 220} = 0,67 \ \mathrm{N/mm^2}.$$

Contrainte de résistance du bois $f_{v,d}$:

$$f_{v,d} = f_{v,k} \frac{k_{\mathrm{mod}}}{\gamma_M},$$

$$f_{v,d} = 4 \times \frac{0,8}{1,3} = 2,46 \ \mathrm{N/mm^2}.$$

Taux de travail :

Le taux de travail est :

$$\frac{\tau_d}{f_{v,d}} = \frac{0,67}{2,46} = 0,27 \leqslant 1.$$

Le critère est vérifié.

1.1.2.3   La compression sous les appuis

Le taux de travail est :

$$\frac{\sigma_{c,90,d}}{k_{c,90} \cdot f_{c,90,d}} \leqslant 1.$$

Contrainte provoquée par les actions $\sigma_{c,90,d}$:

La contrainte de compression transversale provoquée par la charge est calculée par la formule :

$$\sigma_{c,90,d} = \frac{F_{c,90,d}}{b \cdot l_{ef}},$$

avec :

- $F_{c,90,d}$: effort de compression en N, soit la réaction aux appuis, pour une poutre sur deux appuis avec une charge uniformément répartie : $F_{c,90,d} = \dfrac{q \cdot L}{2} = \dfrac{1,92 \times 5\,000}{2} = 4\,800$ N ;

- l_{ef} : longueur efficace de l'appui de la pièce en mm ($l_{ef} = l + c_1 + c_2 = 15 + 0 + 15 = 30$ mm), avec :
    - $c_1 = 0$ mm : majoration à gauche de l'appui de gauche ; $c_1 = \min(30\,;\,a\,;\,l) = \min(30\,;\,0\,;\,15) = 0$ mm,
    - $c_2 = 15$ mm : majoration à droite de l'appui de gauche ; $c_2 = \min(30\,;\,l\,;\,0,5l_1) = \min(30\,;\,15\,;\,0,5 \times 5\,000) = 15$ mm,
    - $a = 0$ mm : distance entre l'extrémité de la poutre et une charge ponctuelle,
    - $l = 15$ mm : longueur de l'appui,
    - $l_1 = 5\,000$ mm : distance entre deux charges ponctuelles.

$$\sigma_{c,90,d} = \frac{4\,800}{73 \times 30} = 2,19 \text{ N/mm}^2.$$

Contrainte de résistance du bois $f_{c,90,d}$:

$$f_{c,90,d} = f_{c,90,k}\,\frac{k_{mod}}{\gamma_M},$$

$$f_{c,90,d} = 2,5 \times \frac{0,8}{1,3} = 1,54 \text{ N/mm}^2.$$

$k_{c,90} = 1,5$; appuis discontinus et bois massif résineux.

Taux de travail :

Le taux de travail est :

$$\frac{\sigma_{c,90,d}}{k_{c,90} \cdot f_{c,90,d}} = \frac{2,19}{1,5 \times 1,54} = 0,95 \leqslant 1.$$

Le critère est vérifié.

1.1.3 **Vérification à l'état limite de service (ELS)**

Les vérifications à l'ELS concernent la déformation sous charge variable et la déformation totale. L'état limite de service est vérifié lorsque les déformations ne dépassent pas une valeur limite réglementaire (tableau 2.3).

1.1.3.1 La déformation instantanée sous charge variable $W_{\text{inst}(Q)}$

Le taux de déformation est :

$$\frac{U_{\text{inst}(Q)}}{W_{\text{inst}(Q)}} \leq 1.$$

La flèche instantanée est calculée avec la charge $q = 1,125$ kN/m.

La solive a une charge symétrique et uniforme, la flèche est définie par la formule :

$$U_{\text{inst}(Q)} = \frac{5q_{\text{inst}(Q)} \cdot L^4}{384 E_{0,mean} \cdot I}.$$

I : moment quadratique en mm^4 ; pour une section rectangulaire sur chant, $I = bh^3/12$;
La formule devient :

$$U_{\text{inst}(Q)} = \frac{5q_{\text{inst}(Q)} \cdot L^4 \times 12}{384 E_{0,mean} \cdot b \cdot h^3},$$

soit $U_{\text{inst}(Q)} = \dfrac{5 \times 1,125 \times 5\,000^4 \times 12}{384 \times 11\,000 \times 73 \times 220^3} = 12,8$ mm.

La valeur limite réglementaire $W_{\text{inst}(Q)}$ est de $L/300 = 5\,000/300 = 16,6$ mm.
Le taux de déformation est de :

$$\frac{U_{\text{inst}(Q)}}{W_{\text{inst}(Q)}} = \frac{13}{16,6} = 0,78 \leq 1.$$

Le critère est vérifié.

1.1.3.2 La déformation totale

Le taux de déformation est :

$$\frac{U_{\text{net,fin}}}{W_{\text{net,fin}}} \leq 1.$$

La flèche totale est calculée avec la charge $q = G + Q_1 + 0,6\big(G + 0,6Q_1\big) = 1,805$ kN/m.

La solive a une charge symétrique et uniforme, la flèche est définie par la formule :

$$U_{\text{net,fin}} = \frac{5q_{\text{net,fin}} \cdot L^4}{384 E_{0,mean} \cdot I}.$$

I : moment quadratique en mm^4 ; pour une section rectangulaire sur chant, $I = bh^3/12$;
La formule devient :

$$U_{\text{net,fin}} = \frac{5q_{\text{net,fin}} \cdot L^4 \times 12}{384 E_{0,mean} \cdot b \cdot h^3},$$

soit $U_{\text{inst}(Q)} = \dfrac{5 \times 1{,}805 \times 5\,000^4 \times 12}{384 \times 11\,000 \times 73 \times 220^3} = 20{,}7$ mm.

La valeur limite réglementaire $W_{\text{net,fin}}$ est de $L/200 = 5\,000/200 = 25$ mm.

Le taux de déformation est de :

$$\frac{U_{\text{net,fin}}}{W_{\text{net,fin}}} = \frac{20{,}7}{25} = 0{,}83 \leqslant 1.$$

Le critère est vérifié.

Il est préférable de calculer flèche provoquée par l'effort tranchant si le taux de déformation dépasse 0,95.

1.1.4 Comparaison entre les critères de dimensionnement

Tableau 2.5 Comparaison entre les critères de dimensionnement.

Critère vérifié	Taux de travail ou de déformation
Contrainte de flexion (ELU)	0,73
Contrainte de cisaillement (ELU)	0,44
Contrainte de compression transversale (ELU) *	0,95
Flèche instantanée sous charge variable (ELS)	0,78
Flèche nette finale (ELS)	0,83

* La contrainte de compression transversale est indépendante de la hauteur de la pièce. Elle dépend notamment de la longueur d'appui de la pièce sur le mur.

Le critère dimensionnant est la flèche nette finale l'ELS.

1.2 Vérification de la porteuse

La justification d'une pièce travaillant en flexion exige des vérifications à l'état limite ultime (ELU) et à l'état limite de service (ELS). La première étape consiste à définir les actions, les charges de structure et les charges d'exploitation. Puis il faut déterminer les combinaisons d'actions. Celles-ci définissent la charge de calcul pour établir les contraintes de flexion, de cisaillement et de compression transversale à l'ELU et la déformation instantanée sous charges variables et la déformation totale à l'ELS.

1.2.1 Descente de charges et combinaisons d'actions

Cette étape permet de définir les charges de structures et d'exploitation ainsi que les combinaisons d'action pour vérifier la pièce à l'état limite ultime (ELU) et à l'état limite de service (l'ELS).

1.2.1.1 Charge sur la porteuse

Les charges sur la porteuse sont composées des charges de structure et d'exploitation.

Bande de chargement : 5 m.

Calcul des charges de structure

La porteuse : $\dfrac{420 \times 10}{1\,000} \times 0{,}528 \times 0{,}165 = 0{,}366$ kN/m.

La charge totale est $G = \dfrac{0,172}{0,45} \times 5 + 0,366 = 2,28$ kN/m.

Calcul des charges d'exploitation

$Q = 2,50 \times 5 = 12,5$ kN/m.

1.2.1.2 Combinaisons pour la résistance de la structure avec des charges descendantes ELU (STR)

Les combinaisons à l'ELU concernent la résistance de la structure. Il n'y a ni risque de soulèvement ni risque de neige.

$q_1 = \gamma_{G,\mathrm{sup}} G,$

$q_1 = 1,35 G,$

$q_1 = 1,35 \times 2,28 = 3,078$ kN/m.

$q_2 = \gamma_{G,\mathrm{sup}} G + \gamma_Q Q_1,$

$q_2 = 1,35 G + 1,5 Q_1,$

$q_2 = 1,35 \times 2,28 + 1,5 \times 12,5 = 21,8$ kN/m.

1.2.1.3 Combinaisons à l'état limite de service (ELS)

Les combinaisons à l'ELS concernent la déformation sous charge variable et la déformation totale.

Valeur de la charge de calcul pour la déformation instantanée sous charge variable :

$q = Q_1,$

$q = 12,5$ kN/m.

Combinaisons pour la déformation totale avec une charge variable :

$q = G + Q_1 + k_{\mathrm{def}}\left(G + \Psi_{2,1} Q_1\right),$

$q = G + Q_1 + 0,6\left(G + 0,6 Q_1\right),$

$q = 2,28 + 12,5 + 0,6 \times \left(2,28 + 0,6 \times 12,5\right) = 20,7$ kN/m.

1.2.2 *Vérification à l'état limite ultime (ELU)*

La vérification à l'ELU consiste à vérifier la résistance en flexion au milieu de la porteuse, en cisaillement et en compression transversale sous les appuis.

La combinaison d'action retenue est $1,35 G + 1,5 Q$.

$q = 1,35 G + 1,5 Q = 21,8$ kN/m $= 21,8$ N/mm.

Le lamellé-collé étant sec, il ne faut pas diminuer la section de 2 %.

1.2.2.1 La flexion

Le taux de travail est :

$$\frac{\sigma_{m,d}}{k_{\mathrm{crit}} \cdot f_{m,d}} \leq 1.$$

La contrainte de flexion provoquée par la charge est calculée par la formule :

$$\sigma_{m,d} = \frac{M_{f,y}}{\dfrac{I_{G,y}}{V}},$$

avec :

- $M_{f,y} = qL^2/8$ (poutre sur deux appuis uniformément chargée) ;
- $I_{G,y}/V$: module d'inertie ; $bh^2/6$.

$$\sigma_{m,d} = \frac{M_{f,y}}{\dfrac{I_{G,y}}{V}} = \frac{6qL^2}{8bh^2} = \frac{6 \times 21,8 \times 6\,000^2}{8 \times 165 \times 528^2} = 12,8 \text{ N/mm}^2.$$

$$f_{m,d} = f_{m,k} \cdot \frac{k_{\mathrm{mod}}}{\gamma_M} \cdot k_{\mathrm{sys}} \cdot k_{\mathrm{h}}.$$

Calcul du coefficient de hauteur pour du bois lamellé-collé :

si $\quad h < 600$ mm $\qquad k_{\mathrm{h}} = \min(1,1 \,;\, (600/h)^{0,1}) = \min(1,1 \,;\, (600/528)^{0,1}) = 1,01.$

$$f_{m,d} = 24 \times \frac{0,8}{1,25} \times 1 \times 1,01 = 15,52 \text{ N/mm}^2.$$

$$\sigma_{m,\mathrm{crit}} = \frac{0,78 E_{0,05} \cdot b^2}{h \cdot \left(l \cdot k_{l\mathrm{ef}} + \Delta l\right)},$$

$$\sigma_{m,\mathrm{crit}} = \frac{0,78 \times 9\,600 \times 165^2}{528 \times \left(6\,000 \times 0,9 + 2 \times 528\right)} = 59,8 \text{ N/mm}^2.$$

$$\lambda_{\mathrm{rel},m} = \sqrt{\frac{f_{m,k}}{\sigma_{m,\mathrm{crit}}}},$$

$$\lambda_{\mathrm{rel},m} = \sqrt{\frac{24}{59,8}} = 0,63.$$

Si $\quad \lambda_{\mathrm{rel},m} \leqslant 0,75 \qquad k_{\mathrm{crit}} = 1$, pas de déversement.

$\lambda_{\mathrm{rel},m} = 0,63$, donc $k_{\mathrm{crit}} = 1$.

Le taux de travail est :

$$\frac{\sigma_{m,d}}{k_{\mathrm{crit}} \cdot f_{m,d}} = \frac{12,8}{1 \times 15,52} = 0,82 \leqslant 1.$$

Le critère est vérifié.

1.2.2.2   Le cisaillement

Le taux de travail est :

$$\frac{\tau_d}{f_{v,d}} \leq 1.$$

Contrainte provoquée par les actions τ_d :

La contrainte de cisaillement provoquée par la charge est calculée par la formule :

$$\tau_d = \frac{k_f \cdot F_{v,d}}{k_{cr} \cdot b \cdot h_{ef}},$$

avec :

- $F_{v,d}$: effort tranchant, en N. Une poutre sur deux appuis avec une charge uniformément répartie a un effort tranchant maximum au voisinage des appuis. Il a la même valeur que la réaction d'appuis, $ql/2$, soit $21{,}8 \times 6\,000/2 = 65\,400$ N ;

- $k_{cr} = 1$, bois lamellé-collé avec moins de 70 % $\left(\dfrac{2{,}28}{2{,}28+12{,}5} \times 100 = 15{,}5\ \% \right)$ de charge permanente par rapport à la charge totale et classe de service 1 (tableau 2.1).

$$\tau_d = \frac{1{,}5 \times 65\,400}{165 \times 1 \times 528} = 1{,}12 \text{ N/mm}^2.$$

Contrainte de résistance du bois $f_{v,d}$:

$$f_{v,d} = f_{v,k} \frac{k_{\text{mod}}}{\gamma_M},$$

$$f_{v,d} = 3{,}5 \times \frac{0{,}8}{1{,}25} = 2{,}24 \text{ N/mm}^2.$$

Taux de travail :

Le taux de travail est :

$$\frac{\tau_d}{f_{v,d}} = \frac{1{,}12}{2{,}24} = 0{,}5 \leq 1.$$

Le critère est vérifié.

1.2.2.3   La compression sous les appuis

Le taux de travail est :

$$\frac{\sigma_{c,90,d}}{k_{c,90} \cdot f_{c,90,d}} \leq 1.$$

Contrainte provoquée par les actions $\sigma_{c,90,d}$:

La contrainte de compression transversale provoquée par la charge est calculée par la formule :

$$\sigma_{c,90,d} = \frac{F_{c,90,d}}{b \cdot l_{ef}},$$

avec :

- $F_{c,90,d}$: effort de compression en N, soit la réaction aux appuis, pour une poutre sur deux appuis avec une charge uniformément répartie : $F_{c,90,d} = \dfrac{q \cdot L}{2} = \dfrac{21,8 \times 6\,000}{2} = 65\,400 \text{ N}$;

- l_{ef} : longueur efficace de l'appui de la pièce en mm ($l_{ef} = l + c_1 + c_2 = 120 + 0 + 30 = 150$ mm), avec :
  - $c_1 = 0$ mm : majoration à gauche de l'appui de gauche ; $c_1 = \min(30\,; a\,; l) = \min(30\,; 0\,; 120) = 0$ mm,
  - $c_2 = 30$ mm : majoration à droite de l'appui de gauche ; $c_2 = \min(30\,; l\,; 0{,}5 l_1)$ $= \min(30\,; 120\,; 0{,}5 \times 6\,000) = 30$ mm,
  - $a = 0$ mm : distance entre l'extrémité de la poutre et une charge ponctuelle,
  - $l = 120$ mm : longueur de l'appui,
  - $l_1 = 6\,000$ mm : distance entre deux charges ponctuelles.

$$\sigma_{c,90,d} = \frac{65\,400}{165 \times 150} = 2,65 \text{ N/mm}^2.$$

Contrainte de résistance du bois $f_{c,90,d}$:

$$f_{c,90,d} = f_{c,90,k} \frac{k_{mod}}{\gamma_M},$$

$$f_{c,90,d} = 2,5 \times \frac{0,8}{1,25} = 1,6 \text{ N/mm}^2.$$

$k_{c,90} = 1,75$; appuis discontinus et bois lamellé-collé résineux.

Taux de travail :

Le taux de travail est :

$$\frac{\sigma_{c,90,d}}{k_{c,90} \cdot f_{c,90,d}} = \frac{2,65}{1,75 \times 1,6} = 0,95 \leqslant 1.$$

Le critère est vérifié.

1.2.3 *Vérification à l'état limite de service (ELS)*

Les vérifications à l'ELS concernent la déformation sous charge variable et la déformation totale. L'état limite de service est vérifié lorsque les déformations ne dépassent pas une valeur limite réglementaire (tableau 2.3).

1.2.3.1 La déformation instantanée sous charge variable $W_{inst(Q)}$

Le taux de déformation est :

$$\frac{U_{inst(Q)}}{W_{inst(Q)}} \leqslant 1.$$

La flèche instantanée est calculée avec la charge $q = 12,5$ kN/m.

La porteuse a une charge symétrique et uniforme, la flèche est définie par la formule :

$$U_{\text{inst}(Q)} = \frac{5q_{\text{inst}(Q)} \cdot L^4}{384E_{0,mean} \cdot I}.$$

I : moment quadratique en mm^4 ; pour une section rectangulaire sur chant, $I = bh^3/12$;

La formule devient :

$$U_{\text{inst}(Q)} = \frac{5q_{\text{inst}(Q)} \cdot L^4 \times 12}{384E_{0,mean} \cdot b \cdot h^3},$$

soit $U_{\text{inst}(Q)} = \dfrac{5 \times 12,5 \times 6\,000^4 \times 12}{384 \times 11\,500 \times 165 \times 528^3} = 9,1$ mm.

La valeur limite réglementaire $W_{\text{inst}(Q)}$ est de $L/300 = 6\,000/300 = 20$ mm.

Le taux de déformation est de :

$$\frac{U_{\text{inst}(Q)}}{W_{\text{inst}(Q)}} = \frac{9,1}{20} = 0,45 \leqslant 1.$$

Le critère est vérifié.

1.2.3.2 La déformation totale

Le taux de déformation est :

$$\frac{U_{\text{net,fin}}}{W_{\text{net,fin}}} \leqslant 1.$$

La flèche totale est calculée avec la charge $q = G + Q_1 + 0,6\left(G + 0,6Q_1\right) = 20,7$ kN/m.

La solive a une charge symétrique et uniforme, la flèche est définie par la formule :

$$U_{\text{net,fin}} = \frac{5q_{\text{net,fin}} \cdot L^4}{384E_{0,mean} \cdot I}.$$

I : moment quadratique en mm^4 ; pour une section rectangulaire sur chant, $I = bh^3/12$;

La formule devient :

$$U_{\text{net,fin}} = \frac{5q_{\text{net,fin}} \cdot L^4 \times 12}{384E_{0,mean} \cdot b \cdot h^3},$$

soit $U_{\text{inst}(Q)} = \dfrac{5 \times 20,7 \times 6\,000^4 \times 12}{384 \times 11\,500 \times 165 \times 528^3} = 15,1$ mm.

La valeur limite réglementaire $W_{\text{net,fin}}$ est de $L/200 = 6\,000/200 = 30$ mm.

Le taux de déformation est de :

$$\frac{U_{\text{net,fin}}}{W_{\text{net,fin}}} = \frac{15,1}{30} = 0,50 \leqslant 1.$$

Le critère est vérifié.

 Comparaison entre les critères de dimensionnement

Tableau 2.6 Comparaison entre les critères de dimensionnement.

Critère vérifié	Taux de travail ou de déformation
Contrainte de flexion (ELU)	0,83
Contrainte de cisaillement (ELU)	0,50
Contrainte de compression transversale (ELU)*	0,95
Flèche instantanée sous charge variable (ELS)	0,45
Flèche nette finale (ELS)	0,50

* La contrainte de compression transversale est indépendante de la hauteur de la pièce. Elle dépend notamment de la longueur d'appui de la pièce sur le mur.

Le critère dimensionnant est la contrainte de flexion à l'ELU.

2 Vérification d'un chevron et d'une panne

Considérons un bâtiment couvert d'une toiture symétrique avec une pente de 68 % (figure 2.6). Le bâtiment est situé en zone A2 à une altitude de 370 m. Les coefficients d'exposition c_e et thermique c_t sont égaux à 1. La toiture est composée :

- de tuiles à emboitement de masse surfacique 50 kg/m² ;
- d'un support en panneau OSB de 12 mm d'épaisseur et de masse volumique 660 kg/m³ ;
- de chevrons classé C24, de 65 × 50 mm posés avec un entraxe de 45 cm ;
- d'une panne de 225 × 75 mm classé C24, posée avec un entraxe de 2,05 m et d'une portée de 4 m.

Les pannes reposent sur des arbalétriers de 100 mm d'épaisseur.

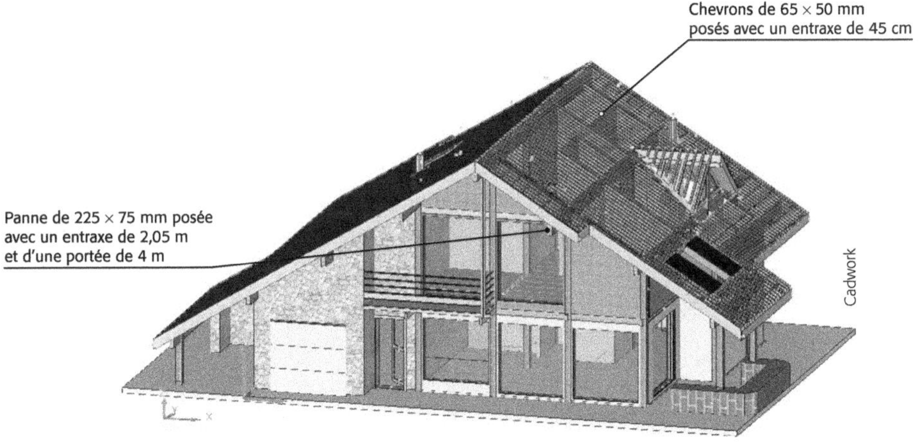

Figure 2.6 Chevron et panne étudiés.

2.1   Calcul de la charge de neige

Étape 0 : calcul de l'angle

$$\alpha = \tan^{-1}(0,68) = 34,2°.$$

Étape 1 : calcul de la neige au sol

$$S_{370} = S_{200} + \Delta S_1.$$

$$S_{370} = S_{200} + \left(1,5 \times \frac{A}{1\,000} - 0,25\right).$$

$$S_{370} = 0,45 + \left(1,5 \times \frac{370}{1\,000} - 0,25\right) = 0,62 \text{ kN/m}^2 \text{ de sol.}$$

Étape 2 : calcul du coefficient de forme μ_i

Pour un versant dont l'inclinaison est comprise entre 30° et 60° : $\mu_{2(\alpha)} = \dfrac{0,8 \times (60 - \alpha)}{30}$.

soit, pour l'inclinaison de 34,2° : $\mu_{1(34,2°)} = \dfrac{0,8 \times (60 - 34,2)}{30} = 0,688$.

Étape 3 : calcul de la charge de neige (kN/m² horizontal)

La formule de calcul de neige sur une toiture est $S = S_k \cdot \mu_{i(\alpha)} \cdot c_e \cdot c_t$.

$$S_{34,2°} = 0,62 \times 0,688 \times 1 \times 1 = 0,427 \text{ kN/m}^2 \text{ horizontal.}$$

Étape 4 : calcul de la charge de neige (kN/m² de toiture réel ou rampant)

$$S_{34,2°} = 0,427 \times \cos(34,2°) = 0,353 \text{ kN/m}^2 \text{ rampant.}$$

Étape 5 : calcul de la charge de neige exceptionnelle

Pour un versant incliné à α : $S = S_{Ad} \cdot \mu_{i(\alpha)} \cdot \cos\alpha$.

$$S_{34,2°} = 1 \times 0,688 \times \cos(34,2°) = 0,569 \text{ kN/m}^2 \text{ rampant.}$$

2.2   Vérification du chevron

La justification d'une pièce travaillant en flexion exige des vérifications à l'état limite ultime (ELU) et à l'état limite de service (ELS). La première étape consiste à définir les actions, les charges de structure et les charges d'exploitation. Puis il faut déterminer les combinaisons d'actions. Celles-ci définissent la charge de calcul pour établir les contraintes de flexion et de cisaillement à l'ELU et la déformation instantanée sous charges variables et la déformation totale à l'ELS.

Remarque : le chevron sera modélisé avec une rotule du côté du faîtage. La traction induite sera négligée.

2.2.1   *Charge sur le chevron et combinaisons d'actions*

Cette étape permet de définir les charges de structures et de neige ainsi que les combinaisons d'action pour vérifier la pièce à l'état limite ultime (ELU) et à l'état limite de service (l'ELS).

2.2.1.1   Charges sur le chevron

Les charges sur le chevron sont composées des charges de structure et de neige.

Bande de chargement : 0,45 m.

Calcul des charges de structure

Les tuiles : $50 \times (10/1\,000) = 0,50 \text{ kN/m}^2$.

Le panneau : $660 \times \dfrac{10}{1\,000} \times 0,012 = 0,08 \text{ kN/m}^2$.

Les chevrons : $\dfrac{420 \times 10}{1\,000} \times 0,065 \times 0,05 = 0,014 \text{ kN/m}$.

La charge totale est $G = (0,05 + 0,08) \times 0,45 + 0,014 = 0,275 \text{ kN/m}$.

Calcul des charges de neige

$S = 0,353 \times 0,45 = 0,159 \text{ kN/m}$.

2.2.1.2 Combinaisons pour la résistance de la structure avec des charges descendantes ELU (STR)

Les combinaisons à l'ELU concernent la résistance de la structure. Les effets du vent ne seront pas étudiés pour cette application.

$$q_1 = \gamma_{G,\text{sup}} G,$$

$$q_1 = 1,35 G,$$

$$q_1 = 1,35 \times 0,275 = 0,372 \text{ kN/m}.$$

$$q_2 = \gamma_{G,\text{sup}} G + \gamma_Q Q_1,$$

$$q_2 = 1,35 G + 1,5 S,$$

$$q_2 = 1,35 \times 0,275 + 1,5 \times 0,159 = 0,61 \text{ kN/m}.$$

2.2.1.3 Combinaisons à l'état limite de service (ELS)

L'Eurocode n'exige pas de vérification de la déformation instantanée sous charge variable. Les combinaisons à l'ELS ne concerneront donc que la déformation totale.

$$q = G + Q_1 + k_{\text{def}}\left(G + \Psi_{2,1} Q_1\right),$$

$$q = G + Q_1 + 0,8\left(G + 0S\right),$$

$$q = 0,275 + 0,159 + 0,8 \times \left(0,275 + 0 \times 0,159\right) = 0,654 \text{ kN/m}.$$

2.2.2 *Vérification à l'état limite ultime (ELU)*

La vérification à l'ELU consiste à vérifier la résistance en flexion au milieu du chevron, en cisaillement et en compression transversale sous les appuis.

La combinaison d'action retenue est $1,35 G + 1,5 Q$.

$q = 1,35 G + 1,5 Q = 0,61 \text{ kN/m} = 0,61 \text{ N/mm}$. L'effort tranchant est de $0,61 \times \cos(34,2) = 0,504$.

Pour obtenir les sections de calcul, il faut diminuer de 2 % les dimensions commerciales. La section commerciale de 65×50 mm devient 63×49 mm.

2.2.2.1   La flexion

Le taux de travail est :

$$\frac{\sigma_{m,d}}{k_{\text{crit}} \cdot f_{m,d}} \leq 1.$$

Contrainte provoquée par les actions $\sigma_{m,d}$:

La contrainte de flexion provoquée par la charge est calculée par la formule :

$$\sigma_{m,d} = \frac{M_{f,y}}{\dfrac{I_{G,y}}{V}},$$

avec :

- $M_{f,y} = qL^2/8$ (poutre sur deux appuis uniformément chargée), avec :
    - $q = 0,61$ N/mm : charge linéique de poutre,
    - $L = 2\,050$ mm : distance entre appuis ;
- $I_{G,y}/V$: module d'inertie ; $bh^2/6$.

$$\sigma_{m,d} = \frac{M_{f,y}}{\dfrac{I_{G,y}}{V}} = \frac{6qL^2}{8bh^2} = \frac{6 \times 0,504 \times 2\,050^2}{8 \times 49 \times 63^2} = 8,2 \text{ N/mm}^2.$$

Contrainte de résistance du bois $f_{m,d}$:

$$f_{m,d} = f_{m,k} \cdot \frac{k_{\text{mod}}}{\gamma_M} \cdot k_{\text{sys}} \cdot k_{\text{h}},$$

Calcul du coefficient de hauteur pour du bois massif :

Si $\quad h < 150$ mm $\qquad k_{\text{h}} = \min(1,3 \,;\, (150/h)^{0,2}) = \min(1,3 \,;\, (150/63)^{0,2}) = 1,19.$

$$f_{m,d} = 24 \times \frac{0,9}{1,3} \times 1,1 \times 1,19 = 21,7 \text{ N/mm}^2.$$

Coefficient d'instabilité provenant du déversement k_{crit} :

– Calcul de la contrainte critique $\sigma_{m,\text{crit}}$:

$$\sigma_{m,\text{crit}} = \frac{0,78 E_{0,05} \cdot b^2}{h \cdot \left(l \cdot k_{l_{\text{ef}}} + \Delta l \right)},$$

$$\sigma_{m,\text{crit}} = \frac{0,78 \times 7\,400 \times 49^2}{63 \times \left(2\,050 \times 0,9 + 126 \right)} = 111,6 \text{ N/mm}^2.$$

– Calcul de l'élancement relatif de flexion $\lambda_{\text{rel},m}$:

$$\lambda_{\text{rel},m} = \sqrt{\frac{f_{m,k}}{\sigma_{m,\text{crit}}}},$$

$$\lambda_{\text{rel},m} = \sqrt{\frac{24}{111,6}} = 0,464.$$

– Calcul du coefficient k_{crit} :

Si $\quad \lambda_{rel,m} \leqslant 0,75 \qquad k_{crit} = 1$, il n'y a pas de risque de déversement.

Taux de travail :

Le taux de travail est :

$$\frac{\sigma_{m,d}}{k_{crit} \cdot f_{m,d}} = \frac{8,2}{1 \times 21,7} = 0,38 \leqslant 1.$$

Le critère est vérifié.

2.2.2.2   Le cisaillement

Le taux de travail est :

$$\frac{\tau_d}{f_{v,d}} \leqslant 1.$$

Contrainte provoquée par les actions τ_d :

La contrainte de cisaillement provoquée par la charge est calculée par la formule :

$$\tau_d = \frac{k_f \cdot F_{v,d}}{k_{cr} \cdot b \cdot h_{ef}},$$

avec :

- $F_{v,d}$: effort tranchant, en N. Un élément sur deux appuis avec une charge uniformément répartie a un effort tranchant maximum au voisinage des appuis. Il a la même valeur que la réaction d'appuis, $ql/2$, soit $0,504 \times 2\,050/2 = 517$ N ;
- $k_{cr} = 1$, bois massif avec toutes les dimensions de la section < 150 mm et classe de service 2.

$$\tau_d = \frac{1,5 \times 517}{49 \times 1 \times 63} = 0,25 \text{ N/mm}^2.$$

Contrainte de résistance du bois $f_{v,d}$:

$$f_{v,d} = f_{v,k} \frac{k_{mod}}{\gamma_M},$$

$$f_{v,d} = 4 \times \frac{0,9}{1,3} = 2,8 \text{ N/mm}^2.$$

Taux de travail :

Le taux de travail est :

$$\frac{\tau_d}{f_{v,d}} = \frac{0,25}{2,8} = 0,09 \leqslant 1.$$

Le critère est vérifié.

Remarque : la vérification de la compression perpendiculaire au fil est rarement effectuée pour les chevrons, car ce critère est rarement dimensionnant.

2.2.3 *Vérification à l'état limite de service (ELS)*

La vérification à l'ELS concerne la déformation totale uniquement pour les chevrons. L'état limite de service est vérifié lorsque les déformations ne dépassent pas une valeur limite réglementaire (tableau 2.3).

Le taux de déformation est :

$$\frac{U_{net,fin}}{W_{net,fin}} \leq 1.$$

La flèche totale est calculée avec la charge $q = G + Q_1 + 0,8\left(G + 0Q_1\right) = 0,654 \ \text{kN/m}$.

L'effort tranchant provoquant de la flexion est $0,654 \times \cos\,(34,2) = 0,541 \ \text{kN/m}$.

Le chevron a une charge symétrique et uniforme, la flèche est définie par la formule :

$$U_{net,fin} = \frac{5q_{net,fin} \cdot L^4}{384 E_{0,mean} \cdot I}.$$

I : moment quadratique en mm^4 ; pour une section rectangulaire sur chant, $I = bh^3/12$;

La formule devient :

$$U_{net,fin} = \frac{5q_{net,fin} \cdot L^4 \times 12}{384 E_{0,mean} \cdot b \cdot h^3},$$

soit $U_{inst(Q)} = \dfrac{5 \times 0,541 \times 2\,050^4 \times 12}{384 \times 11\,000 \times 49 \times 63^3} = 11,1 \ \text{mm}.$

La valeur limite réglementaire $W_{net,fin}$ est de $L/200 = 2\,050/200 = 13,6 \ \text{mm}$.

Le taux de déformation est de :

$$\frac{U_{net,fin}}{W_{net,fin}} = \frac{11,1}{13,6} = 0,81 \leq 1.$$

Le critère est vérifié.

2.2.4 *Comparaison entre les critères de dimensionnement*

Tableau 2.7 Comparaison entre les critères de dimensionnement.

Critère vérifié	Taux de travail ou de déformation
Contrainte de flexion (ELU)	0,38
Contrainte de cisaillement (ELU)	0,09
Flèche nette finale (ELS)	0,81

Le critère dimensionnant est la flèche nette finale à l'ELS.

2.3 Vérification de la panne

La justification d'une pièce travaillant en flexion exige des vérifications à l'état limite ultime (ELU) et à l'état limite de service (ELS). La première étape consiste à définir les actions, les charges de structure et les charges d'exploitation. Puis il faut déterminer les combinaisons d'actions. Celles-ci définissent la charge de calcul pour établir les contraintes de flexion, de cisaillement et de compression transversale à l'ELU et la déformation instantanée sous charges variables et la déformation totale à l'ELS.

2.3.1 Charge sur la panne et combinaisons d'actions

Cette étape permet de définir les charges de structures et d'exploitation ainsi que les combinaisons d'action pour vérifier la pièce à l'état limite ultime (ELU) et à l'état limite de service (l'ELS).

2.3.1.1 Charges sur la panne

Les charges sur la panne sont composées des charges de structure et de neige.

Bande de chargement : 2,05 m.

Calcul des charges de structure

La panne : $\dfrac{420 \times 10}{1\,000} \times 0,225 \times 0,075 = 0,071$ kN/m.

La charge totale est $G = \dfrac{0,275}{0,45} \times 2,05 + 0,071 = 1,324$ kN/m.

Calcul des charges de neige

$S = 0,353 \times 2,05 = 0,724$ kN/m.

2.3.1.2 Combinaisons pour la résistance de la structure avec des charges descendantes ELU (STR)

Les combinaisons à l'ELU concernent la résistance de la structure. Les effets du vent ne seront pas étudiés pour cette application.

$q_1 = \gamma_{G,\text{sup}} G,$

$q_1 = 1,35G,$

$q_1 = 1,35 \times 1,324 = 1,788$ kN/m.

$q_2 = \gamma_{G,\text{sup}} G + \gamma_Q Q_1,$

$q_2 = 1,35G + 1,5S,$

$q_2 = 1,35 \times 1,324 + 1,5 \times 0,724 = 2,874$ kN/m.

2.3.1.3 Combinaisons à l'état limite de service (ELS)

Les combinaisons à l'ELS concernent la déformation sous charge variable et la déformation totale.

Valeur de la charge de calcul pour la déformation instantanée sous charge variable :

$q = S,$

$q = 0,724$ kN/m.

Combinaisons pour la déformation totale avec une charge variable :

$q = G + Q_1 + k_{\text{def}} \left(G + \Psi_{2,1} Q_1 \right),$

$$q = G + Q_1 + 0,8(G + 0S),$$

$$q = 1,324 + 0,724 + 0,8 \times (1,324 + 0 \times 0,724) = 3,107 \text{ kN/m}.$$

2.3.2 *Vérification à l'état limite ultime (ELU)*

La vérification à l'ELU consiste à vérifier la résistance en flexion au milieu de la panne, en cisaillement et en compression transversale sous les appuis.

La combinaison d'action retenue est $1,35G + 1,5Q$.

$$q = 1,35G + 1,5Q = 2,874 \text{ kN/m} = 2,874 \text{ N/mm}.$$

Pour obtenir les sections de calcul, il faut diminuer de 2 % les dimensions commerciales. La section commerciale de 225×75 mm devient 220×73 mm.

2.3.2.1 La flexion

Le taux de travail est :

$$\frac{\sigma_{m,d}}{k_{\text{crit}} \cdot f_{m,d}} \leqslant 1.$$

Contrainte provoquée par les actions $\sigma_{m,d}$:

La contrainte de flexion provoquée par la charge est calculée par la formule :

$$\sigma_{m,d} = \frac{M_{f,y}}{\dfrac{I_{G,y}}{V}},$$

avec :

- $M_{f,y} = qL^2/8$ (poutre sur deux appuis uniformément chargée) ;
- $I_{G,y}/V$: module d'inertie ; $bh^2/6$.

$$\sigma_{m,d} = \frac{M_{f,y}}{\dfrac{I_{G,y}}{V}} = \frac{6qL^2}{8bh^2} = \frac{6 \times 2,874 \times 4\,000^2}{8 \times 73 \times 220^2} = 9,76 \text{ N/mm}^2.$$

Contrainte de résistance du bois $f_{m,d}$:

$$f_{m,d} = f_{m,k} \cdot \frac{k_{\text{mod}}}{\gamma_M} \cdot k_{\text{sys}} \cdot k_{\text{h}},$$

$$f_{m,d} = 24 \times \frac{0,9}{1,3} \times 1 \times 1 = 16,61 \text{ N/mm}^2.$$

Coefficient d'instabilité provenant du déversement k_{crit} :

– Calcul de la contrainte critique $\sigma_{m,\text{crit}}$:

$$\sigma_{m,\text{crit}} = \frac{0,78 E_{0,05} \cdot b^2}{h \cdot (l \cdot k_{l\text{ef}} + \Delta l)},$$

$$\sigma_{m,\text{crit}} = \frac{0,78 \times 7\,400 \times 73^2}{220 \times (4\,000 \times 0,9 + 2 \times 220)} = 34,6 \text{ N/mm}^2.$$

– Calcul de l'élancement relatif de flexion $\lambda_{\text{rel},m}$:

$$\lambda_{\text{rel},m} = \sqrt{\frac{f_{m,k}}{\sigma_{m,\text{crit}}}},$$

$$\lambda_{\text{rel},m} = \sqrt{\frac{24}{34,6}} = 0,84.$$

– Calcul du coefficient k_{crit} :

Si $\quad 0,75 < \lambda_{\text{rel},m} \leq 1,4 \qquad k_{\text{crit}} = 1,56 - 0,75\lambda_{\text{rel},m} = 1,56 - 0,75 \times 0,84 = 0,93.$

Taux de travail :

Le taux de travail est :

$$\frac{\sigma_{m,d}}{k_{\text{crit}} \cdot f_{m,d}} = \frac{9,76}{0,93 \times 16,61} = 0,63 \leq 1.$$

Le critère est vérifié.

2.3.2.2 Le cisaillement

Le taux de travail est :

$$\frac{\tau_d}{f_{v,d}} \leq 1.$$

Contrainte provoquée par les actions τ_d :

La contrainte de cisaillement provoquée par la charge est calculée par la formule :

$$\tau_d = \frac{k_{\text{f}} \cdot F_{v,d}}{k_{cr} \cdot b \cdot h_{ef}},$$

avec :

- $F_{v,d}$: effort tranchant, en N. Une poutre sur deux appuis avec une charge uniformément répartie a un effort tranchant maximum au voisinage des appuis. Il a la même valeur que la réaction d'appuis, $ql/2$, soit $2,874 \times 4\,000/2 = 5\,748$ N ;
- $k_{cr} = 0,67$, bois massif dont une des dimensions de la section > 150 mm et classe de service 2.

$$\tau_d = \frac{1,5 \times 5\,748}{73 \times 0,67 \times 220} = 0,8 \text{ N/mm}^2.$$

Contrainte de résistance du bois $f_{v,d}$:

$$f_{v,d} = f_{v,k} \frac{k_{\text{mod}}}{\gamma_M},$$

$$f_{v,d} = 4 \times \frac{0,9}{1,3} = 2,77 \text{ N/mm}^2.$$

Taux de travail :

Le taux de travail est :

$$\frac{\tau_d}{f_{v,d}} = \frac{0,8}{2,77} = 0,29 \leqslant 1.$$

Le critère est vérifié.

2.3.2.3 La compression sous les appuis

Le taux de travail est :

$$\frac{\sigma_{c,90,d}}{k_{c,90} \cdot f_{c,90,d}} \leqslant 1.$$

Contrainte provoquée par les actions $\sigma_{c,90,d}$:

La contrainte de compression transversale provoquée par la charge est calculée par la formule :

$$\sigma_{c,90,d} = \frac{F_{c,90,d}}{b \cdot l_{ef}},$$

avec :

- $F_{c,90,d}$: effort de compression en N, soit la réaction aux appuis, pour une poutre sur deux appuis avec une charge uniformément répartie : $F_{c,90,d} = \dfrac{q \cdot L}{2} = \dfrac{2,874 \times 4\,000}{2} = 5\,748 \text{ N}$;

- l_{ef} : longueur efficace de l'appui de la pièce en mm ($l_{ef} = l + c_1 + c_2 = 50 + 0 + 30 = 80$ mm), avec :
    - $c_1 = 0$ mm : majoration à gauche de l'appui de gauche ; $c_1 = \min(30\,;\,a\,;\,l) = \min(30\,;\,0\,;\,50) = 0$ mm,
    - $c_2 = 30$ mm : majoration à droite de l'appui de gauche ; $c_2 = \min(30\,;\,l\,;\,0,5l_1) = \min(30\,;\,50\,;\,0,5 \times 4\,000) = 30$ mm,
    - $a = 0$ mm : distance entre l'extrémité de la poutre et une charge ponctuelle,
    - $l = 100/2 = 50$ mm : moitié de l'épaisseur de l'arbalétrier,
    - $l_1 = 4\,000$ mm : distance entre deux charges ponctuelles.

$$\sigma_{c,90,d} = \frac{5\,748}{73 \times 80} = 0,98 \text{ N/mm}^2.$$

Contrainte de résistance du bois $f_{c,90,d}$:

$$f_{c,90,d} = f_{c,90,k} \frac{k_{mod}}{\gamma_M},$$

$$f_{c,90,d} = 2,5 \times \frac{0,9}{1,3} = 1,73 \text{ N/mm}^2.$$

$k_{c,90} = 1,5$; appuis discontinus et bois massif résineux.

Taux de travail :

Le taux de travail est :

$$\frac{\sigma_{c,90,d}}{k_{c,90} \cdot f_{c,90,d}} = \frac{0,98}{1,5 \times 1,73} = 0,38 \leqslant 1.$$

Le critère est vérifié.

2.3.3 *Vérification à l'état limite de service (ELS)*

Les vérifications à l'ELS concernent la déformation sous charge variable et la déformation totale. L'état limite de service est vérifié lorsque les déformations ne dépassent pas une valeur limite réglementaire (tableau 2.3).

2.3.3.1 La déformation instantanée sous charge variable $W_{\text{inst}(Q)}$

Le taux de déformation est :

$$\frac{U_{\text{inst}(Q)}}{W_{\text{inst}(Q)}} \leqslant 1.$$

La flèche instantanée est calculée avec la charge $q = 0,724$ kN/m.

La porteuse a une charge symétrique et uniforme, la flèche est définie par la formule :

$$U_{\text{inst}(Q)} = \frac{5 q_{\text{inst}(Q)} \cdot L^4}{384 E_{0,mean} \cdot I}.$$

I : moment quadratique en mm^4 ; pour une section rectangulaire sur chant, $I = bh^3/12$;

La formule devient :

$$U_{\text{inst}(Q)} = \frac{5 q_{\text{inst}(Q)} \cdot L^4 \times 12}{384 E_{0,mean} \cdot b \cdot h^3},$$

soit $U_{\text{inst}(Q)} = \dfrac{5 \times 0,724 \times 4\,000^4 \times 12}{384 \times 11\,000 \times 73 \times 220^3} = 3,4$ mm.

La valeur limite réglementaire $W_{\text{inst}(Q)}$ est de $L/300 = 4\,000/300 = 13$ mm.

Le taux de déformation est de :

$$\frac{U_{\text{inst}(Q)}}{W_{\text{inst}(Q)}} = \frac{3,4}{13,3} = 0,26 \leqslant 1.$$

Le critère est vérifié.

2.3.3.2 La déformation totale

Le taux de déformation est :

$$\frac{U_{\text{net,fin}}}{W_{\text{net,fin}}} \leqslant 1.$$

La flèche totale est calculée avec la charge $q = G + Q_1 + 0,8\left(G + 0Q_1\right) = 3,107$ kN/m.

La solive a une charge symétrique et uniforme, la flèche est définie par la formule :

$$U_{\text{net,fin}} = \frac{5q_{\text{net,fin}} \cdot L^4}{384 E_{0,mean} \cdot I}.$$

I : moment quadratique en mm^4 ; pour une section rectangulaire sur chant, $I = bh^3/12$;

La formule devient :

$$U_{\text{net,fin}} = \frac{5q_{\text{net,fin}} \cdot L^4 \times 12}{384 E_{0,mean} \cdot b \cdot h^3},$$

soit $U_{\text{inst}(Q)} = \dfrac{5 \times 3,107 \times 4\,000^4 \times 12}{384 \times 11\,000 \times 73 \times 220^3} = 14,5$ mm.

La valeur limite réglementaire $W_{\text{net,fin}}$ est de $L/200 = 4\,000/200 = 20$ mm.

Le taux de déformation est de :

$$\frac{U_{\text{net,fin}}}{W_{\text{net,fin}}} = \frac{14,5}{20} = 0,73 \leqslant 1.$$

Le critère est vérifié.

2.3.4 *Comparaison entre les critères de dimensionnement*

Tableau 2.8 Comparaison entre les critères de dimensionnement.

Critère vérifié	Taux de travail ou de déformation
Contrainte de flexion (ELU)	0,73
Contrainte de cisaillement (ELU)	0,29
Contrainte de compression transversale (ELU)*	0,38
Flèche instantanée sous charge variable (ELS)	0,26
Flèche nette finale (ELS)	0,73

* La contrainte de compression transversale est indépendante de la hauteur de la pièce. Elle dépend notamment de la longueur d'appui de la pièce sur le mur.

Le critère dimensionnant est la flèche nette finale à l'ELS.

Vérification aux Eurocodes d'une pièce travaillant en compression ou traction – Justification d'un poteau

1 Hypothèses de calcul

Considérons un poteau de section de 100×200 mm en bois massif reconstitué (BMR) classé C30 de 2,5 m de long, dans un salon supportant une porteuse qui elle-même supporte une toiture terrasse non accessible végétalisée de type intensif. Le complexe pèse jusqu'à 390 kg/m^2 lorsqu'il pleut. Le poteau est situé au milieu de la porteuse. Elle est en bois lamellé-collé de 90×450 mm. Sa longueur est de 6 m et sa masse volumique est de 440 kg/m^3. Elle est située au milieu d'un salon de 8 m de longueur. Le bâtiment est situé en zone A1 à une altitude de 180 m. Les coefficients d'exposition c_e et thermique c_t sont égaux à 1.

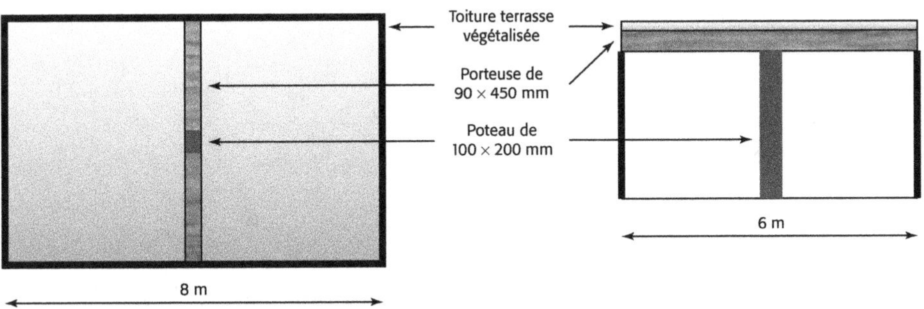

Figure 3.1 Poteau étudié travaillant en compression.

2   Détermination des actions

Le poteau est l'appui intermédiaire de la porteuse. Il faut déterminer les charges par mètre de porteuse pour ensuite définir la charge reprise par le poteau.

2.1   Actions provoquées par le poids de la structure

Étape 1 : détermination de la bande de chargement reprise par la porteuse

La porteuse est située au milieu de la pièce. L'entraxe entre les murs et la porteuse est de 8 000/2 = 4 000 mm. Elle reprend 1/2 entraxe à gauche et 1/2 entraxe à droite, soit un entraxe complet (4 000/2 + 4 000/2 = 4 000 mm).

Étape 2 : transformation de la masse en charge

Le calcul consiste à transformer la masse du complexe de la toiture végétalisée en action exprimée en kN/m^2 et la masse des éléments linéique (la porteuse) en action exprimée en kN/m. Par simplification, l'accélération terrestre g est prise égale à $10 \ m/s^2$.

Le complexe : $[kg/m^2] \cdot [g/1\,000] = kN/m^2$, soit $390 \times (10/1\,000) = 3,9 \ kN/m^2$.

La porteuse : $\dfrac{\left[kg/m^3 \right] \cdot g}{1\,000} \cdot$ hauteur (m) $\cdot$ épaisseur (m) $= kN/m$,

soit $\dfrac{440 \times 10}{1\,000} \times 0,45 \times 0,09 = 0,178 \ kN/m$.

Étape 3 : détermination de la charge de structure (G) par mètre de porteuse

La charge de structure surfacique est multipliée par la bande de chargement pour obtenir une charge linéique. Le poids de la porteuse est ajouté.

La charge totale est $G = 3,9 \times 4 + 0,178 = 15,778 \ kN/m$.

2.2   Les charges d'exploitation

La charge d'exploitation correspond à l'entretien. La toiture est une toiture terrasse. Il faut appliquer une charge de $0,8 \ kN/m^2$ sur un rectangle le plus défavorable de $10 \ m^2$ tel que le rapport longueur/largeur soit compris entre 0,5 et 2 ($0,5 \leqslant A/B \leqslant 2$). La largeur de la bande de chargement est de 4 m ; l'autre côté du rectangle fera $10/4 = 2,5$ m ; le rapport $2,5/4 = 0,625$ est bien compris entre 0,5 et 2.

Détermination de la charge d'exploitation (*Q*) par mètre, mais sur une longueur de 2,5 m située au milieu de la porteuse.

$Q = 0,8 \times 4 = 3,2 \ kN/m$.

2.3   Les charges de neige

Le bâtiment a une toiture terrasse sensiblement horizontale. Le bâtiment est situé en zone A1 à une altitude de 180 m. Les coefficients d'exposition c_e et thermique c_t sont égaux à 1.

Étape 1 : calcul de la neige au sol

$S_{180} = S_{200}.$

$S_{180} = 0,45 \text{ kN/m}^2$ sol.

Étape 2 : calcul du coefficient de forme μ_i

Pour un angle inférieur à 30° : $\mu_1 = 0,8$.

Étape 3 : calcul de la charge de neige sur la toiture terrasse en kN/m² horizontal

La formule de calcul de neige sur une toiture est $S = S_k \cdot \mu_{i(\alpha)} \cdot c_e \cdot c_t$.

$S = 0,45 \times 0,8 \times 1 \times 1 = 0,36 \text{ kN/m}^2$ horizontal

La bande de chargement de la porteuse est de 4 m, d'où $S = 0,36 \times 4 = 1,44 \text{ kN/m}$.

Remarques :

– Il n'y a pas de neige exceptionnelle dans la zone A1.

– La distribution de la neige par le vent n'a pas d'intérêt car la toiture est horizontale.

2.4 Les effets du vent

Une étude avec un logiciel apporte les résultats suivants :

- valeur moyenne de dépression extérieure : $-0,303 \text{ kN/m}^2$, soit avec une bande de chargement de 4 m, $W- = -0,303 \times 4 = -1,212 \text{ kN/m}$;
- valeur moyenne de surpression extérieure : $+0,043 \text{ kN/m}^2$. Cette action peut être négligée car la résistance du bois est plus importante pour une charge instantanée (le vent) que pour une charge de court terme (la neige).

3 Les combinaisons d'actions à l'état limite ultime (ELU)

Une première vérification consiste à confirmer que pendant toute la durée d'exploitation du bâtiment la sécurité des personnes sera assurée. C'est la vérification à l'état limite ultime (ELU). Le raccourcissement du poteau étant très faible, il n'est pas nécessaire de vérifier la déformation à l'ELS.

Les combinaisons à l'ELU concernent la résistance de la structure, le risque de soulèvement. Le risque de neige exceptionnelle n'existe pas dans la zone A1.

Combinaisons pour la résistance de la structure avec des charges descendantes ELU (STR) :

$q_1 = \gamma_{G,\text{sup}} G,$

$q_1 = 1,35 G,$

$q_1 = 1,35 \times 15,778 = 21,3 \text{ kN/m}.$

$q_2 = \gamma_{G,\text{sup}} G + \gamma_Q Q_1,$

$q_2 = 1,35 G + 1,5 S,$

$q_2 = 1,35 \times 15,778 + 1,5 \times 1,44 = 23,46 \text{ kN/m}.$

$q_3 = \gamma_{G,\text{sup}} G + \gamma_Q Q_{\text{entretien}},$

$q_3 = 1,35 G + 1,5 Q_{\text{entretien}},$

avec $G = 15,778$ kN/m et $Q_{\text{entretien}} = 3,2$ kN/m.

Remarques :

– G est sur toute la longueur de la porteuse mais $Q_{\text{entretien}}$ est sur 2,5 m au milieu de la porteuse. L'effet de ces deux actions étant différent, il ne faut pas les additionner.

– La charge d'entretien en action d'accompagnement ne se combine pas avec les autres actions variables. Le coefficient Ψ_0 du tableau 1.5 est nul.

Combinaisons pour la résistance au soulèvement ELU (STR) :

$$q = \gamma_{G,\text{inf}} G + \gamma_Q W,$$

$$q = 1G + 1,5W -,$$

$$q = 1 \times 15,778 - 1,5 \times 1,212 = 13,96 \text{ kN/m}.$$

q reste positif. Il n'y a pas de risque d'arrachement de la porteuse et donc du poteau, il n'est pas nécessaire de justifier un assemblage vis-à-vis de l'arrachement.

Combinaisons pour la stabilité vis-à-vis du soulèvement ELU (EQU) :

$$q = \gamma_{G,\text{inf}} G + \gamma_Q W,$$

$$q = 0,9G + 1,5W -,$$

$$q = 0,9 \times 15,778 - 1,5 \times 1,212 = 12,383 \text{ kN/m}.$$

q reste positif. Il n'y a pas de risque de soulèvement de la porteuse et donc du poteau, il n'est pas nécessaire de réaliser un assemblage vis-à-vis du soulèvement.

Remarque : le raccourcissement d'un poteau lorsqu'il travaille en compression est négligeable. La vérification à l'ELS n'est donc pas nécessaire.

4 Vérification à l'état limite ultime (ELU)

La vérification à l'ELU consiste à vérifier la résistance en compression axiale et le risque de flambement du poteau.

4.1 Calcul de la charge reprise par le poteau et section de calcul

La porteuse repose sur trois appuis, le poteau étant l'appui intermédiaire. Pour définir la charge transmise au poteau, il faut appliquer la formule :

$$N = \frac{10ql}{8}$$

avec :

- N : effort normal (ou de compression) repris par le poteau, en N ;
- q : charge par mètre de porteuse, définie suivant la combinaison d'actions considérée, en N/mm ;
- l : distance entre deux travées, en mm (ici $6\,000/2 = 3\,000$ mm).

Les tableaux 3.1 et 3.2 précisent l'effort normal repris par le poteau en fonction du cas de charge et de la combinaison d'action.

Tableau 3.1 Effort normal repris par le poteau en fonction du cas de charge.

Cas de charge	Effort sur la porteuse	Effort normale sur le poteau
G	15,778 N/mm	$N = \dfrac{10 \times 15{,}778 \times 3\,000}{8} = 59\,167{,}5 \text{ N}$
S	1,44 N/mm	$N = \dfrac{10 \times 1{,}44 \times 3\,000}{8} = 5\,400 \text{ N}$
$Q_{\text{entretien}}$	15,778 N/mm sur toute la longueur et $Q_{\text{entretien}}$ = 3,2 N/mm sur 2,5 m	Résolution sur ordinateur : 7 378 N

Tableau 3.2 Effort normal repris par le poteau en fonction de la combinaison d'action.

Combinaison à l'ELU	Effort normal sur le poteau, en N
$1{,}35G$	79 875
$1{,}35G + 1{,}5S$	87 975
$1{,}35G + 1{,}5Q_{\text{entretien}}$	90 943

Le bois massif reconstitué est séché avant le collage des lames, puis il est raboté. L'humidité du bois étant voisine de 12 %, il n'est pas nécessaire de diminuer la section.

4.2   La compression axiale avec risque de flambement

La contrainte de compression axiale provoquée par les actions doit rester inférieure à la contrainte de résistance de compression axiale diminuée par un coefficient d'instabilité lié au risque de flambement.

Le taux de travail est :

$$\frac{\sigma_{c,0,d}}{k_c \cdot f_{c,0,d}} \leqslant 1.$$

avec :

- $\sigma_{c,0,d}$: contrainte de compression axiale provoquée par les actions, en N/mm^2 ;
- $f_{c,0,d}$: contrainte de résistance de compression axiale de résistance, en N/mm^2 ;
- k_c : coefficient d'instabilité lié au risque de flambement.

4.2.1   Contrainte provoquée par les actions $\sigma_{c,0,d}$

La contrainte de compression axiale est définie par la formule :

$$\sigma_{c,0,d} = \frac{N}{A}$$

avec :

- N : effort normal provoquant de la compression, en N ;
- A : aire de la pièce, en mm^2 ($A = 200 \times 120$).

Le tableau 3.3 précise la valeur de la contrainte de compression axiale en fonction de l'effort normal.

Tableau 3.3 Contrainte de compression axiale repris par le poteau en fonction de la combinaison d'action.

Combinaison à l'ELU	Effort normal sur le poteau, en N	Contrainte de compression axiale, en N/mm²
$1,35G$	79 875	$\sigma_{c,0,d} = \dfrac{79\,875}{200 \times 100} = 4$
$1,35G + 1,5S$	87 975	$\sigma_{c,0,d} = \dfrac{87\,975}{200 \times 100} = 4,5$
$1,35G + 1,5Q_{\text{entretien}}$	90 943	$\sigma_{c,0,d} = \dfrac{90\,943}{200 \times 100} = 4,6$

4.2.2 Contrainte de résistance du bois $f_{c,0,d}$

La contrainte de résistance du bois dépend de la contrainte caractéristique, de la classe de service (humidité du bois), de la charge de plus courte durée de la combinaison d'action :

$$f_{c,0,d} = f_{c,0,k}\, \frac{k_{\text{mod}}}{\gamma_M}$$

avec :

- $f_{c,0,k}$: contrainte caractéristique de résistance en compression axiale pour un résineux classé C30 ($f_{c,0,k}$ = 23 N/mm²) ;
- k_{mod} : coefficient modificatif en fonction de la charge de plus courte durée de la combinaison d'actions et de la classe de service ;
- γ_M : coefficient partiel qui tient compte de la dispersion du matériau (γ_M = 1,3).

Le tableau 3.4 précise la valeur de la contrainte de résistance en compression axiale en fonction du coefficient k_{mod}.

Tableau 3.4 Effort normal repris par le poteau en fonction de la combinaison d'action.

Combinaison à l'ELU	Durée de la charge	Coefficient k_{mod}	Contrainte de résistance en compression axiale, en N/mm²
$1,35G$	Permanente	0,6	$f_{c,0,d} = 23 \times \dfrac{0,6}{1,3} = 10,6$
$1,35G + 1,5S$	Court terme (altitude $\leqslant$ 1 000 m)	0,9	$f_{c,0,d} = 23 \times \dfrac{0,9}{1,3} = 15,9$
$1,35G + 1,5Q_{\text{entretien}}$	Court terme	0,9	$f_{c,0,d} = 23 \times \dfrac{0,9}{1,3} = 15,9$

4.2.3 Coefficient de flambement k_c

Le flambement correspond à l'instabilité d'une pièce soumise à de la compression axiale. Il y a risque de déplacement selon l'élancement minimum de la pièce. Il est donc nécessaire d'étudier l'élancement suivant les axes y et z (figure 3.2).

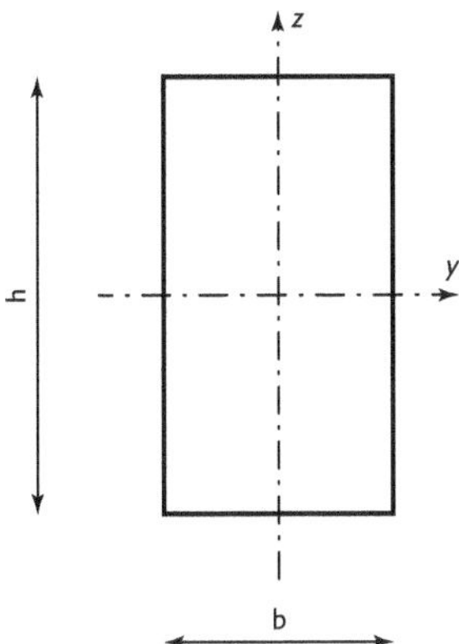

Figure 3.2 Repère de la section adopté par l'Eurocode.

Étape 1 : sélection de l'élancement mécanique du poteau par rapport aux axes z et y

L'élancement mécanique est défini par la formule :

$$\lambda = \frac{l_{\text{f}}}{i}$$

avec :

- $l_{\text{f}} = m \cdot l_g$: longueur de flambement, en mm, avec :
  - m : influence des assemblages des extrémités sur la longueur de flambement précisé dans le tableau 3.5 ($m = 1$),
  - l_g : longueur du poteau, en mm ($l_g = 2\,500$ mm) ;

- $i = \sqrt{\dfrac{I_{\text{G}}}{A}}$, rayon de giration, dans le repère défini par l'Eurocode dans la figure 3.2, avec :

$$- i_y = \sqrt{\frac{I_{\text{G}_y}}{A}} = \sqrt{\frac{h^3 b}{12bh}} = \frac{h}{\sqrt{12}},$$

$$- i_z = \sqrt{\frac{I_{\text{G}_z}}{A}} = \sqrt{\frac{b^3 h}{12bh}} = \frac{b}{\sqrt{12}}.$$

L'élancement devient pour l'axe y : $\lambda_y = \dfrac{ml_g \sqrt{12}}{h} = \dfrac{1 \times 2\,500 \times \sqrt{12}}{200} = 43,3.$

L'élancement devient pour l'axe z : $\lambda_z = \dfrac{ml_g \sqrt{12}}{b} = \dfrac{1 \times 2\,500 \times \sqrt{12}}{100} = 86,6.$

Le risque de flambement est le plus grand pour l'élancement le plus important. Les calculs seront réalisés par rapport à l'axe z.

Remarque : si le poteau reçoit un renfort au milieu de la hauteur pour renforcer son épaisseur, la longueur de flambement sera divisée par deux (figure 3.3).

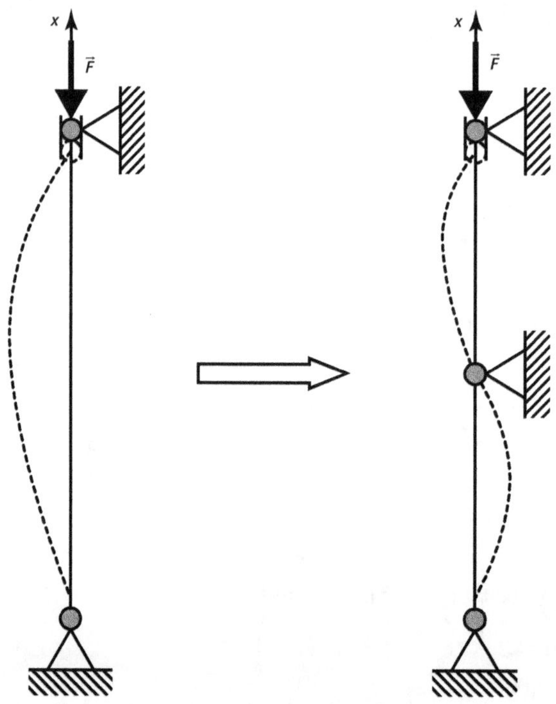

Figure 3.3 Longueur de flambement divisée par deux grâce à un renfort au milieu de la hauteur.

Étape 2 : vérification du risque de flambement avec le calcul de l'élancement relatif du poteau par rapport à l'axe z

L'élancement relatif est défini par la formule :

$$\lambda_{\text{rel},z} = \frac{\lambda_z}{\pi} \sqrt{\frac{f_{c,0,k}}{E_{0,05}}}$$

avec :

- $f_{c,0,k}$: contrainte caractéristique de résistance en compression axiale ($f_{c,0,k} = 21$ N/mm^2) ;
- $E_{0,05}$: module axial au 5e pourcentile (ou caractéristique) ($E_{0,05} = 7\,400$ N/mm^2).

$$\lambda_{\text{rel},z} = \frac{86,6}{\pi} \sqrt{\frac{23}{7\,400}} = 1,54.$$

Lorsque l'élancement relatif, $\lambda_{\text{rel,max}} > 0,3$, il y a un risque de flambage.

Étape 3 : calcul du coefficient d'instabilité lié au flambage par rapport à l'axe z

Pour définir le coefficient d'instabilité, il faut calculer un coefficient intermédiaire :

$$k_z = 0,5\left[1 + \beta_c\left(\lambda_{\text{rel},z} - 0,3\right) + \lambda_{\text{rel},z}^2\right]$$

avec : $\beta_c = 0,1$ pour le bois lamellé-collé, LVL et bois massif reconstitué (défaut de rectitude < 1/500 de la portée). Pour du bois massif, $\beta_c = 0,2$ (défaut de rectitude < 1/300 de la portée).

$$k_z = 0,5\left[1 + 0,2 \times (1,54 - 0,3) + 1,54^2\right] = 1,81.$$

Le coefficient d'instabilité est défini par la formule :

$$\lambda_{c,z} = \frac{1}{k_z + \sqrt{k_z^2 - \lambda_{\mathrm{rel},z}^2}}$$

$$\lambda_{c,z} = \frac{1}{1,81 + \sqrt{1,81^2 - 1,54^2}} = 0,362.$$

Tableau 3.5 Influence des assemblages des extrémités sur la longueur de flambement.

$m = 2$	$m = 1$	$m = 0,7$	$m = 0,5$
$L_f = 2l_g$	$L_f = l_g$	$L_f = 0,7l_g$	$L_f = 0,5l_g$

4.2.4 Taux de travail

Le taux de travail est :

$$\frac{\sigma_{c,0,d}}{k_{c,z} \cdot f_{c,0,d}} \leq 1$$

Le tableau 6.6 mentionne le taux de travail pour chaque combinaison d'actions.

Tableau 3.6 Taux de travail pour chaque combinaison d'actions.

Combinaison à l'ELU	Taux de travail
$1,35G$	$\dfrac{\sigma_{c,0,d}}{k_{c,z} \cdot f_{c,0,d}} = \dfrac{4}{0,362 \times 10,6} = 1,04 > 1$
$1,35G + 1,5S$	$\dfrac{\sigma_{c,0,d}}{k_{c,z} \cdot f_{c,0,d}} = \dfrac{4,5}{0,362 \times 15,9} = 0,78 < 1$
$1,35G + 1,5Q_{\mathrm{entretien}}$	$\dfrac{\sigma_{c,0,d}}{k_{c,z} \cdot f_{c,0,d}} = \dfrac{4,6}{0,362 \times 15,9} = 0,80 < 1$

Le critère n'est pas vérifié avec la combinaison $1,35G$ (poids propre de la structure), le bois perdant de sa résistance avec une charge permanente. Une augmentation de l'épaisseur est nécessaire pour diminuer le risque de flambement.

1   Poteau supportant une poutre

Considérons un poteau de section de 140×330 mm en bois lamellé-collé (BLC) classé GL28h, d'une hauteur de 4 m, dans un magasin supportant une porteuse qui elle-même supporte un plancher formant le deuxième niveau du magasin. Le plancher avec les solives possède une masse surfacique de 60 kg/m^2. Le poteau est situé au milieu de la porteuse. Cette dernière est en bois lamellé-collé classé GL28h de 190×792 mm. Sa longueur est de 10 m et sa masse volumique est de 480 kg/m^3. Elle est située au milieu d'une pièce de 10 m de longueur (figure 3.4).

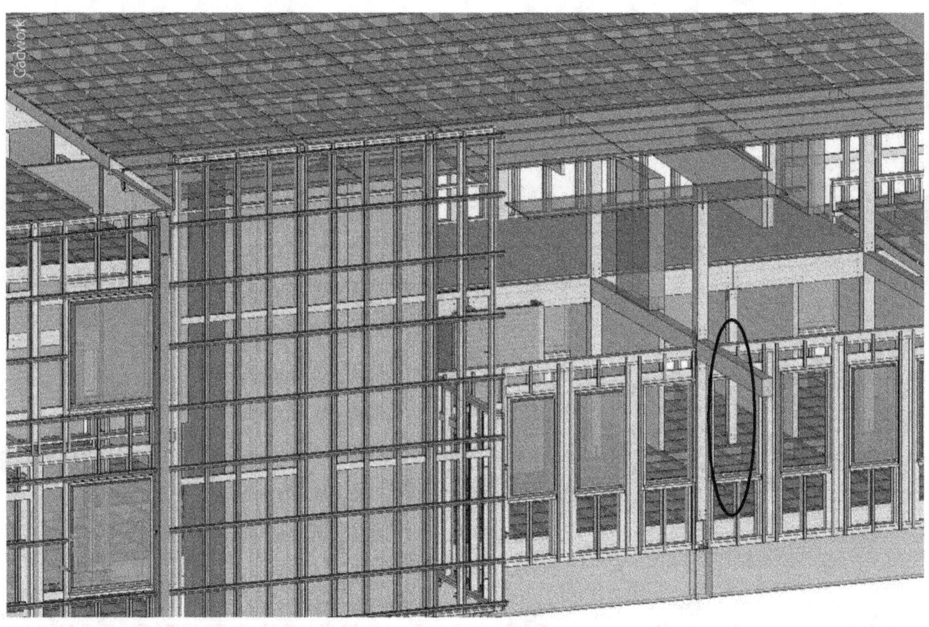

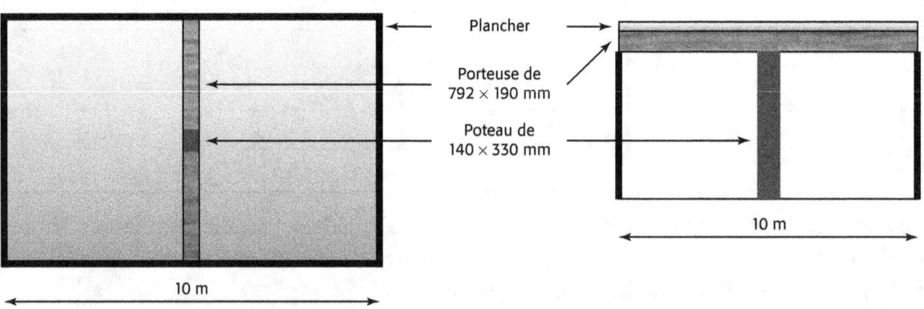

Figure 3.4 Poteau étudié.

1.1 Détermination des actions

Les actions concernent les charges de structure et d'exploitation.

1.1.1 *Les charges de structure*

Le poteau est l'appui intermédiaire de la porteuse. Il faut déterminer les charges par m de porteuse pour ensuite définir la charge reprise par le poteau.

Étape 1 : détermination de la bande de chargement reprise par la porteuse

La porteuse est située au milieu de la pièce. L'entraxe entre les murs et la porteuse est de $10\,000/2 = 5\,000$ mm. Elle reprend 1/2 entraxe à gauche et 1/2 entraxe à droite, soit un entraxe complet ($5\,000/2 + 5\,000/2 = 5\,000$ mm).

Étape 2 : transformation de la masse en charge

Le calcul consiste à transformer la masse du plancher en action exprimées en kN/m^2 et la masse des éléments linéique (la porteuse) en action exprimées en kN/m. Par simplification, l'accélération terrestre g est prise égale à 10 m/s^2.

Le plancher : $60 \times \dfrac{10}{1\,000} = 0,6 \ kN/m^2$.

La porteuse : $\dfrac{480 \times 10}{1\,000} \times 0,792 \times 0,190 = 0,722 \ kN/m$.

Étape 3 : détermination de la charge de structure (G) par mètre de porteuse

La charge de structure surfacique est multipliée par la bande de chargement pour obtenir une charge linéique. Le poids de la porteuse est ajouté.

La charge totale est $G = 0,6 \times 5 + 0,722 = 3,722 \ kN/m$.

1.1.2 *Les charges d'exploitation*

La charge d'exploitation pour un magasin est de 5 kN/m^2. Avec une bande de chargement de 5 m :

$Q = 5 \times 5 = 25 \ kN/m$.

1.2 Les combinaisons d'actions à l'état limite ultime (ELU)

Les combinaisons à l'ELU concernent les charges descendantes de structure et d'exploitation. Le raccourcissement du poteau étant très faible, il n'est pas nécessaire de vérifier la déformation à l'ELS.

$q_1 = \gamma_{G,\text{sup}} G,$

$q_1 = 1,35G.$

$q_2 = \gamma_{G,\text{sup}} G + \gamma_Q Q_1,$

$q_2 = 1,35G + 1,5Q.$

1.3 Vérification à l'état limite ultime (ELU), la compression axiale avec risque de flambement

La vérification à l'ELU consiste à vérifier la résistance en compression axiale et le risque de flambement du poteau.

Le taux de travail est :

$$\frac{\sigma_{c,0,d}}{k_c \cdot f_{c,0,d}} \leq 1.$$

avec :

* $\sigma_{c,0,d}$: contrainte de compression axiale provoquée par les actions, en N/mm^2 ;
* $f_{c,0,d}$: contrainte de résistance de compression axiale de résistance, en N/mm^2 ;
* k_c : coefficient d'instabilité lié au risque de flambement.

1.3.1   Calcul de la charge reprise par le poteau et section de calcul

La porteuse repose sur trois appuis, le poteau étant l'appui intermédiaire. Pour définir la charge transmise au poteau il faut appliquer la formule :

$$N = \frac{10ql}{8},$$

avec :

* N : effort normal (ou de compression) repris par le poteau, en N (tableaux 3.7 et 3.8) ;
* q : charge par mètre de porteuse, définie suivant la combinaison d'actions considérée, en N/mm ;
* l : distance entre deux travées, en mm (ici $10\,000/2 = 5\,000$ mm).

Tableau 3.7 Effort normal repris par le poteau en fonction du cas de charge.

Cas de charge	Effort sur la porteuse, en N/mm	Effort normal sur le poteau, en N
G	3,722	$N = \dfrac{10 \times 3,722 \times 3\,500}{8} = 23\,262,5$
Q	25	$N = \dfrac{10 \times 25 \times 5\,000}{8} = 156\,250$

Tableau 3.8 Effort normal repris par le poteau en fonction de la combinaison d'action.

Combinaison à l'ELU	Effort normal sur le poteau, en N
$1,35G$	31 405
$1,35G + 1,5Q$	265 780

Le bois lamellé-collé (BLC) est séché avant le collage des lames, puis il est raboté. L'humidité du bois étant voisine de 12 %, il n'est donc pas nécessaire de diminuer la section.

1.3.2   Contrainte provoquée par les actions $\sigma_{c,0,d}$

La contrainte de compression axiale est définie par la formule :

$$\sigma_{c,0,d} = \frac{N}{A} \text{ (tableau 3.9),}$$

avec :

* N : effort normal provoquant de la compression, en N ;
* A : aire de la pièce, en mm^2 ($A = 330 \times 140$).

Tableau 3.9 Contrainte de compression axiale repris par le poteau en fonction de la combinaison d'action.

Combinaison à l'ELU	Effort normal sur le poteau, en N	Contrainte de compression axiale, en N/mm²
$1,35G$	31 405	$\sigma_{c,0,d} = \dfrac{31\,405}{330 \times 140} = 0,7$
$1,35G + 1,5Q$	265 780	$\sigma_{c,0,d} = \dfrac{265\,780}{330 \times 140} = 5,8$

1.3.3 Contrainte de résistance du bois $f_{c,0,d}$

La contrainte de résistance du bois dépend de la contrainte caractéristique, de la classe de service (humidité du bois), de la charge de plus courte durée de la combinaison d'action (tableau 3.10) :

$$f_{c,0,d} = f_{c,0,k} \frac{k_{\mathrm{mod}}}{\gamma_M},$$

avec :

- $f_{c,0,k} = 28$ N/mm² : contrainte caractéristique de résistance en compression axiale pour un BLC classé GL28h ;
- k_{mod} : coefficient modificatif en fonction de la charge de plus courte durée de la combinaison d'actions et de la classe de service ;
- $\gamma_M = 1,25$: coefficient partiel qui tient compte de la dispersion du matériau.

Tableau 3.10 Effort normal repris par le poteau en fonction de la combinaison d'action.

Combinaison à l'ELU	Durée de la charge	Coefficient k_{mod}	Contrainte de résistance en compression axiale, en N/mm²
$1,35G$	Permanente	0,6	$f_{c,0,d} = 28 \times \dfrac{0,6}{1,25} = 13,4$
$1,35G + 1,5Q$	Moyen terme	0,8	$f_{c,0,d} = 28 \times \dfrac{0,8}{1,25} = 18$

1.3.4 Coefficient de flambement k_c

Le flambement correspond à l'instabilité d'une pièce soumise à de la compression axiale. Il y a risque de déplacement selon l'élancement minimum de la pièce. Il est donc nécessaire d'étudier l'élancement suivant les axes y et z (figure 3.2).

Étape 1 : sélection de l'élancement mécanique du poteau par rapport aux axes z et y

L'élancement mécanique est défini par la formule :

$$\lambda = \frac{l_f}{i},$$

avec :

- $l_f = m \cdot l_g$: longueur de flambement, en mm, avec :
    - $m = 1$: poteau articulé à chaque extrémité,
    - $l_g = 4\,000$ mm : longueur du poteau ;

- $i = \sqrt{\dfrac{I_G}{A}}$, rayon de giration, dans le repère défini par l'Eurocode dans la figure 3.2, avec :

$$- i_y = \sqrt{\frac{I_{G_y}}{A}} = \sqrt{\frac{h^3 b}{12bh}} = \frac{h}{\sqrt{12}},$$

$$- i_z = \sqrt{\frac{I_{G_z}}{A}} = \sqrt{\frac{b^3 h}{12bh}} = \frac{b}{\sqrt{12}}.$$

L'élancement devient pour l'axe y : $\lambda_y = \dfrac{ml_g \sqrt{12}}{h} = \dfrac{1 \times 4\,000 \times \sqrt{12}}{330} = 42.$

L'élancement devient pour l'axe z : $\lambda_z = \dfrac{ml_g \sqrt{12}}{b} = \dfrac{1 \times 4\,000 \times \sqrt{12}}{140} = 99.$

Le risque de flambement est le plus grand pour l'élancement le plus important. Les calculs seront réalisés par rapport à l'axe z.

Étape 2 : vérification du risque de flambement avec le calcul de l'élancement relatif du poteau par rapport à l'axe z

L'élancement relatif est défini par la formule :

$$\lambda_{\mathrm{rel},z} = \frac{\lambda_z}{\pi} \sqrt{\frac{f_{c,0,k}}{E_{0,05}}},$$

avec :

- $f_{c,0,k} = 28 \ \mathrm{N/mm^2}$: contrainte caractéristique de résistance en compression axiale ;
- $E_{0,05} = 10\,500 \ \mathrm{N/mm^2}$: module axial au 5e pourcentile (ou caractéristique).

$$\lambda_{\mathrm{rel},z} = \frac{99}{\pi} \sqrt{\frac{28}{10\,500}} = 1,63.$$

Lorsque l'élancement relatif, $\lambda_{\mathrm{rel,max}} > 0,3$, il y a un risque de flambage.

Étape 3 : calcul du coefficient d'instabilité lié au flambage par rapport à l'axe z

Pour définir le coefficient d'instabilité, il faut calculer un coefficient intermédiaire :

$$k_z = 0,5 \left[1 + \beta_c \left(\lambda_{\mathrm{rel},z} - 0,3 \right) + \lambda_{\mathrm{rel},z}^2 \right],$$

avec : $\beta_c = 0,1$ pour le bois lamellé-collé.

$$k_z = 0,5 \left[1 + 0,1 \times \left(1,63 - 0,3 \right) + 1,63^2 \right] = 1,89.$$

Le coefficient d'instabilité est défini par la formule :

$$\lambda_{c,z} = \frac{1}{k_z + \sqrt{k_z^2 - \lambda_{\mathrm{rel},z}^2}}.$$

$$\lambda_{c,z} = \frac{1}{1,89 + \sqrt{1,89^2 - 1,63^2}} = 0,351.$$

1.3.5   *Taux de travail*

Le taux de travail est :

$$\frac{\sigma_{c,0,d}}{k_{c,z} \cdot f_{c,0,d}} \leqslant 1 \text{ (tableau 3.11).}$$

Tableau 3.11 Taux de travail pour chaque combinaison d'actions.

Combinaison à l'ELU	Taux de travail
$1,35G$	$\dfrac{\sigma_{c,0,d}}{k_{c,z} \cdot f_{c,0,d}} = \dfrac{0,7}{0,351 \times 13,4} = 0,15 < 1$
$1,35G + 1,5Q$	$\dfrac{\sigma_{c,0,d}}{k_{c,z} \cdot f_{c,0,d}} = \dfrac{5,8}{0,351 \times 18} = 0,92 < 1$

Le critère est vérifié avec la combinaison dimensionnante $1,35G + 1,5Q$.

2   Poteau supportant un arbalétrier

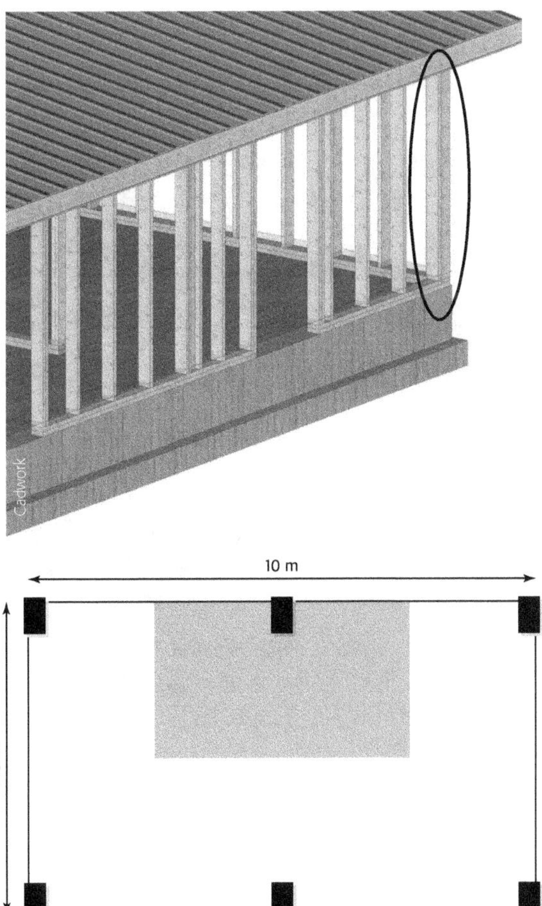

Figure 3.5 Poteau étudié.

Considérons un poteau de section de 75×180 mm en bois lamellé collé classé GL24h, de 4 m de hauteur, dans un bâtiment industriel non chauffé. La pente du toit est de 15 %. Le risque incendie n'est pas à étudier. Les charges se décomposent de la manière suivante :

- $G_{\text{toiture}} = 0{,}55$ kN/m² rampant ;
- $G_{\text{arbalérier}} = 0{,}02$ kN/m ;
- $S = 0{,}36$ kN/m² horizontal (altitude inférieure à 1 000 m) ;
- $S_{Ad} = 0{,}8$ kN/m² horizontal ;
- $Q_{\text{entretien}} = 0{,}8$ kN/m² rampant ;
- $W_{\text{pression}} = 0{,}31$ kN/m² rampant ;
- $W_{\text{dépression}} = -\,0{,}52$ kN/m² rampant.

Remarques :

– L'effort provoqué par le vent est une pression ou dépression. Sa direction est perpendiculaire à l'arbalétrier. Il faut le multiplier par le cos α pour obtenir un effort vertical.

– Attention, la charge d'entretien ne s'applique pas sur toute la surface reprise par le poteau. En outre, une partie de cette charge est reprise par le deuxième poteau de la travée. Il faut réaliser une étude statique.

Variante : renfort au milieu du poteau

Le renfort au milieu du poteau créé un point fixe. La longueur de flambement est divisée par deux (figures 3.3 et 3.6).

Figure 3.6 Exemple de renfort au milieu du poteau (© Charpentes Fournier).

2.1 Détermination des actions

Les charges de structure, de neige et de vent sont réparties sur toute la surface de la toiture, ce qui n'est pas le cas des charges d'entretien.

2.1.1 *Les charges de structure, de neige et de vent*

Les charges par mètre carré étant définies, il est nécessaire de définir la surface de toiture reprise par le poteau pour calculer l'effort supportée par le poteau.

Étape 1 : détermination de la surface réelle (rampant) de chargement reprise par le poteau

$\alpha = \tan^{-1}(0,15) = 8,5°.$

$$\text{Surface} = \frac{\text{largeur} \cdot \text{longueur bande de chargement}}{\cos \alpha} = \frac{6/2 \times 10/2}{\cos 8,5} = 15,2 \text{ m}^2.$$

Étape 2 : transformation des charges horizontales en charges rampantes

$S = 0,36 \times \cos(8,5) = 0,356 \text{ kN/m}^2$ rampant

$S_{Ad} = 0,8 \times \cos(8,5) = 0,792 \text{ kN/m}^2$ rampant

Étape 3 : détermination des actions reprisent par le poteau

$G_{\text{toiture}} = q \ (\text{N/m}^2) \cdot \text{surface} \ (\text{m}^2) = 550 \times 15,2 = 8\ 360 \text{ N}.$

$$G_{\text{arbalétrier}} = q \ (\text{N/m}) \cdot \text{longueur arbalétrier} \ (\text{m}) = 20 \times \frac{3}{\cos 8,5} = 61 \text{ N}.$$

Soit $G_{\text{total}} = G_{\text{toiture}} + G_{\text{arbalétrier}} = 8\ 360 + 61 = 8\ 421 \text{ N}.$

$S = \text{N/m}^2 \cdot \text{surface} \ (\text{m}^2) = 356 \times 15,2 = 5\ 411 \text{ N}.$

$S_{Ad} = \text{N/m}^2 \cdot \text{surface} \ (\text{m}^2) = 792 \times 15,2 = 12\ 038 \text{ N}.$

$W_{\text{pression}} = \text{N/m}^2 \cdot \cos \alpha \cdot \text{surface} \ (\text{m}^2) = 310 \times \cos(8,5) \times 15,2 = 4\ 660 \text{ N}.$

$W_{\text{dépression}} = \text{N/m}^2 \cdot \cos \alpha \cdot \text{surface} \ (\text{m}^2) = -520 \times \cos(8,5) \times 15,2 = -7\ 817 \text{ N}.$

2.1.2   *Charge d'entretien*

La charge d'entretien est placée dans la zone qui exerce l'action la plus importante sur le poteau.

Calcul de la surface de la charge d'entretien au plus défavorable pour le poteau :

$A \cdot B = 10 \text{ m}^2$ et $A/B = 2$; $A = 2B$ et $2B^2 = 10$. D'où $A = 4,46$ m et $B = 2,24$ m (figure 3.7).

$Q_{\text{entretien}} = 0,8 \text{ kN/m}^2$ rampant.

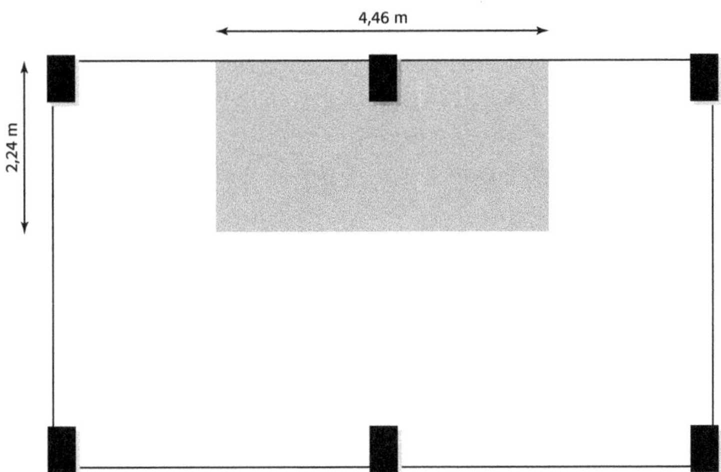

Figure 3.7 Vue en plan de la répartition de la charge d'entretien.

Étude statique : équation des moments du PFS (figure 3.8)

Équation des moments : $8\,000 \times \left[6 - (2,24)/2 \times \cos(8,5)\right] - 6Q_{\text{poteau}} = 0$.

On isole $Q_{\text{poteau}} = 8\,000 \times \dfrac{4,89}{6} = 6\,520$ N.

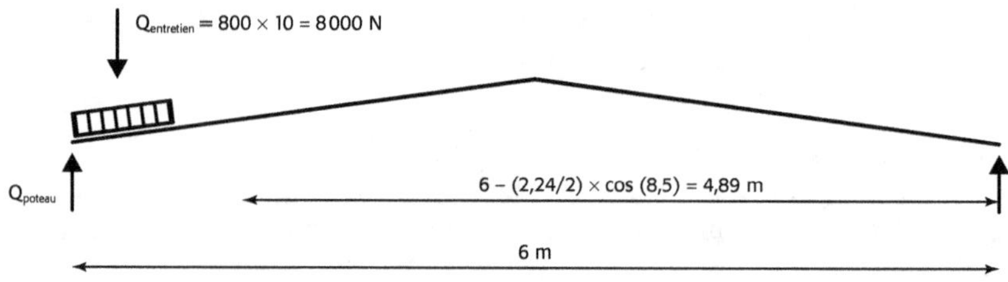

Figure 3.8 Effet de la charge d'entretien sur le poteau.

2.2 Les combinaisons à l'état limite ultime (ELU)

Les combinaisons à l'ELU concernent la résistance de la structure, le risque de soulèvement et le risque de neige exceptionnelle.

2.2.1 *Combinaisons pour la résistance de la structure avec des charges descendantes ELU (STR)*

$q_1 = \gamma_{G,\text{sup}}G,$

$q_1 = 1,35G,$

$q_1 = 1,35 \times 8\,421 = 11\,368$ N.

$q_2 = \gamma_{G,\text{sup}}G + \gamma_Q Q_1,$

$q_2 = 1,35G + 1,5S,$

$q_2 = 1,35 \times 8\,421 + 1,5 \times 5\,411 = 19\,485$ N.

$q_3 = \gamma_{G,\text{sup}}G + \gamma_Q Q_2,$

$q_3 = 1,35G + 1,5W+,$

$q_3 = 1,35 \times 8\,421 + 1,5 \times 4\,660 = 18\,358$ N.

$q_4 = \gamma_{G,\text{sup}}G + \gamma_Q Q_{\text{entretien}},$

$q_4 = 1,35G + 1,5Q_{\text{entretien}},$

$q_4 = 1,35 \times 8\,421 + 1,5 \times 6\,520 = 21\,148$ N.

$q_5 = \gamma_{G,\text{sup}}G + \gamma_Q Q_1 + \Psi_{0,2}\gamma_Q Q_2,$

avec $Q_1 = S$ et $Q_2 = W+$

$q_5 = 1,35G + 1,5S + 0,6 \times 1,5W+,$

$q_5 = 1,35 \times 8\,421 + 1,5 \times 5\,411 + 0,6 \times 1,5 \times 4\,660 = 23\,679$ N, avec $Q_1 = W+$ et $Q_2 = S$

$q_6 = 1,35G + 1,5W+ + 0,5 \times 1,5S,$

$q_6 = 1,35 \times 8\,421 + 1,5 \times 4\,660 + 0,5 \times 1,5 \times 5\,411 = 22\,416$ N.

Remarques :

– La charge d'entretien ne se combine pas avec les autres actions variables. Le coefficient Ψ_0 est nul.

– La résistance du bois est liée à la durée de la charge. Il est possible d'éliminer les combinaisons q_3 et q_6, car elles ont une valeur de charge plus faible que q_5 tout en ayant la même durée de charge.

2.2.2   Combinaisons pour la résistance au soulèvement ELU (STR)

$q = \gamma_{G,\mathrm{inf}}G + \gamma_Q W,$

$q = 1G + 1,5W -,$

$q = 1 \times 8\,421 - 1,5 \times 7\,817 = -\,3\,305$ N.

q devient négatif. Il y a un risque d'arrachement du poteau. Il serait nécessaire de justifier un assemblage vis-à-vis de l'arrachement. Cette combinaison n'est pas nécessaire pour justifier le poteau vis-à-vis du risque de flambement.

2.2.3   Combinaisons pour la stabilité vis-à-vis du soulèvement ELU (EQU)

$q = \gamma_{G,\mathrm{inf}}G + \gamma_Q W,$

$q = 0,9G + 1,5W -,$

$q = 0,9 \times 8\,421 - 1,5 \times 7\,817 = -\,4\,147$ N.

L'étude du soulèvement ELU (EQU) n'est pas nécessaire lorsque le risque de soulèvement ELU (STR) existe.

2.2.4   Combinaison pour les situations accidentelles telles que la neige exceptionnelle

$q = G + A + \Psi_{2,1}Q_1,$

$q = G + S_{Ad} + 0W+,$

$q = 8\,421 + 12\,038 = 20\,459$ N.

Remarque : le raccourcissement d'un poteau lorsqu'il travaille en compression est négligeable. La vérification à l'ELS n'est donc pas nécessaire.

2.3   Vérification à l'état limite ultime (ELU), la compression axiale avec risque de flambement

La vérification à l'ELU consiste à vérifier la résistance en compression axiale et le risque de flambement du poteau.

Le taux de travail est :

$$\frac{\sigma_{c,0,d}}{k_c \cdot f_{c,0,d}} \leqslant 1.$$

Le bois lamellé collé est séché avant le collage des lames, puis il est raboté. L'humidité du bois étant voisine de 12 %, il n'est pas nécessaire de diminuer la section.

2.3.1 *Contrainte provoquée par les actions* $\sigma_{c,0,d}$

La contrainte de compression axiale est définie par la formule :

$$\sigma_{c,0,d} = \frac{N}{A},$$

avec :

* N : effort normal provoquant de la compression, en N (tableau 3.12) ;
* $A = 180 \times 75$: aire de la pièce.

Tableau 3.12 Effort normal repris par le poteau en fonction de la combinaison d'action.

Combinaison à l'ELU	Effort normal sur le poteau, en N	Contrainte de compression axiale, en N/mm²
$1,35G$	11 368	$\sigma_{c,0,d} = \dfrac{11\,368}{180 \times 75} = 0,84$
$1,35G + 1,5S$	19 485	$\sigma_{c,0,d} = \dfrac{19\,485}{180 \times 75} = 1,44$
$1,35G + 1,5Q_{\text{entretien}}$	21 148	$\sigma_{c,0,d} = \dfrac{21\,148}{180 \times 75} = 1,57$
$1,35G + 1,5S + 0,6 \times 1,5\ W+$	23 679	$\sigma_{c,0,d} = \dfrac{23\,679}{180 \times 75} = 1,75$
$G + S_{Ad}$	20 459	$\sigma_{c,0,d} = \dfrac{20\,459}{180 \times 75} = 1,52$

2.3.2 *Contrainte de résistance du bois* $f_{c,0,d}$

La contrainte de résistance du bois dépend de la contrainte caractéristique, de la classe de service (humidité du bois), de la charge de plus courte durée de la combinaison d'action :

$$f_{c,0,d} = f_{c,0,k}\, \frac{k_{\text{mod}}}{\gamma_M},$$

avec :

* $f_{c,0,k} = 24$ N/mm² : contrainte caractéristique de résistance en compression axiale pour un BLC classé GL24h ;
* k_{mod} : coefficient modificatif en fonction de la charge de plus courte durée de la combinaison d'actions et de la classe de service ;
* $\gamma_M = 1,25$: coefficient partiel qui tient compte de la dispersion du matériau.

Le tableau 3.13 précise la valeur de la contrainte de résistance en compression axiale en fonction du coefficient k_{mod}.

Tableau 3.13 Effort normal repris par le poteau en fonction de la combinaison d'action.

Combinaison à l'ELU	Durée de la charge	Coefficient k_{mod}	Contrainte de résistance en compression axiale, en N/mm²
$1,35G$	Permanente	0,6	$f_{c,0,d} = 24 \times \dfrac{0,6}{1,25} = 11,5$

Combinaison à l'ELU	Durée de la charge	Coefficient k_{mod}	Contrainte de résistance en compression axiale, en N/mm²
$1,35G + 1,5S$	Court terme (altitude $\leqslant 1\,000$ m)	0,9	$f_{c,0,d} = 24 \times \dfrac{0,9}{1,25} = 17,3$
$1,35G + 1,5Q_{\text{entretien}}$	Court terme	0,9	$f_{c,0,d} = 24 \times \dfrac{0,9}{1,25} = 17,3$
$1,35G + 1,5S + 0,6 \times 1,5\,W+$	Instantané	1,1	$f_{c,0,d} = 24 \times \dfrac{1,1}{1,25} = 21,1$
$G + S_{Ad}$	Instantané	1,1	$f_{c,0,d} = 24 \times \dfrac{1,1}{1,25} = 21,1$

2.3.3 Coefficient de flambement k_{c}

Le flambement correspond à l'instabilité d'une pièce soumise à de la compression axiale. Il y a risque de déplacement selon l'élancement minimum de la pièce. Il est donc nécessaire d'étudier l'élancement suivant les axes y et z (figure 3.2).

Étape 1 : sélection de l'élancement mécanique du poteau par rapport aux axes z et y

L'élancement mécanique est défini par la formule :

$$\lambda = \frac{l_{\text{f}}}{i},$$

avec :

- $l_{\text{f}} = m \cdot l_g$: longueur de flambement, en mm, avec :
  - $m = 1$: poteau articulé à chaque extrémité,
  - $l_g = 4\,000$ mm : longueur du poteau ;

- $i = \sqrt{\dfrac{I_{\text{G}}}{A}}$, rayon de giration, dans le repère défini par l'Eurocode dans la figure 3.2, avec :

  - $i_y = \sqrt{\dfrac{I_{\text{G}_y}}{A}} = \sqrt{\dfrac{h^3 b}{12bh}} = \dfrac{h}{\sqrt{12}}$,

  - $i_z = \sqrt{\dfrac{I_{\text{G}_z}}{A}} = \sqrt{\dfrac{b^3 h}{12bh}} = \dfrac{b}{\sqrt{12}}$.

L'élancement devient pour l'axe y : $\lambda_y = \dfrac{m l_g \sqrt{12}}{h} = \dfrac{1 \times 4\,000 \times \sqrt{12}}{180} = 77$.

L'élancement devient pour l'axe z : $\lambda_z = \dfrac{m l_g \sqrt{12}}{b} = \dfrac{1 \times 4\,000 \times \sqrt{12}}{75} = 184,8$.

Le risque de flambement est le plus grand pour l'élancement le plus important. Les calculs seront réalisés par rapport à l'axe z.

Étape 2 : vérification du risque de flambement avec le calcul de l'élancement relatif du poteau par rapport à l'axe z

L'élancement relatif est défini par la formule :

$$\lambda_{\mathrm{rel},z} = \frac{\lambda_z}{\pi} \sqrt{\frac{f_{c,0,k}}{E_{0,05}}},$$

avec :

- $f_{c,0,k}$ = 24 N/mm^2 : contrainte caractéristique de résistance en compression axiale ;
- $E_{0,05}$ = 9 600 N/mm^2 : module axial au 5e pourcentile (ou caractéristique).

$$\lambda_{\mathrm{rel},z} = \frac{184,8}{\pi} \sqrt{\frac{24}{9\,600}} = 2,94.$$

Lorsque l'élancement relatif, $\lambda_{\mathrm{rel,max}} > 0,3$, il y a un risque de flambage.

Étape 3 : calcul du coefficient d'instabilité lié au flambage par rapport à l'axe z

Pour définir le coefficient d'instabilité, il faut calculer un coefficient intermédiaire :

$$k_z = 0,5\left[1 + \beta_c\left(\lambda_{\mathrm{rel},z} - 0,3\right) + \lambda_{\mathrm{rel},z}^2\right],$$

avec : β_c = 0,1 pour le bois lamellé-collé.

$$k_z = 0,5\left[1 + 0,1 \times \left(2,94 - 0,3\right) + 2,94^2\right] = 4,95.$$

Le coefficient d'instabilité est défini par la formule :

$$\lambda_{c,z} = \frac{1}{k_z + \sqrt{k_z^2 - \lambda_{\mathrm{rel},z}^2}}.$$

$$\lambda_{c,z} = \frac{1}{4,95 + \sqrt{4,95^2 - 2,94^2}} = 0,11.$$

2.3.4 Taux de travail

Le taux de travail est :

$$\frac{\sigma_{c,0,d}}{k_{c,z} \cdot f_{c,0,d}} \leqslant 1 \text{ (tableau 3.14).}$$

Tableau 3.14 Taux de travail pour chaque combinaison d'actions.

Combinaison à l'ELU	Taux de travail
$1,35G$	$\dfrac{\sigma_{c,0,d}}{k_{c,z} \cdot f_{c,0,d}} = \dfrac{0,84}{0,11 \times 11,5} = 0,65 \ < 1$
$1,35G + 1,5S$	$\dfrac{\sigma_{c,0,d}}{k_{c,z} \cdot f_{c,0,d}} = \dfrac{1,44}{0,11 \times 17,3} = 0,76 \ < 1$
$1,35G + 1,5Q_{\mathrm{entretien}}$	$\dfrac{\sigma_{c,0,d}}{k_{c,z} \cdot f_{c,0,d}} = \dfrac{1,57}{0,11 \times 17,3} = 0,83 \ < 1$
$1,35G + 1,5S + 0,6 \times 1,5\,W+$	$\dfrac{\sigma_{c,0,d}}{k_{c,z} \cdot f_{c,0,d}} = \dfrac{1,75}{0,11 \times 21,1} = 0,75 \ < 1$
$G + S_{Ad}$	$\dfrac{\sigma_{c,0,d}}{k_{c,z} \cdot f_{c,0,d}} = \dfrac{1,52}{0,11 \times 26,4} = 0,52 \ < 1$

Le critère est vérifié avec la combinaison dimensionnante $1,35G + 1,5Q_{\text{entretien}}$.

2.4 Variante : renfort au milieu du poteau sur la faible inertie (dans l'épaisseur)

Le renfort au milieu du poteau créé un point fixe. La longueur de flambement est divisée par deux pour l'axe z.

2.4.1 Coefficient de flambement k_c

Étape 1 : sélection de l'élancement mécanique du poteau par rapport aux axes z et y

Pour y, $l_g = 4\,000$ mm. Pour z, $l_g = 4\,000/2$ mm.

L'élancement devient pour l'axe y : $\lambda_y = \dfrac{m l_g \sqrt{12}}{h} = \dfrac{1 \times 4\,000 \times \sqrt{12}}{180} = 77.$

L'élancement devient pour l'axe z : $\lambda_z = \dfrac{m l_g \sqrt{12}}{b} = \dfrac{1 \times 2\,000 \times \sqrt{12}}{75} = 92,4.$

Le risque de flambement est le plus grand pour l'élancement le plus important. Les calculs seront réalisés par rapport à l'axe z.

Étape 2 : vérification du risque de flambement avec le calcul de l'élancement relatif du poteau par rapport à l'axe z

L'élancement relatif est défini par la formule :

$$\lambda_{\text{rel},z} = \frac{\lambda_z}{\pi} \sqrt{\frac{f_{c,0,k}}{E_{0,05}}},$$

avec :

- $f_{c,0,k} = 24$ N/mm^2 : contrainte caractéristique de résistance en compression axiale ;
- $E_{0,05} = 9\,600$ N/mm^2 : module axial au 5e pourcentile (ou caractéristique).

$$\lambda_{\text{rel},z} = \frac{92,4}{\pi} \sqrt{\frac{24}{9\,600}} = 1,47.$$

Lorsque l'élancement relatif, $\lambda_{\text{rel,max}} > 0,3$, il y a un risque de flambage.

Étape 3 : calcul du coefficient d'instabilité lié au flambage par rapport à l'axe z

Pour définir le coefficient d'instabilité, il faut calculer un coefficient intermédiaire :

$$k_z = 0,5\left[1 + \beta_c\left(\lambda_{\text{rel},z} - 0,3\right) + \lambda_{\text{rel},z}^2\right],$$

avec : $\beta_c = 0,1$ pour le bois lamellé-collé.

$$k_z = 0,5\left[1 + 0,1 \times \left(1,47 - 0,3\right) + 1,47^2\right] = 1,64.$$

Le coefficient d'instabilité est défini par la formule :

$$\lambda_{c,z} = \frac{1}{k_z + \sqrt{k_z^2 - \lambda_{\text{rel},z}^2}}.$$

$$\lambda_{c,z} = \frac{1}{1,64 + \sqrt{1,64^2 - 1,47^2}} = 0,411.$$

2.4.2 **Taux de travail**

Le taux de travail le plus défavorable devient :

$$\frac{\sigma_{c,0,d}}{k_{c,z} \cdot f_{c,0,d}} = \frac{1,57}{0,411 \times 17,3} = 0,22 \le 1.$$

3 Vérification aux Eurocodes d'un élément de contreventement travaillant en traction

Considérons un élément de contreventement de section de 90×90 mm en bois lamellé-collé classé GL24h. La travée (l'ensemble des barres formant la structure de la figure 3.9) reçoit un effort de 10 kN en tête provoqué par le vent. Cette diagonale est assemblée par une ferrure centrale et deux boulons de 16 mm de diamètre en file. La section de la diagonale est diminuée par le perçage de 17 mm de diamètre pour le boulon (figure 3.10) pour obtenir un jeu lors de l'assemblage. La travée est sous abris dans un local non chauffé.

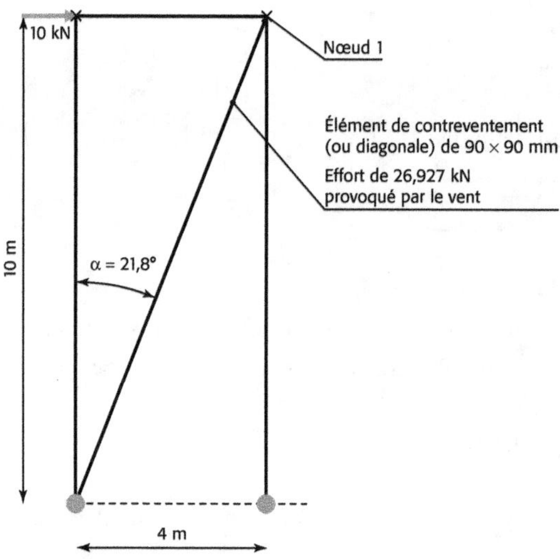

Figure 3.9. Contreventement étudié.

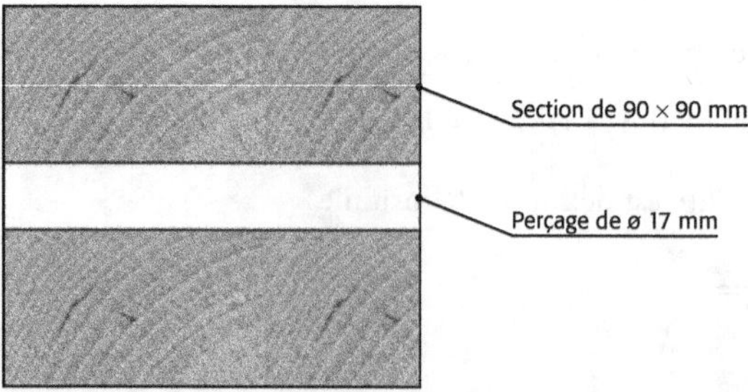

Figure 3.10 Section nette soumise de l'élément de contreventement soumise à la traction.

3.1   Détermination des actions et combinaisons d'actions

3.1.1   *Détermination des actions*

L'équilibre du nœud 1 (principe fondamental de la statique) apporte l'équation pour l'élément de contreventement : $N = 10$ kN/sin $(21,8) = 26,927$ kN (figure 3.9).

3.1.2   *Détermination des combinaisons d'actions*

La barre de contreventement est sollicitée uniquement par les effets du vent. Il suffit donc de la vérifier en résistance, car il n'y a pas de risque de perte d'équilibre.

L'expression générale permettant de calculer les combinaisons est donnée par l'expression suivante (NF EN 1990 clause 6.4.3) :

$$q = \gamma_G G + \gamma_Q Q_1 + \sum_{n=2}^{\infty} \Psi_{0,i} \gamma_Q Q_i$$

avec :

- q : actions de calcul ;
- G : action permanente ;
- Q : action variable ;
- γ_G : coefficient partiel de l'action permanente ;
- γ_Q : coefficient partiel de l'action variable ;
- $\Psi_{0,i}$: facteur statistique ;
- $\sum_{n=2}^{\infty} \Psi_{0,i} \gamma_Q Q_i$: actions(s) variable(s) d'accompagnement.

Les charges de gravité n'ayant pas d'influence sur la barre de contreventement, la combinaison devient :

$q = \gamma_Q W,$

$q = 1,5 W,$

$q = 1,5 \times 26\,927 = 40\,390$ N,

avec :

- q : valeur de la charge de calcul, en N ;
- γ_Q : coefficient partiel de l'action variable (tableau 3.15) ;
- W : valeur de l'effet du vent, en N.

Les valeurs des coefficients partiels sont précisées dans le tableau 3.15.

Tableau 3.15 Coefficients partiels de l'action permanente pour un bâtiment courant (durée indicative d'utilisation de 50 ans).

Type d'action	Coefficient partiel
Permanente :	
– (STR) : $\gamma_{G,\text{sup}}$	1,35
– (STR) : $\gamma_{G,\text{inf}}$	1
– (EQU) : $\gamma_{G,\text{inf}}$	0,9
Variable :	
– (STR) : γ_Q	1,5

3.2 Vérification à l'état limite ultime (ELU)

La vérification à l'ELU consiste à vérifier la résistance en traction axiale de l'élément de contreventement. La contrainte de traction axiale provoquée par les actions doit rester inférieure à la contrainte de résistance de traction axiale.

$\sigma_{t,0,d} \leqslant f_{t,0,d}$ (formule 6.1 de la norme NF EN 1995-1-1).

Le taux de travail est calculé comme suit :

$$\frac{\sigma_{t,0,d}}{f_{t,0,d}} \leqslant 1,$$

avec :

- $\sigma_{t,0,d}$: contrainte de traction axiale provoquée par les actions, en N/mm² ;
- $f_{t,0,d}$: contrainte de résistance de traction axiale de résistance, en N/mm².

3.2.1 *Contrainte provoquée par les actions* $\sigma_{t,0,d}$

La contrainte de traction axiale est définie par la formule :

$$\sigma_{t,0,d} = \frac{N}{A},$$

avec :

- $N = 40\,390$ N : effort normal provoquant de la traction ;
- $A = (90 - 17) \times 90$: aire du bois soumis à la traction, en mm².

$$\sigma_{t,0,d} = \frac{40\,390}{(90 - 17) \times 90} = 6,2 \text{ N/mm}^2.$$

3.2.2 *Contrainte de résistance du bois* $f_{t,0,d}$

La contrainte de résistance du bois dépend de la contrainte caractéristique, de la classe de service (humidité du bois), de la charge de plus courte durée de la combinaison d'action et de la plus grande dimension de la section. Les tableaux 3.16 et 3.17 présentent les contraintes caractéristiques, et les tableaux 3.18 et 3.19 mentionnent les valeurs des coefficients γ_M et k_{mod}.

$$f_{t,0,d} = f_{t,0,k} \cdot \frac{k_{\text{mod}}}{\gamma_M} \cdot k_h \text{ (formule 2.14 et § 3.22 et 3.32 de la norme NF EN 1995-1-1),}$$

avec :

- $f_{t,0,k} = 19,2$ N/mm² : contrainte caractéristique de résistance en traction axiale pour un résineux classé GL24h (tableau 3.17) ;
- $k_{\text{mod}} = 1,1$: coefficient modificatif en fonction de la charge de plus courte durée de la combinaison d'actions (le vent) et de la classe de service 2 (tableau 3.18) ;
- $\gamma_M = 1,25$: coefficient partiel qui tient compte de la dispersion du matériau (tableau 3.19).
- $k_h = 1,1$: coefficient de la plus grande dimension. Le coefficient k_h majore les résistances pour les dimensions inférieures à 150 mm pour le bois massif et 600 mm pour le bois lamellé-collé. Le risque de défauts cachés dans la structure du bois est moins important pour les petites sections que pour les grandes sections.

Calcul du coefficient de hauteur pour du bois massif (formule 3.1 de la norme NF EN 1995-1-1) :

– si $h \geqslant 150$ mm $k_h = 1$;

– si $h < 150$ mm $k_h = \min(1{,}3 \,;\, (150/h)^{0,2})$.

Calcul du coefficient de hauteur pour du bois lamellé-collé (formule 3.2 de la norme NF EN 1995-1-1) :

– si $h \geqslant 600$ mm $k_h = 1$;

– si $h < 600$ mm $k_h = \min(1{,}1 \,;\, (600/h)^{0,1}) = \min(1{,}1 \,;\, (600/90)^{0,1}) = 1{,}1$.

Avec h la hauteur de la pièce en millimètres.

$$f_{t,0,d} = 19{,}2 \times \frac{1{,}1}{1{,}25} \times 1{,}1 = 18{,}58 \text{ N/mm}^2.$$

Tableau 3.16 Valeurs caractéristiques des bois massifs résineux et de peuplier (source : NF EN 338).

Symbole	Désignation	Unité	C14	C16	C18	C22	C24	C27	C30	C35	C40
$f_{m,k}$	Contrainte de flexion	N/mm²	14	16	18	22	24	27	30	35	40
$f_{t,0,k}$	Contrainte de traction axiale		8	10	11	13	14	16	18	21	24
$f_{t,90,k}$	Contrainte de traction perpendiculaire		0,4	0,5	0,5	0,5	0,5	0,6	0,6	0,6	0,6
$f_{c,0,k}$	Contrainte de compression axiale		16	17	18	20	21	22	23	25	26
$f_{c,90,k}$	Contrainte de compression perpendiculaire		2,0	2,2	2,2	2,4	2,5	2,6	2,7	2,8	2,9
$f_{v,k}$	Contrainte de cisaillement		3	3,2	3,4	3,8	4	4	4	4	4
$E_{0,mean}$	Module moyen axial	kN/mm²	7	8	9	10	11	11,5	12	13	14
$E_{0,05}$	Module axial au 5ᵉ pourcentile		4,7	5,4	6,0	6,7	7,4	7,7	8,0	8,7	9,4
$E_{90,mean}$	Module moyen transversal		0,23	0,27	0,30	0,33	0,37	0,38	0,40	0,43	0,47
G_{mean}	Module de cisaillement		0,44	0,50	0,56	0,63	0,69	0,72	0,75	0,81	0,88
ρ_k	Masse volumique caractéristique	kg/m³	290	310	320	340	350	370	380	400	420
ρ_{mean}	Masse volumique moyenne		350	370	380	410	420	450	460	480	500

Tableau 3.17 Valeurs caractéristiques des bois lamellés (source : NF EN 14080).

Symbole	Désignation	Unité	Classe de résistance du bois lamellé-collé						
			GL20h	GL22h	GL24h	GL26h	GL28h	GL30h	GL32h
$f_{m,g,k}$	Résistance à la flexion	N/mm²	20	22	24	26	28	30	32
$f_{t,0,g,k}$	Résistance à la traction		16	17,6	19,2	20,8	22,4	24	25,6
$f_{t,90,g,k}$			0,5						
$f_{c,0,g,k}$	Résistance à la compression		20	22	24	26	28	30	32
$f_{c,90,g,k}$			2,5						
$f_{v,g,k}$	Résistance au cisaillement (cisaillement et torsion)		3,5						
$E_{0,g,moyen}$	Module d'élasticité		8 400	10 500	11 500	12 100	12 600	13 600	14 200
$E_{0,g,05}$			7 000	8 800	9 600	10 100	10 500	11 300	11 800
$E_{90,g,moyen}$			300						
$G_{g,moyen}$	Module de cisaillement		650						
$\rho_{g,k}$	Masse volumique	kg/m³	340	370	385	405	425	430	440
$\rho_{g,moyen}$			370	410	420	445	460	480	490

Tableau 3.18 Valeur du facteur pour la durée de chargement k_{mod} du bois massif (source : NF EN 1995–1–1/A1).

Matériau	Norme	Classe de service	Classe de durée de chargement				
			Action permanente	Action de long terme	Action de moyen terme	Action de court terme	Action instantanée
Bois massif	EN 14081-1	1	0,60	0,70	0,80	0,90	1,10
		2	0,60	0,70	0,80	0,90	1,10
		3	0,50	0,55	0,65	0,70	0,90
Bois lamellé-collé	EN 14080	1	0,60	0,70	0,80	0,90	1,10
		2	0,60	0,70	0,80	0,90	1,10
		3	0,50	0,55	0,65	0,70	0,90
LVL	EN 14374, EN 14279	1	0,60	0,70	0,80	0,90	1,10
		2	0,60	0,70	0,80	0,90	1,10
		3	0,50	0,55	0,65	0,70	0,90

Tableau 3.19 Valeurs du coefficient γ_M (source : NF EN 1995–1–1/NA).

Éléments considérés		γ_M
Matériaux	Bois	1,3
	Lamellé-collé	1,25
	Lamibois (LVL), OSB	1,2

3.2.3   *Taux de travail*

Le taux de travail est :

$$\frac{\sigma_{t,0,d}}{f_{t,0,d}} = \frac{6,2}{18,58} = 0,33 \leqslant 1.$$

Le critère est vérifié avec le cas de charge $1,5W$.

Vérification aux Eurocodes d'une pièce travaillant en compression et flexion (sollicitations composées) – Panne transmettant des efforts de vent à la travée de stabilité

Le vent provoque une pression sur le pignon. Lorsque la travée de stabilité est décalée du pignon, les pannes transmettent ces efforts à la travée de stabilité :

- **Les efforts de vent provoquent de la compression avec un risque de flambement.**
- **Les efforts provenant de la gravité provoquent de la flexion.**

La justification exige des vérifications à l'état limite ultime et à l'état limite de service. La première étape consiste à définir les actions, les charges de structure et les charges d'exploitation (entretien) et les effets du vent. Puis il faut déterminer les combinaisons d'actions. Elles permettent de calculer à l'état limite ultime les contraintes de compression axiale, en excluant le risque de flambement, les contraintes de flexion et de cisaillement. Pour vérifier l'état limite de service, il faut calculer la déformation instantanée sous charges variables et la déformation totale.

1   Hypothèses de calcul

Considérons un bâtiment situé en zone A1 à une altitude de 580 m, en campagne avec un pignon de 24 m de longueur et d'une hauteur de 11,3 m. Les pannes transmettent les effets du vent à la travée de stabilité pour une surface verticale de pignon de 2,38 m (l'entraxe des pannes) par 4,3 m (la moitié de la hauteur de la partie en bois du pignon). Elles transmettent les charges de gravité sur les arbalétriers avec une largeur de bande de chargement de 2,38 m (l'entraxe des pannes) (figure 4.1). La panne est en bois lamellé-collé classé GL24h et sa section est de 90×270 mm. Elle repose sur un arbalétrier de 110 mm d'épaisseur. La toiture est en bac acier isolé de 15,75 kg/m². Les supports de lanterneau sont négligés, leur poids étant inférieur à celui des bacs acier.

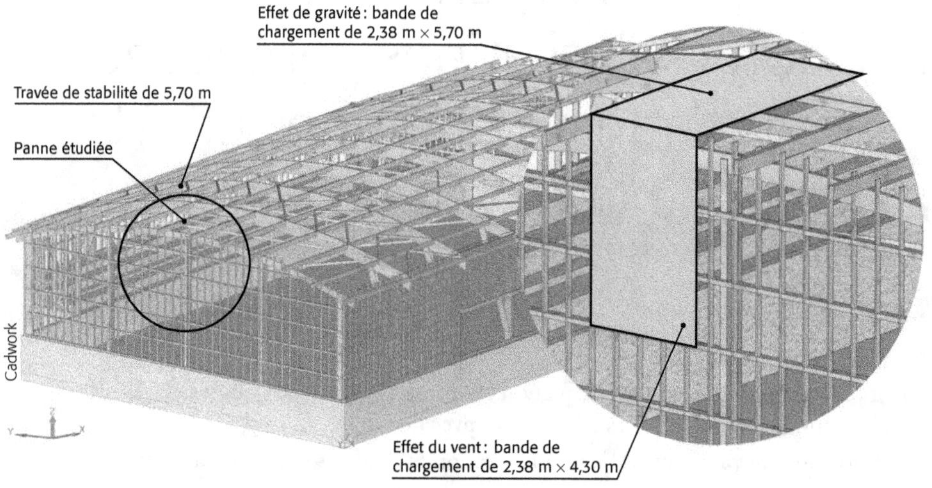

Figure 4.1 Vue axonométrique du bâtiment.

2   Détermination des actions

Les charges de structure et de neige provoquent un effort perpendiculaire à l'axe de la panne, laquelle sera sollicitée en flexion. Le vent provoque un effort parallèle à l'axe de la panne, laquelle sera sollicitée en compression.

2.1   Actions provoquées par le poids de la structure

Étape 1 : détermination de la largeur de la bande de chargement reprise par la panne (figure 4.1)

Les pannes ont un entraxe de 2,38 m. La panne reprend 1/2 entraxe à gauche et 1/2 entraxe à droite, soit un entraxe complet ($2\,380/2 + 2\,380/2 = 2\,380$ mm).

Le raisonnement est identique pour le pignon, chaque panne reprend la moitié de la hauteur de la partie en bois du pignon du bâtiment, soit $8,6/2 = 4,3$ m.

La largeur de la bande de chargement est de 2,38 m.

La surface de pignon reprise par la panne pour les effets du vent est de $2,38 \times 4,3 = 10,234$ m^2.

Étape 2 : transformation de la masse en charge

Le bac acier : [kg/m^2] · [g/1 000] = kN/m^2, soit $15,75 \times (10/1\,000) = 0,1575$ kN/m^2.

La panne : $\dfrac{\left[\text{kg/m}^3\right] \cdot \text{g}}{1\,000} \cdot \text{hauteur (m)} \cdot \text{épaisseur (m)} = \text{kN/m}$,

soit $\dfrac{420 \times 10}{1\,000} \times 0,27 \times 0,09 = 0,102$ kN/m.

Étape 3 : détermination de la charge de structure (G) reprise par la panne

La charge totale est $G = 0,1575 \times 2,38 + 0,102 = 0,477$ kN/m.

2.2 Les charges de neige

Le bâtiment à une toiture inclinée à moins de 30°. Le bâtiment est situé en zone A1 à une altitude de 580 m. Les coefficients d'exposition c_e et thermique c_t sont égaux à 1.

Étape 1 : calcul de la neige au sol

$$S_{580} = S_{200} + \left(1,5 \times \frac{A}{1\,000} - 0,45 \right),$$

$$S_{580} = 0,45 + \left(1,5 \times \frac{580}{1\,000} - 0,45 \right) = 0,87 \text{ kN/m}^2 \text{ de sol.}$$

Étape 2 : calcul du coefficient de forme μ_i

Pour un angle inférieur à 30° : $\mu_1 = 0,8$.

Étape 3 : calcul de la charge de neige sur la toiture en kN/m^2 horizontal

La formule de calcul de neige sur une toiture est $S = S_k \cdot \mu_{i(\alpha)} \cdot c_e \cdot c_t$.

$S = 0,87 \times 0,8 \times 1 \times 1 = 0,696$ kN/m^2 horizontal

$S = 0,696 \times 2,38 = 1,656$ kN/m.

Remarques :
– Il n'y a pas de neige exceptionnelle dans la zone A1.
– On considère que la toiture est horizontale dans la zone étudiée.

2.3 Les charges d'exploitation

La charge d'exploitation correspond à l'entretien. La toiture n'étant pas une toiture terrasse, il faut appliquer une charge ponctuelle de 1,5 kN.

2.4 Les effets du vent

Une étude avec un logiciel apporte le résultat suivant : valeur moyenne de pression extérieure de 0,92 kN/m^2.

Chaque panne reprend la moitié de la hauteur de la partie en bois du pignon du bâtiment, soit $8,6/2 = 4,3$ m. La largeur de la bande de chargement est de 2,38 m. La surface de pignon reprise par la panne pour les effets du vent est de $2,38 \times 4,3 = 10,234$ m^2.

Soit $W = 0,92 \times 10,234 = 9,415$ kN.

Le tableau 4.1 précise la valeur et la direction de l'effort en fonction du cas de charge.

Tableau 4.1 Effort repris par la panne en fonction du cas de charge.

Cas de charge	Effort sur la panne	Direction de l'effort
G	0,477 kN/m	Perpendiculaire à l'axe de la panne
S	1,656 kN/m	Perpendiculaire à l'axe de la panne
$Q_{entretien}$	1,5 kN	Perpendiculaire à l'axe de la panne
W	9,415 kN	Parallèle à l'axe de la panne

3   Les combinaisons d'actions

Une première vérification consiste à confirmer que pendant toute la durée d'exploitation du bâtiment la sécurité des personnes sera assurée. C'est la vérification à l'état limite ultime (ELU). Une deuxième vérification permet de contrôler la déformation des pannes. C'est la vérification à l'état limite de service (ELS).

3.1   Les combinaisons à l'état limite ultime (ELU)

Les combinaisons à l'ELU concernent la résistance de la structure. Le risque de neige exceptionnelle n'existe pas dans la zone A1. Les combinaisons q_1 à q_3 ne concernent que les charges descendantes. La panne travaillera en flexion simple. Les combinaisons q_4 et q_5 concernent les charges descendantes et les effets du vent (action horizontale). La panne travaillera en flexion simple et en compression, soit une sollicitation composée.

Sollicitations simples :

$$q_1 = 1,35G$$

$$q_2 = 1,35G + 1,5S$$

$$q_3 = 1,35G + 1,5Q_{entretien}$$

Sollicitations composées :

$$q_4 = 1,35G + 1,5S + 0,6 \times 1,5W+$$

$$q_5 = 1,35G + 1,5W+ + 0,5 \times 1,5S$$

Remarques :
– La combinaison avec la structure et le vent ($1,35G + 1,5W+$) n'est pas nécessaire, car la sollicitation est moins importante que les combinaisons q_4 et q_5 et la résistance du bois est identique.
– L'étude avec risque de soulèvement n'est pas traitée dans cet exemple.

3.2   Les combinaisons à l'état limite de service (ELS)

Les combinaisons à l'ELS concernent la déformation en flexion provoquées par les charges de structure et de neige.

Valeur des charges de calcul pour la déformation instantanée sous charge variable :

$$q = S$$

$$q = Q_{\text{entretien}}$$

Combinaisons pour la déformation totale avec la charge variable S :

$$q = G + S + k_{\text{def}}\left(G + \Psi_{2,1}S\right)$$

$$q = G + S + 0,8\left(G + 0S\right)$$

$$q = 0,477 + 1,656 + 0,8 \times \left(0,477 + 0 \times 1,656\right) = 2,515\ \text{kN/m}$$

Combinaisons pour la déformation totale avec la charge d'entretien Q :

$$q = G + Q_{\text{entretien}} + k_{\text{def}}\left(G + \Psi_{2,1}Q_{\text{entretien}}\right)$$

$$q = G + Q_{\text{entretien}} + 0,8\left(G + 0Q_{\text{entretien}}\right)$$

Remarque : la charge d'entretien ne se combine pas avec la charge de neige.

4   Vérification à l'état limite ultime (ELU)

La vérification à l'ELU consiste à vérifier la panne avec l'effort normal (compression axiale avec risque de flambement) et l'effort tranchant (flexion avec risque de déversement). La panne est assemblée avec des étriers. Le cisaillement et la compression perpendiculaire aux appuis ont été justifiés par le fabricant de sabots.

4.1   Calcul de la charge reprise par la panne et section de calcul

Le tableau 4.2 précise l'effort normal et tranchant repris par la panne en fonction de la combinaison d'action.

Tableau 4.2 Efforts normal et tranchant repris par la panne en fonction de la combinaison d'action.

Combinaison à l'ELU	Effort tranchant provoquant de la flexion	Effort normal provoquant de la compression	Sollicitations
$q_1 = 1,35G$	$1,35 \times 0,477 = 0,644\ \text{kN/m}$	Aucun	Flexion
$q_2 = 1,35G + 1,5S$	$1,35 \times 0,477 + 1,5 \times 1,656$ $= 3,128\ \text{kN/m}$	Aucun	Flexion
$q_3 = 1,35G + 1,5Q_{\text{entretien}}$	$1,35 \times 0,477 = 0,644\ \text{kN/m}$ et $1,5 \times 1,5 = 2,25\ \text{kN}$	Aucun	Flexion
$q_4 = 1,35G + 1,5S + 0,6 \times 1,5W+$	$1,35 \times 0,477 + 1,5 \times 1,656$ $= 3,128\ \text{kN/m}$	$0,6 \times 1,5 \times 9,415$ $= 8,474\ \text{kN}$	Flexion + compression
$q_5 = 1,35G + 1,5W+ + 0,5 \times 1,5S$	$1,35 \times 0,477 + 0,5 \times 1,5 \times 1,656$ $= 1,886\ \text{kN/m}$	$1,5 \times 9,415 = 14,123\ \text{kN}$	Flexion + compression

Remarque : la charge d'entretien est une charge ponctuelle. L'effet est différent d'une charge répartie (la charge de structure). Les valeurs de ces deux actions ne peuvent s'ajouter.

Le bois lamellé-collé est séché avant le collage des lames, puis il est raboté. L'humidité du bois étant voisine de 12 %, il n'est pas nécessaire de diminuer la section.

4.2 Vérification avec une sollicitation simple, la flexion avec risque de déversement

La sollicitation simple de flexion est provoquée par les combinaisons q_1, q_2 et q_3. La contrainte de flexion provoquée par les actions doit rester inférieure à la contrainte de résistance de flexion déterminée en tenant compte du risque de déversement.

Le taux de travail est :

$$\frac{\sigma_{m,d}}{k_{\text{crit}} \cdot f_{m,d}} \leq 1$$

avec :

- $\sigma_{m,d}$: contrainte de flexion provoquée par les actions en N/mm^2.
- $f_{m,d}$: contrainte de résistance de flexion calculée en N/mm^2.
- k_{crit} : coefficient d'instabilité provenant du déversement.

4.2.1 Contrainte provoquée par les actions $\sigma_{m,y,d}$

La contrainte de flexion provoquée par la charge est calculée par la formule :

$$\sigma_{m,y,d} = \frac{M_{f,y}}{\dfrac{I_{G,y}}{V}} \text{ (tableau 4.3)}$$

avec :

- $M_{f,y}$: moment de flexion maximum :
    - pour une poutre sur deux appuis avec une charge uniformément répartie, $M_{f,y} = qL^2/8$,
    - pour une poutre sur deux appuis avec une charge ponctuelle centrée, $M_{f,y} = PL/4$;
- L : distance entre appuis, soit la longueur de la panne ($L = 5\,700$ mm) ;
- $I_{G,y}/V$: module d'inertie ; $bh^2/6$ pour une section rectangulaire avec le repère de la figure 4.2.

Pour une poutre sur deux appuis avec une charge uniformément répartie :

$$\sigma_{m,y,d} = \frac{M_{f,y}}{\dfrac{I_{G,y}}{V}} = \frac{6qL^2}{8bh^2}$$

Pour une poutre sur deux appuis avec une charge ponctuelle centrée :

$$\sigma_{m,y,d} = \frac{M_{f,y}}{\dfrac{I_{G,y}}{V}} = \frac{6PL}{4bh^2}$$

Tableau 4.3 Contrainte de flexion subit par la panne en fonction de la combinaison d'action.

Combinaison à l'ELU	Effort perpendiculaire au poteau	Contrainte de compression axiale, en N/mm²
$q_1 = 1,35G$	0,644 kN/m	$\sigma_{m,y,d} = \dfrac{6 \times 0,644 \times 5\,700^2}{8 \times 90 \times 270^2} = 2,39$
$q_2 = 1,35G + 1,5S$	3,128 kN/m	$\sigma_{m,y,d} = \dfrac{6 \times 3,128 \times 5\,700^2}{8 \times 90 \times 270^2} = 11,62$
$q_3 = 1,35G + 1,5Q_{\text{entretien}}$	2,25 kN	$\sigma_{m,y,d} = \dfrac{6 \times 0,644 \times 5\,700^2}{8 \times 90 \times 270^2} + \dfrac{6 \times 2\,250 \times 5\,700}{4 \times 90 \times 270^2} = 5,32$
$q_4 = 1,35G + 1,5S + 0,6 \times 1,5W+$	3,128 kN/m	$\sigma_{m,y,d} = \dfrac{6 \times 3,128 \times 5\,700^2}{8 \times 90 \times 270^2} = 11,62$
$q_5 = 1,35G + 1,5W+ + 0,5 \times 1,5S$	1,886 kN/m	$\sigma_{m,y,d} = \dfrac{6 \times 1,886 \times 5\,700^2}{8 \times 90 \times 270^2} = 7$

Remarque : par simplification, les contraintes de flexion des combinaisons q_4 et q_5 sont calculées dans ce paragraphe. Elles ne seront exploitées qu'au § 4.4.4 « Taux de travail des sollicitations composées (compression et flexion) ».

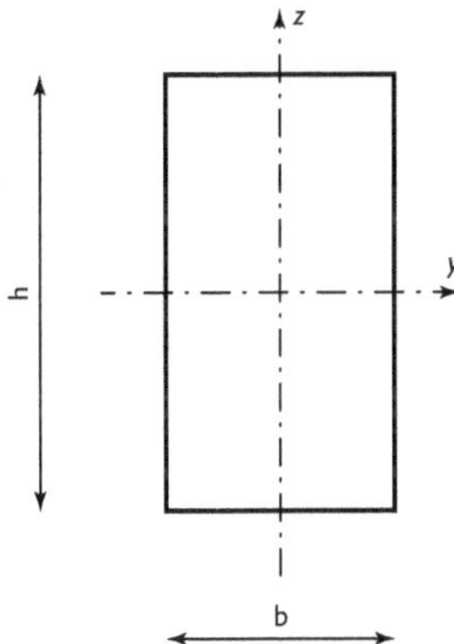

Figure 4.2 Repère de la section adopté par l'Eurocode.

4.2.2 Contrainte de résistance du bois $f_{m,d}$

La contrainte de résistance du bois dépend de la contrainte caractéristique, de la classe de service (humidité du bois), de la charge de plus courte durée de la combinaison d'action, de l'effet système et de la plus grande dimension de la section. Les tableaux 1.7 à 1.9 présentent les contraintes caractéristiques $f_{m,k}$, le tableau 1.11 présente le coefficient modificatif k_{mod} et le tableau 1.14 le coefficient partiel γ_M.

$$f_{m,d} = f_{m,k} \cdot \frac{k_{\mathrm{mod}}}{\gamma_M} \cdot k_{\mathrm{sys}} \cdot k_{\mathrm{h}}$$

avec :

- $f_{m,k}$: contrainte caractéristique de résistance en flexion ($f_{m,k}$ = 24 N/mm²) ;
- k_{mod} : coefficient modificatif en fonction de la charge de plus courte durée de la combinaison d'actions et de la classe de service (tableau 1.11) ;
- γ_M : coefficient partiel qui tient compte de la dispersion du matériau (γ_M = 1,25) ;
- k_{sys} : coefficient d'effet système (k_{sys} = 1). Il apparaît lorsque plusieurs éléments porteurs de même nature et de même fonction avec un entraxe inférieur à 1,2 m (solives, fermes) sont sollicités par un même type de chargement réparti uniformément et avec un système capable de reporter les efforts sur les pièces adjacentes ;
- k_{h} : coefficient de hauteur. k_{h} = 1 lorsque la hauteur de la poutre est supérieure à 150 mm. Il majore les résistances pour les hauteurs inférieures à 150 mm pour le bois massif et 600 mm pour le bois lamellé-collé. Le risque de défauts cachés dans la structure du bois est moins important pour les petites sections que pour les grandes sections (k_{h} = 1,08).

Calcul du coefficient de hauteur pour du bois massif :

– si $\quad h \geqslant 150$ mm $\quad k_{\mathrm{h}} = 1$;

– si $\quad h < 150$ mm $\quad k_{\mathrm{h}} = \min(1{,}3\,;\,(150/h)^{0{,}2})$.

Calcul du coefficient de hauteur pour du bois lamellé-collé :

– si $\quad h \geqslant 600$ mm $\quad k_{\mathrm{h}} = 1$;

– si $\quad h < 600$ mm $\quad k_{\mathrm{h}} = \min(1{,}1\,;\,(600/h)^{0{,}1}) = \min(1{,}1\,;\,(600/270)^{0{,}1}) = 1{,}08$.

Avec h la hauteur de la pièce en mm.

Le tableau 4.4 précise la valeur de la contrainte de résistance en flexion en fonction de la combinaison d'action.

Tableau 4.4 Valeur de la contrainte de résistance en flexion en fonction de la combinaison d'action.

Combinaison à l'ELU	Durée de la charge	Coefficient k_{mod}	Contrainte de résistance en flexion, en N/mm²
$q_1 = 1{,}35G$	Permanente	0,6	$f_{m,d} = 24 \times \dfrac{0{,}6}{1{,}25} \times 1{,}08 = 12{,}4$
$q_2 = 1{,}35G + 1{,}5S$	Court terme (altitude $\leqslant 1\,000$ m)	0,9	$f_{m,d} = 24 \times \dfrac{0{,}9}{1{,}25} \times 1{,}08 = 18{,}7$
$q_3 = 1{,}35G + 1{,}5Q_{\mathrm{entretien}}$	Court terme	0,9	$f_{m,d} = 24 \times \dfrac{0{,}9}{1{,}25} \times 1{,}08 = 18{,}7$
$q_4 = 1{,}35G + 1{,}5S + 0{,}6 \times 1{,}5W+$	Instantanée	1,1	$f_{m,d} = 24 \times \dfrac{1{,}1}{1{,}25} \times 1{,}08 = 22{,}8$
$q_5 = 1{,}35G + 1{,}5W+ + 0{,}5 \times 1{,}5S$	Instantanée	1,1	$f_{m,d} = 24 \times \dfrac{1{,}1}{1{,}25} \times 1{,}08 = 22{,}8$

Remarque : par simplification, les contraintes de flexion des combinaisons q_4 et q_5 sont calculées dans ce paragraphe. Elles ne seront exploitées qu'au § 4.4.4 « Taux de travail des sollicitations composées (compression et flexion) ».

4.2.3 Coefficient d'instabilité provenant du déversement k_{crit}

Le déversement est un flambement latéral de la membrure comprimée. Il peut apparaître lorsque les appuis sont limités en torsion (sabots, encastrement dans un mur, etc.) et si l'élancement est important, c'est-à-dire lorsque le rapport hauteur/épaisseur est élevé et lorsque la membrure comprimée n'est pas maintenue. Le calcul du coefficient k_{crit} s'effectue à partir de la contrainte critique de flexion $\sigma_{m,\text{crit}}$ et de l'élancement relatif de flexion $\lambda_{\text{rel},m}$.

4.2.3.1 *Calcul de la contrainte critique de flexion $\sigma_{m,\text{crit}}$*

La contrainte critique de flexion est définie par la formule :

$$\sigma_{m,\text{crit}} = \frac{0,78 E_{0,05} \cdot b^2}{h \cdot \left(l \cdot k_{l_{\text{ef}}} + \Delta l \right)}$$

avec :

- $E_{0,05}$: module axial au 5e pourcentile (ou caractéristique) ($E_{0,05} = 9\,400$ N/mm^2) ;
- h : hauteur de la pièce ($h = 270$ mm) ;
- b : épaisseur de la pièce ($b = 90$ mm) ;
- l : longueur de la pièce ($l = 5\,700$ mm) ;
- Δl : lorsque la pièce est chargée sur sa fibre comprimée, la longueur efficace l_{ef} est augmentée de la valeur $\Delta l = 2h$; si la pièce est chargée sur sa partie tendue, l_{ef} est diminuée de la valeur $\Delta l = 0,5h$; ici, $\Delta l = 2 \times 270 = 540$ mm ;
- $k_{l_{\text{ef}}}$: coefficient de longueur efficace (cf. annexe « Tableaux et formulaire ») ($k_{l_{\text{ef}}} = 0,9$).

$$\sigma_{m,\text{crit}} = \frac{0,78 \times 9\,400 \times 90^2}{270 \times (5\,700 \times 0,9 + 540)} = 38,8 \text{ N/mm}^2.$$

4.2.3.2 *Calcul de l'élancement relatif de flexion $\lambda_{\text{rel},m}$*

L'élancement relatif de flexion est défini par la formule :

$$\lambda_{\text{rel},m} = \sqrt{\frac{f_{m,k}}{\sigma_{m,\text{crit}}}}$$

avec :

- $\sigma_{m,\text{crit}}$: contrainte critique de flexion ($\sigma_{m,\text{crit}} = 38,8$ N/mm^2) ;
- $f_{m,k}$: contrainte caractéristique de résistance en flexion ($f_{m,k} = 24$ N/mm^2).

$$\lambda_{\text{rel},m} = \sqrt{\frac{24}{38,8}} = 0,79.$$

4.2.3.3 *Calcul du coefficient k_{crit}*

Si $\quad \lambda_{\text{rel},m} \leqslant 0,75 \qquad\qquad k_{\text{crit}} = 1$, pas de déversement.

Si $\quad 0,75 < \lambda_{\text{rel},m} \leqslant 1,4 \qquad k_{\text{crit}} = 1,56 - 0,75 \lambda_{\text{rel},m}$.

Si $\quad 1,4 < \lambda_{\text{rel},m} \qquad\qquad k_{\text{crit}} = 1/\lambda_{\text{rel},m}^2$.

$\lambda_{\text{rel},m} = 0,79$, donc $k_{\text{crit}} = 1,56 - 0,75 \times 0,79 = 0,97$.

Remarque : lorsque le déplacement latéral de la face comprimée est évité sur toute sa longueur (diaphragme, par exemple), le coefficient k_{crit} peut être pris égal à 1.

4.2.4 Taux de travail

Le taux de travail est :

$$\frac{\sigma_{m,d}}{k_{\text{crit}} \cdot f_{m,d}} \leqslant 1.$$

Le tableau 4.5 mentionne le taux de travail pour chaque combinaison d'actions provoquant des sollicitations simples.

Tableau 4.5 Taux de travail pour chaque combinaison d'actions provoquant des sollicitations simples.

Combinaison à l'ELU	Taux de travail
$q_1 = 1{,}35G$	$\dfrac{\sigma_{m,d}}{k_{\text{crit}} \cdot f_{m,d}} = \dfrac{2{,}39}{0{,}97 \times 12{,}4} = 0{,}20 < 1$
$q_2 = 1{,}35G + 1{,}5S$	$\dfrac{\sigma_{m,d}}{k_{\text{crit}} \cdot f_{m,d}} = \dfrac{11{,}62}{0{,}97 \times 18{,}7} = 0{,}64 < 1$
$q_3 = 1{,}35G + 1{,}5Q_{\text{entretien}}$	$\dfrac{\sigma_{m,d}}{k_{\text{crit}} \cdot f_{m,d}} = \dfrac{5{,}32}{0{,}97 \times 18{,}7} = 0{,}29 < 1$

Le critère est vérifié.

4.3 Le cisaillement (sollicitation simple)

La contrainte de cisaillement provoquée par les actions doit rester inférieure à la contrainte de résistance de cisaillement déterminée.

Le taux de travail est :

$$\frac{\tau_d}{f_{v,d}} \leqslant 1$$

avec :

- τ_d : contrainte de cisaillement provoquée par les actions, en N/mm^2.
- $f_{v,d}$: contrainte de résistance de cisaillement calculée, en N/mm^2.

4.3.1 Contrainte provoquée par les actions τ_d

La contrainte de cisaillement provoquée par la charge est calculée par la formule :

$$\tau_d = \frac{k_{\text{f}} \cdot F_{v,d}}{k_{cr} \cdot b \cdot h_{ef}}$$

avec :

- k_{f} : coefficient de forme de la section pour une section rectangulaire ($k_{\text{f}} = 1{,}5$) ;
- $F_{v,d}$: effort tranchant, en N. Une poutre sur deux appuis avec une charge uniformément répartie a un effort tranchant maximum au voisinage des appuis. Il a la même valeur que

la réaction d'appuis, soit $ql/2$ pour une charge uniformément répartie et $P/2$ pour une charge ponctuelle centrée (tableau 4.6) ;

- h_{ef} : hauteur réelle exposée au cisaillement (h_{ef} = 270 mm) ;
- b : épaisseur de la pièce (b = 90 mm) ;
- k_{cr} : coefficient tenant compte du risque de fente aux extrémités de la poutre (tableau 2.1) (k_{cr} = 1).

Le tableau 4.6 présente l'effort tranchant au niveau des appuis et la contrainte de cisaillement en fonction de la combinaison d'action.

Tableau 4.6 Efforts tranchant et contrainte de cisaillement sous les appuis en fonction de la combinaison d'action.

Combinaison à l'ELU	Effort tranchant, en N	Contrainte de cisaillement, en N/mm²
$q_1 = 1,35G$	$F_{v,d} = 0,644 \times \dfrac{5\,700}{2} = 1\,835$	$\tau_d = \dfrac{1,5 \times 1\,835}{1 \times 90 \times 270} = 0,11$
$q_2 = 1,35G + 1,5S$	$F_{v,d} = 3,128 \times \dfrac{5\,700}{2} = 8\,915$	$\tau_d = \dfrac{1,5 \times 8\,915}{1 \times 90 \times 270} = 0,55$
$q_3 = 1,35G + 1,5Q_{\text{entretien}}$	$F_{v,d} = 0,644 \times \dfrac{5\,700}{2} + \dfrac{2\,250}{2} = 2\,960$	$\tau_d = \dfrac{1,5 \times 2\,960}{1 \times 90 \times 270} = 0,18$

4.3.2 Contrainte de résistance du bois $f_{v,d}$

La contrainte de résistance du bois dépend de la contrainte caractéristique, de la classe de service (humidité du bois) et de la charge de plus courte durée de la combinaison d'actions. Les tableaux 1.7 à 1.9 présentent les contraintes caractéristiques.

$$f_{v,d} = f_{v,k}\,\frac{k_{\text{mod}}}{\gamma_M}$$

avec :

- $f_{v,k}$: contrainte caractéristique de résistance en cisaillement ($f_{v,k}$ = 3,5 N/mm²) ;
- k_{mod} : coefficient modificatif en fonction de la charge de plus courte durée et de la classe de service ;
- γ_M : coefficient partiel qui tient compte de la dispersion du matériau (γ_M = 1,25).

Le tableau 4.7 précise la valeur de la contrainte de résistance en cisaillement en fonction de la combinaison d'action.

Tableau 4.7 Valeur de la contrainte de résistance en cisaillement en fonction de la combinaison d'action.

Combinaison à l'ELU	Durée de la charge	Coefficient k_{mod}	Contrainte de résistance en cisaillement en N/mm²
$q_1 = 1,35G$	Permanente	0,6	$f_{v,d} = 3,5 \times \dfrac{0,6}{1,25} = 1,7$
$q_2 = 1,35G + 1,5S$	Court terme (altitude ≤ 1 000 m)	0,9	$f_{v,d} = 3,5 \times \dfrac{0,9}{1,25} = 2,5$
$q_3 = 1,35G + 1,5Q_{\text{entretien}}$	Court terme	0,9	$f_{v,d} = 3,5 \times \dfrac{0,9}{1,25} = 2,5$

4.3.3 Taux de travail

Le taux de travail est :

$$\frac{\tau_d}{f_{v,d}} \leq 1$$

Le tableau 4.8 mentionne le taux de travail pour chaque combinaison d'actions provoquant des sollicitations simples.

Tableau 4.8 Taux de travail en fonction des combinaisons d'actions.

Combinaison à l'ELU	Taux de travail
$q_1 = 1,35G$	$\dfrac{\tau_d}{f_{v,d}} = \dfrac{0,11}{1,7} = 0,06 < 1$
$q_2 = 1,35G + 1,5S$	$\dfrac{\tau_d}{f_{v,d}} = \dfrac{0,55}{2,5} = 0,22 < 1$
$q_3 = 1,35G + 1,5Q_{\text{entretien}}$	$\dfrac{\tau_d}{f_{v,d}} = \dfrac{0,18}{2,5} = 0,07 < 1$

Le critère est vérifié.

4.4 Vérification avec une sollicitation composée, la flexion et la compression axiale avec risque de flambement

La sollicitation composée (flexion et compression) est provoquée par les combinaisons q_4 et q_5. Les contraintes de flexion et de compression sont provoquées par les actions calculées aux ELU, états limites ultimes. La somme des deux rapports (contrainte de flexion divisée par la contrainte de résistance et contrainte de compression divisée par la contrainte de résistance) doivent rester inférieure à 1. Le taux de travail de la flexion est majoré par le coefficient k_{crit} (risque de déversement) et le taux de travail de la compression est majoré par le coefficient $k_{c,z}$ (risque de flambement). Le taux de travail de la flexion peut être élevé au carré lorsque le moment de flexion est portée par l'axe y et le risque de flambement est lié à l'axe z (figure 4.2).

Le taux de travail est :

$$\left(\frac{\sigma_{m,y,d}}{k_{\text{crit}} \cdot f_{m,d}} \right)^2 + \frac{\sigma_{c,0,d}}{k_{c,z} \cdot f_{c,0,d}} \leq 1$$

avec :

- $\sigma_{c,0,d}$: contrainte de compression axiale provoquée par les actions, en N/mm^2 ;
- $f_{c,0,d}$: contrainte de résistance de compression axiale, en N/mm^2 ;
- $k_{c,z}$: coefficient d'instabilité lié au risque de flambement autour de l'axe z ;
- $\sigma_{m,y,d}$: contrainte de flexion provoquée par les actions, en N/mm^2, avec un moment de flexion porté par l'axe y ;
- $f_{m,d}$: contrainte de résistance de flexion calculée, en N/mm^2 ;
- k_{crit} : coefficient d'instabilité provenant du déversement.

4.4.1 Contrainte provoquée par les actions $\sigma_{c,0,d}$

La contrainte de compression axiale est définie par la formule :

$$\sigma_{c,0,d} = \frac{N}{A}$$

avec :

- N : effort normal provoquant de la compression, en N ;
- A : aire de la pièce, en mm^2 ($A = 90 \times 270$).

Le tableau 4.9 précise la valeur de la contrainte de compression axiale en fonction de l'effort normal.

Tableau 4.9 Contrainte de compression axiale repris par le poteau en fonction de la combinaison d'action.

Combinaison à l'ELU	Effort normal, en kN	Contrainte de compression axiale, en N/mm^2
$q_4 = 1,35G + 1,5S + 0,6 \times 1,5W+$	$0,6 \times 1,5 \times 9,415 = 8,474$	$\sigma_{c,0,d} = \dfrac{8\,474}{90 \times 270} = 0,35$
$q_5 = 1,35G + 1,5W+ + 0,5 \times 1,5S$	$1,5 \times 9,415 = 14,123$	$\sigma_{c,0,d} = \dfrac{14\,123}{90 \times 270} = 0,58$

Remarque : l'effort normal étant provoqué par le vent, seules les combinaisons comportant un effet du vent sont retenues.

4.4.2 Contrainte de résistance du bois $f_{c,0,d}$

La contrainte de résistance du bois dépend de la contrainte caractéristique, de la classe de service (humidité du bois), de la charge de plus courte durée de la combinaison d'action :

$$f_{c,0,d} = f_{c,0,k} \frac{k_{\mathrm{mod}}}{\gamma_M}$$

avec :

- $f_{c,0,k}$: contrainte caractéristique de résistance en compression axiale pour un résineux classé GL24h ($f_{c,0,k} = 24$ N/mm^2) (tableau 1.9) ;
- k_{mod} : coefficient modificatif en fonction de la charge de plus courte durée (le vent) de la combinaison d'actions et de la classe de service ($k_{\mathrm{mod}} = 1,1$) ;
- γ_M : coefficient partiel qui tient compte de la dispersion du matériau ($\gamma_M = 1,25$).

$$f_{c,0,d} = 24 \times \frac{1,1}{1,25} = 21,1 \text{ N/mm}^2.$$

4.4.3 Coefficient de flambement k_c

Le flambement correspond à l'instabilité d'une pièce soumise à de la compression axiale. Il y a risque de déplacement selon l'élancement minimum de la pièce. Il est donc nécessaire d'étudier l'élancement suivant les axes y et z (figure 4.2).

Étape 1 : sélection de l'élancement mécanique de la panne par rapport aux axes z et y

L'élancement mécanique est défini par les formules :

$$\lambda_y = \frac{l_{\mathrm{f},y}}{i_y} \text{ et } \lambda_z = \frac{l_{\mathrm{f},z}}{i_z}$$

avec :

- $l_{\mathrm{f},y} = m \cdot l_{g,y}$: longueur de flambement, en mm, avec :
  - m : influence des assemblages des extrémités sur la longueur de flambement ($m = 1$) (tableau 3.5),
  - $l_{g,y}$: longueur de la panne par rapport à l'axe y, en mm ($l_{g,y} = 5\,700$ mm) ;
- $l_{\mathrm{f},z} = m \cdot l_{g,z}$: longueur de flambement, en mm, avec :
  - m : influence des assemblages des extrémités sur la longueur de flambement ($m = 1$),
  - $l_{g,z}$: longueur de la panne par rapport à l'axe z, en mm ($l_{g,z} = 5\,700$ mm) ;
- $i = \sqrt{\dfrac{I_G}{A}}$, rayon de giration, dans le repère défini par l'Eurocode dans la figure 4.2, avec :

$$- i_y = \sqrt{\frac{I_{G_y}}{A}} = \sqrt{\frac{h^3 b}{12bh}} = \frac{h}{\sqrt{12}},$$

$$- i_z = \sqrt{\frac{I_{G_z}}{A}} = \sqrt{\frac{b^3 h}{12bh}} = \frac{b}{\sqrt{12}}.$$

L'élancement devient pour l'axe y : $\lambda_y = \dfrac{ml_{g,y}\sqrt{12}}{h} = \dfrac{1 \times 5\,700 \times \sqrt{12}}{270} = 73.$

L'élancement devient pour l'axe z : $\lambda_z = \dfrac{ml_{g,z}\sqrt{12}}{b} = \dfrac{1 \times 5\,700 \times \sqrt{12}}{90} = 220.$

Le risque de flambement est le plus grand pour l'élancement le plus important. Les calculs seront réalisés par rapport à l'axe z.

Étape 2 : vérification du risque de flambement avec le calcul de l'élancement relatif de la panne par rapport à l'axe z

L'élancement relatif est défini par la formule :

$$\lambda_{\mathrm{rel},z} = \frac{\lambda_z}{\pi} \sqrt{\frac{f_{\mathrm{c},0,k}}{E_{0,05}}}$$

avec :

- $f_{\mathrm{c},0,k}$: contrainte caractéristique de résistance en compression axiale ($f_{\mathrm{c},0,k} = 24$ N/mm^2) ;
- $E_{0,05}$: module axial au 5e pourcentile (ou caractéristique) ($E_{0,05} = 9\,600$ N/mm^2).

$$\lambda_{\mathrm{rel},z} = \frac{220}{\pi} \sqrt{\frac{24}{9\,600}} = 3,5.$$

Lorsque l'élancement relatif, $\lambda_{\mathrm{rel,max}} > 0,3$, il y a un risque de flambement.

Étape 3 : calcul du coefficient d'instabilité lié au flambement par rapport à l'axe z

Pour définir le coefficient d'instabilité, il faut calculer un coefficient intermédiaire :

$$k_z = 0,5\left[1+\beta_c\left(\lambda_{\mathrm{rel},z}-0,3\right)+\lambda_{\mathrm{rel},z}^2\right]$$

avec : $\beta_c = 0,1$ pour le bois lamellé-collé, LVL et bois massif reconstitué (défaut de rectitude $< 1/500$ de la portée). Pour du bois massif, $\beta_c = 0,2$ (défaut de rectitude $< 1/300$ de la portée).

$$k_z = 0,5\left[1+0,1\times\left(3,5-0,3\right)+3,5^2\right]=6,79.$$

Le coefficient d'instabilité est défini par la formule :

$$\lambda_{c,z} = \frac{1}{k_z+\sqrt{k_z^2-\lambda_{\mathrm{rel},z}^2}}$$

$$\lambda_{c,z} = \frac{1}{6,79+\sqrt{6,79^2-3,5^2}}=0,08.$$

4.4.4 Taux de travail des sollicitations composées (compression et flexion)

Les sollicitations composées concernent les combinaisons q_4 et q_5. Les éléments concernant la flexion ont été calculés au § 4.2 « Vérification avec une sollicitation simple, la flexion avec risque de déversement ».

Le taux de travail est :

$$\left(\frac{\sigma_{m,y,d}}{k_{\mathrm{crit}}\cdot f_{m,d}}\right)^2+\frac{\sigma_{c,0,d}}{k_{c,z}\cdot f_{c,0,d}}\leq 1$$

Le tableau 4.10 précise le taux de travail pour une contrainte de flexion et de compression subie par la panne en fonction de la combinaison d'action.

Tableau 4.10 Taux de travail pour une contrainte de flexion et de compression.

Combinaison à l'ELU	Taux de travail
$q_4 = 1,35G + 1,5S + 0,6\times 1,5W+$	$\left(\dfrac{11,62}{0,97\times 22,8}\right)^2+\dfrac{0,35}{0,08\times 21,1}=0,48<1$
$q_5 = 1,35G + 1,5W+ + 0,5\times 1,5S$	$\left(\dfrac{7}{0,97\times 22,8}\right)^2+\dfrac{0,58}{0,08\times 21,1}=0,44<1$

Remarque : les éléments du taux de travail concernant la flexion ont été définis dans le § 4.2 « Vérification avec une sollicitation simple, la flexion avec risque de déversement ».

Les critères sont vérifiés car les taux de travail des sollicitations simples (compression avec risque de flambement) et composées (compression avec risque de flambement et flexion) sont inférieurs à 1.

5   Vérification à l'état limite de service (ELS)

L'état limite de service est vérifié lorsque les déformations ne dépassent pas une valeur limite réglementaire. Les vérifications à l'ELS concernent la déformation sous charge variable et la déformation totale de la panne. La flèche est provoquée par les charges de structure et de neige. Le tableau 4.11 mentionne les valeurs limites réglementaires des flèches.

Tableau 4.11 Valeurs limites réglementaires des flèches.

	Bâtiments courants			**Bâtiments agricoles et similaires**		
	$W_{\text{inst}(Q)}$	$W_{\text{net,fin}}$	W_{fin}	$W_{\text{inst}(Q)}$	$W_{\text{net,fin}}$	W_{fin}
Chevrons	–	$L/150$	$L/125$	–	$L/150$	$L/100$
Éléments structuraux	$L/300$	$L/200$	$L/125$	$L/200$	$L/150$	$L/100$

Remarques :
– La valeur limite des consoles et porte-à-faux est doublée. Elle est toujours supérieure à 5 mm.
– Les panneaux de planchers et supports de toiture ont une valeur limite de flèche nette finale ($W_{\text{net,fin}}$) de L/250.
– La valeur limite de flèche horizontale est de L/200 pour les éléments individuels soumis au vent. Pour les autres applications, elles sont identiques aux valeurs limites verticales des éléments structuraux.

5.1   La déformation instantanée sous charge variable $W_{\text{inst}(Q)}$

La déformation instantanée sous charge variable est provoquée par la neige et par la charge d'entretien. Le taux de déformation est :

$$\frac{U_{\text{inst}(Q)}}{W_{\text{inst}(Q)}} \leqslant 1$$

avec :

- $U_{\text{inst}(Q)}$: flèche instantanée provoquée par la neige ou par la charge d'entretien ;
- $W_{\text{inst}(Q)}$: flèche instantanée limite réglementaire sous charge variable.

5.1.1   Calcul de la flèche provoquée par la neige

La flèche instantanée est calculée avec la charge $q = S = 1{,}656$ kN/m (cf. § 3.2 « Les combinaisons à l'état limite de service (ELS) »). La panne a une charge symétrique et uniforme, la flèche est définie par la formule :

$$U_{\text{inst}(Q)} = \frac{5 q_{\text{inst}(Q)} \cdot L^4}{384 E_{0,mean} \cdot I}$$

avec :

- $q_{\text{inst}(Q)}$: charge linéique provoquée par les actions variables ($q_{\text{inst}(Q)} = 1{,}656$ kN/m $= 1{,}656$ N/mm) ;
- L : distance entre appuis ($L = 5\,700$ mm) ;
- $E_{0,mean}$: module moyen axial précisé dans le tableau 1.9 ($E_{0,mean} = 11\,500$ N/mm^2) ;

- I: moment quadratique en mm^4; pour une section rectangulaire sur chant, $I = bh^3/12$, avec:
    - h: hauteur de la pièce ($h = 270$ mm),
    - b: épaisseur de la pièce ($b = 90$ mm).

La formule devient:

$$U_{\text{inst}(Q)} = \frac{5q_{\text{inst}(Q)} \cdot L^4 \times 12}{384 E_{0,mean} \cdot b \cdot h^3},$$

soit $U_{\text{inst}(Q)} = \dfrac{5 \times 1,656 \times 5\,700^4 \times 12}{384 \times 11\,500 \times 90 \times 270^3} = 13,4$ mm.

5.1.2 Calcul de la flèche provoquée par la charge d'entretien

La flèche instantanée est calculée avec la charge $q = Q_{\text{entretien}} = 1,5$ kN (cf. § 3.2 « Les combinaisons à l'état limite de service (ELS) »). La panne a une charge symétrique et uniforme, la flèche est définie par la formule:

$$U_{\text{inst}(Q)} = \frac{q_{\text{inst}(Q)} \cdot L^3}{48 E_{0,mean} \cdot I}$$

avec:

- $q_{\text{inst}(Q)}$: charge provoquée par les actions variables ($q_{\text{inst}(Q)} = 1\,500$ N);
- L: distance entre appuis ($L = 5\,700$ mm);
- $E_{0,mean}$: module moyen axial précisé dans le tableau 1.9 ($E_{0,mean} = 11\,500$ N/mm^2);
- I: moment quadratique en mm^4; pour une section rectangulaire sur chant, $I = bh^3/12$, avec:
    - h: hauteur de la pièce ($h = 270$ mm),
    - b: épaisseur de la pièce ($b = 90$ mm).

La formule devient:

$$U_{\text{inst}(Q)} = \frac{q_{\text{inst}(Q)} \cdot L^3 \times 12}{48 E_{0,mean} \cdot b \cdot h^3},$$

soit $U_{\text{inst}(Q)} = \dfrac{1\,500 \times 5\,700^3 \times 12}{48 \times 11\,500 \times 90 \times 270^3} = 3,4$ mm.

La flèche provoquée par la neige est la plus importante.

La valeur limite réglementaire $W_{\text{inst}(Q)}$ est définie dans le tableau 4.11. Elle est de $L/300$ $= 5\,700/300 = 19$ mm.

Le taux de déformation est de:

$$\frac{U_{\text{inst}(Q)}}{W_{\text{inst}(Q)}} = \frac{13,4}{19} = 0,71 \leqslant 1.$$

Le critère est vérifié.

5.2 La déformation totale

La déformation totale ($W_{net,fin}$) est la somme de la flèche instantanée provoquée par les charges variables $W_{inst(Q)}$, la flèche instantanée provoquée par les charges permanentes $W_{inst(G)}$ et la flèche différée provoquée par la durée de la charge et l'humidité du bois W_{creep}. Lorsqu'elle existe, il faut retrancher la contre-flèche fabriquée.

$$W_{net,fin} = W_{inst} + W_{creep} - W_c$$

Le taux de déformation est :

$$\frac{U_{net,fin}}{W_{net,fin}} \leqslant 1$$

avec :

- $U_{net,fin}$: flèche nette finale ;
- $W_{net,fin}$: flèche nette finale limite réglementaire.

Par simplification, la combinaison $q = G + Q_1 + k_{def}\left(G + \Psi_{2,1}Q_1\right)$ permet de calculer directement la flèche nette finale. Le premier membre de l'équation (G) permet de calculer la flèche instantanée provoquée par les charges permanentes ($U_{inst(G)}$), le deuxième membre de l'équation (Q_1) permet de calculer la flèche instantanée provoquée par la charge d'exploitation ($U_{inst(Q)}$) et le troisième membre de l'équation $k_{def}\left(G + \Psi_{2,1}Q_1\right)$ permet de calculer la flèche différée provoquée par la durée de la charge et l'humidité du bois (U_{creep}).

La flèche totale est calculée avec la charge perpendiculaire au rampant $q = 0{,}477 + 1{,}656 + 0{,}8 \times (0{,}477 + 0 \times 1{,}656) = 2{,}515$ kN/m (cf. § 3.2 « Les combinaisons à l'état limite de service (ELS) »). La solive a une charge symétrique et uniforme, la flèche est définie par la formule :

$$U_{net,fin} = \frac{5q_{net,fin} \cdot L^4}{384 E_{0,mean} \cdot I}$$

avec :

- $q_{net,fin}$: charge de calcul linéique ($q_{net,fin} = 2{,}515$ kN/m = 2,515 N/mm) ;
- L : distance entre appuis ($L = 5\,700$ mm) ;
- $E_{0,mean}$: module moyen axial précisé dans le tableau 1.9 ($E_{0,mean} = 11\,500$ N/mm^2) ;
- I : moment quadratique en mm^4 ; pour une section rectangulaire sur chant, $I = bh^3/12$, avec :
    - h : hauteur de la pièce ($h = 270$ mm),
    - b : épaisseur de la pièce ($b = 90$ mm).

La formule devient :

$$U_{net,fin} = \frac{5q_{net,fin} \cdot L^4 \times 12}{384 E_{0,mean} \cdot b \cdot h^3}\,,$$

soit $U_{inst(Q)} = \dfrac{5 \times 2{,}515 \times 5\,700^4 \times 12}{384 \times 11\,500 \times 90 \times 270^3} = 20{,}4$ mm.

La valeur limite réglementaire $W_{net,fin}$ est définie dans le tableau 4.11. Elle est de $L/200 = 5\,700/200 = 28{,}5$ mm.

Le taux de déformation est de :

$$\frac{U_{\text{net,fin}}}{W_{\text{net,fin}}} = \frac{20,4}{28,5} = 0,72 \leqslant 1.$$

Le critère est vérifié.

Remarque : il est préférable de calculer la flèche provoquée par l'effort tranchant si le taux de déformation dépasse 0,95 ou si les charges sont importantes et la distance entre appuis courte, c'est-à-dire l'effort tranchant important. La formule est :

$$U_{\text{Effort tranchant}} = \frac{Mf_{\max}}{\dfrac{5}{6}G_{mean} \cdot b \cdot h}$$

6   Comparaison entre les critères de dimensionnement

Le tableau 4.12 fait la synthèse des critères vérifiés.

Tableau 4.12 Synthèse des critères vérifiés.

Critère vérifié	Combinaison	Taux de travail ou de déformation maximum
Contrainte de flexion (ELU)	$1,35G + 1,5S$	0,64
Contrainte de cisaillement (ELU)	$1,35G + 1,5S$	0,22
Contrainte de flexion et compression (ELU)	$1,35G + 1,5S + 0,6 \times 1,5W+$	0,62
Flèche instantanée sous charge variable (ELS)	–	0,50
Flèche nette finale (ELS)	–	0,71

Le critère dimensionnant est la flèche nette finale à l'ELS.

APPLICATIONS RÉSOLUES

1 Vérification aux Eurocodes d'un poteau dans une paroi d'un bâtiment

Un poteau d'une paroi reçoit les efforts de la toiture et les efforts de vent (figure 4.3) :

* les efforts provenant de la gravité provoquent de la compression avec un risque de flambement ;
* les efforts de vent provoquent de la flexion.

La justification exige des vérifications à l'état limite ultime et à l'état limite de service. La première étape consiste à définir les actions, les charges de structure, les charges d'exploitation (entretien) et les effets du vent. Puis il faut déterminer les combinaisons d'actions. Elles permettent de calculer à l'état limite ultime les contraintes de compression axiale en incluant le risque de flambement, les contraintes de flexion et de cisaillement. Pour vérifier l'état limite de service, il faut calculer la déformation instantanée sous charges variables uniquement, car seul le vent provoque de la flexion.

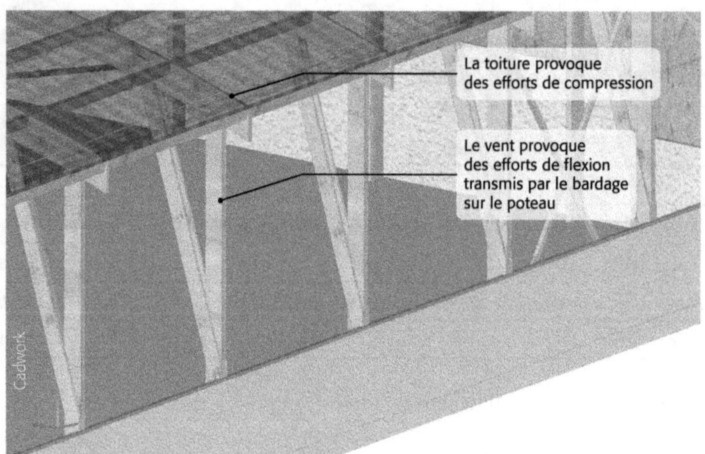

Figure 4.3 Présentation du poteau étudié.

1.1 Hypothèses de calcul

Considérons un bâtiment non chauffé à une altitude de 180 m (zone A1), situé en ville, avec une toiture inclinée à 14°, 4 travées de 4 m en longueur et d'une largeur de 10 m. Les poteaux reprennent une surface horizontale de toiture de 20 m^2 (par simplification, la reprise de charge de gravité par la jambe de force est négligée) et une largeur de bande de chargement de 4 m (figure 4.4). Le poteau est en bois lamellé-collé classé GL24h et sa section est de 90 × 315 mm. Le poteau reçoit un renfort au milieu de la hauteur pour le renforcer dans son épaisseur. La toiture est en bac acier de 17 kg/m^2 supporté par de pannes de 63 × 175 mm en bois massif avec un entraxe projeté (horizontal) de 1,67 m. Le vent exerce une pression sur le long pan de 0,42 kN/m^2 (figure 4.4).

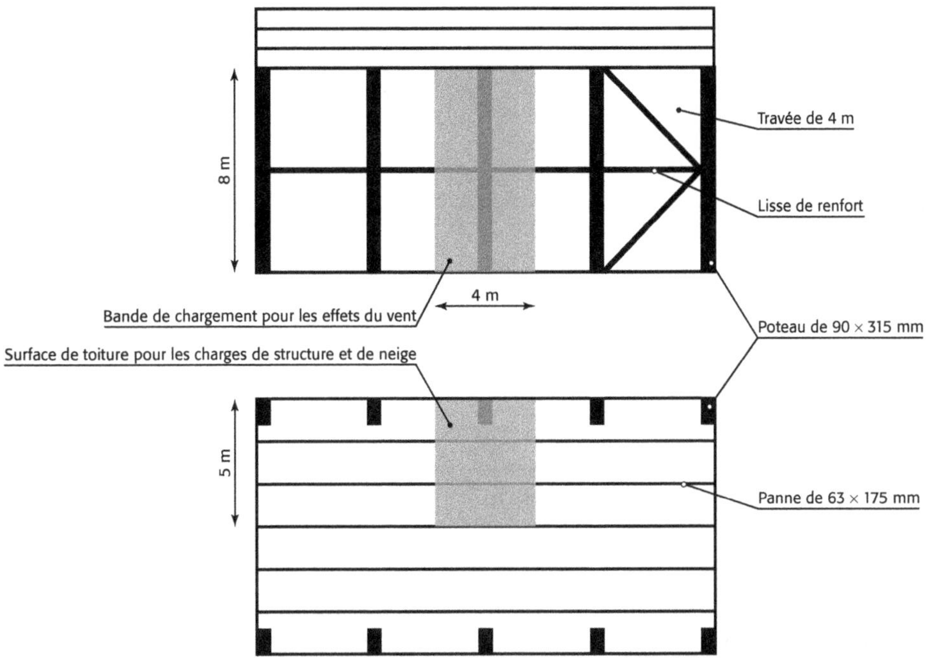

Figure 4.4 Vue en plan et vue du long pan sans le bardage.

1.2   Détermination des actions

Les charges de structure et de neige provoquent un effort parallèle à l'axe du poteau. Ce dernier sera sollicité en compression. Le vent provoque un effort perpendiculaire à l'axe du poteau. Celui-ci sera sollicité en flexion.

1.2.1   *Actions provoquées par le poids de la structure*

Étape 1 : détermination de la surface de toiture reprise par le poteau et de la largeur de la bande de chargement (figure 4.4)

Les travées ont une longueur de 4 m. Le poteau reprend 1/2 entraxe à gauche et 1/2 entraxe à droite, soit un entraxe complet ($4\,000/2 + 4\,000/2 = 4\,000$ mm). Le raisonnement est identique pour la toiture, chaque poteau reprend la moitié de la largeur du bâtiment, soit $10/2 = 5$ m (la reprise de charge par la jambe de force est négligée).

La largeur de la bande de chargement est de 4 m.

La surface de toiture vue en plan (horizontale) est de $4 \times 5 = 20$ m².

Étape 2 : transformation de la masse en charge

Le calcul consiste à transformer la masse du bac acier et des pannes en action exprimées en kN/m² horizontal (obtenu en divisant par cos α). Par simplification, l'accélération terrestre g est prise égale à 10 m/s².

Le bac acier : $\dfrac{\left[\mathrm{kg/m}^2 \right] \cdot \dfrac{\mathrm{g}}{1\,000}}{\cos \alpha} = \mathrm{kN/m}^2$ horizontal, soit $\dfrac{17 \times \dfrac{10}{1\,000}}{\cos 14°} = 0,17$ kN/m² horizontal.

La panne : $\dfrac{\dfrac{\left[\text{kg/m}^3\right] \cdot \text{g}}{1\,000} \cdot \text{hauteur (m)} \cdot \text{épaisseur (m)}}{\text{Entraxe projeté pannes}} = $ kN/m² horizontal,

soit $\dfrac{\dfrac{420 \times 10}{1\,000} \times 0,17 \times 0,063}{1,67} = 0,028$ kN/m² horizontal.

Étape 3 : détermination de la charge de structure (G) repris par le poteau

La charge totale de structure surfacique est multipliée par la surface de toiture pour obtenir une charge ponctuelle. Le poids du poteau est négligé.

La charge totale est $G = (0,17 + 0,028) \times 20 = 4,06$ kN.

1.2.2　Les charges de neige

Le bâtiment à une toiture inclinée à moins de 30°. Le bâtiment est situé en zone A1 à une altitude de 180 m. Les coefficients d'exposition c_e et thermique c_t sont égaux à 1.

Étape 1 : calcul de la neige au sol

$S_{180} = S_{200}$,

$S_{180} = 0,45$ kN/m² de sol.

Étape 2 : calcul du coefficient de forme μ_i

Pour un angle inférieur à 30° : $\mu_{1(14°)} = 0,8$.

Étape 3 : Calcul de la charge de neige sur la toiture terrasse en kN/m² horizontal (la division par l'entraxe permet d'obtenir une charge par mètre carré)

La formule de calcul de neige sur une toiture est $S = S_k \cdot \mu_{i(\alpha)} \cdot c_e \cdot c_t$.

$S = 0,45 \times 0,8 \times 1 \times 1 = 0,36$ kN/m² horizontal

La surface de chargement du poteau est de 20 m², $S = 0,36 \times 20 = 7,2$ kN.

Remarque : il n'y a pas de neige exceptionnelle dans la zone A1.

1.2.3　Les charges d'exploitation

La charge d'exploitation correspond à l'entretien. La toiture est inclinée. Il faut appliquer une charge ponctuelle de 1,5 kN.

1.2.4　Les effets du vent

Une étude avec un logiciel apporte les résultats suivants : valeur moyenne de pression extérieure : 0,42 kN/m².

Soit avec une bande de chargement de 4 m, $W = 0,42 \times 4 = 1,68$ kN/m.

Le tableau 4.13 précise la valeur et la direction de l'effort en fonction du cas de charge.

Tableau 4.13 Effort repris par le poteau en fonction du cas de charge.

Cas de charge	Effort sur le poteau	Direction de l'effort
G	4,06 kN	Parallèle à l'axe du poteau
S	7,2 kN	Parallèle à l'axe du poteau
$Q_{\text{entretien}}$	1,5 kN	Parallèle à l'axe du poteau
W	1,68 kN/m	Perpendiculaire à l'axe du poteau

1.3   Les combinaisons d'actions

Une première vérification consiste à confirmer que pendant toute la durée d'exploitation du bâtiment la sécurité des personnes sera assurée. C'est la vérification à l'état limite ultime (ELU). Une deuxième vérification permet de contrôler la déformation des poteaux. C'est la vérification à l'état limite de service (ELS).

1.3.1   *Les combinaisons à l'état limite ultime (ELU) avec des charges descendantes*

Les combinaisons à l'ELU concernent la résistance de la structure. Le risque de neige exceptionnelle n'existe pas dans la zone A1.

$q_1 = 1,35G.$

$q_2 = 1,35G + 1,5S.$

$q_3 = 1,35G + 1,5Q_{\text{entretien}}.$

$q_4 = 1,35G + 1,5S + 0,6 \times 1,5W+.$

$q_5 = 1,35G + 1,5W+ + 0,5 \times 1,5S.$

Remarques : la combinaison avec la structure et le vent $(1,35G + 1,5W+)$ n'est pas nécessaire, car la sollicitation est moins importante que les combinaisons q_4 et q_5 et la résistance du bois est identique.

1.3.2   *Les combinaisons à l'état limite de service (ELS)*

Les combinaisons à l'ELS ne concernent que la déformation sous charge variable (le vent). Il n'y a donc pas de combinaison. La valeur de la charge de calcul pour la déformation instantanée sous charge variable est :

$q = W,$

$q = 1,68 \text{ kN/m}.$

1.4   Vérification à l'état limite ultime (ELU)

La vérification à l'ELU consiste à vérifier le poteau avec l'effort normal (compression axiale avec risque de flambement) et l'effort tranchant (flexion avec risque de déversement). Le poteau est assemblé par ferrures boulonnées en pied et en tête. Le cisaillement au niveau de l'assemblage doit être justifié lors de la vérification de l'assemblage.

1.4.1   Calcul de la charge reprise par le poteau et section de calcul

Le tableau 4.14 précise l'effort normal et tranchant repris par le poteau en fonction de la combinaison d'action.

Tableau 4.14 Efforts normal et tranchant repris par le poteau en fonction de la combinaison d'action.

Combinaison à l'ELU	Effort normal provoquant de la compression, en kN	Effort tranchant provoquant de la flexion, en kN/m	Sollicitations
$q_1 = 1,35G$	$1,35 \times 4,06 = 5,481$	Aucun	Compression
$q_2 = 1,35G + 1,5S$	$1,35 \times 4,06 + 1,5 \times 7,2 = 16,281$	Aucun	Compression
$q_3 = 1,35G + 1,5Q_{entretien}$	$1,35 \times 4,06 + 1,5 \times 1,5 = 7,731$	Aucun	Compression
$q_4 = 1,35G + 1,5S + 0,6 \times 1,5W+$	$1,35 \times 0,4,06 + 1,5 \times 7,2 = 16,281$	$0,6 \times 1,5 \times 1,68 = 1,512$	Flexion + compression
$q_5 = 1,35G + 1,5W+ + 0,5 \times 1,5S$	$1,35 \times 0,477 + 0,5 \times 1,5 \times 7,2 = 10,881$	$1,5 \times 1,68 = 2,52$	Flexion + compression

Le bois lamellé-collé est séché avant le collage des lames, puis il est raboté. L'humidité du bois étant voisine de 12 %, il n'est pas nécessaire de diminuer la section.

1.4.2   Vérification avec une sollicitation simple, la compression axiale avec risque de flambement

La sollicitation simple de compression est provoquée par les combinaisons q_1, q_2 et q_3. La contrainte de compression axiale provoquée par les actions doit rester inférieure à la contrainte de résistance de compression axiale diminuée par un coefficient d'instabilité lié au risque de flambement.

Le taux de travail est :

$$\frac{\sigma_{c,0,d}}{k_c \cdot f_{c,0,d}} \leqslant 1,$$

avec :

- $\sigma_{c,0,d}$: contrainte de compression axiale provoquée par les actions, en N/mm^2 ;
- $f_{c,0,d}$: contrainte de résistance de compression axiale, en N/mm^2 ;
- k_c : coefficient d'instabilité lié au risque de flambement.

1.4.2.1   Contrainte provoquée par les actions $\sigma_{c,0,d}$

$$\sigma_{c,0,d} = \frac{N}{A},$$

avec :

- N : effort normal provoquant de la compression, en N ;
- $A = 90 \times 270$: aire de la pièce, en mm^2.

Le tableau 4.15 précise la valeur de la contrainte de compression axiale en fonction de l'effort normal.

Tableau 4.15 Contrainte de compression axiale repris par le poteau en fonction de la combinaison d'action.

Combinaison à l'ELU	Effort normal, en kN	Contrainte de compression axiale, en N/mm²
$q_1 = 1{,}35G$	$1{,}35 \times 4{,}06 = 5{,}481$	$\sigma_{c,0,d} = \dfrac{5\,481}{90 \times 315} = 0{,}19$
$q_2 = 1{,}35G + 1{,}5S$	$1{,}35 \times 4{,}06 + 1{,}5 \times 7{,}2 = 16{,}281$	$\sigma_{c,0,d} = \dfrac{16\,281}{90 \times 315} = 0{,}57$
$q_3 = 1{,}35G + 1{,}5Q_{\text{entretien}}$	$1{,}35 \times 4{,}06 + 1{,}5 \times 1{,}5 = 7{,}731$	$\sigma_{c,0,d} = \dfrac{7\,731}{90 \times 315} = 0{,}27$

1.4.2.2 Contrainte de résistance du bois $f_{c,0,d}$

La contrainte de résistance du bois dépend de la contrainte caractéristique, de la classe de service (humidité du bois), de la charge de plus courte durée de la combinaison d'action :

$$f_{c,0,d} = f_{c,0,k}\,\frac{k_{\text{mod}}}{\gamma_M},$$

avec :

- $f_{c,0,k} = 24$ N/mm² : contrainte caractéristique de résistance en compression axiale pour un résineux classé GL24h (tableau 1.9) ;
- k_{mod} : coefficient modificatif en fonction de la charge de plus courte durée de la combinaison d'actions et de la classe de service (tableau 1.11) ;
- $\gamma_M = 1{,}25$: coefficient partiel qui tient compte de la dispersion du matériau (tableau 1.14).

Le tableau 4.16 précise la valeur de la contrainte de résistance en compression axiale en fonction de la combinaison d'action.

Tableau 4.16 Valeur de la contrainte de résistance en compression axiale en fonction de la combinaison d'action.

Combinaison à l'ELU	Durée de la charge	Coefficient k_{mod}	Contrainte de résistance en cisaillement en N/mm²
$q_1 = 1{,}35G$	Permanente	0,6	$f_{c,0,d} = 24 \times \dfrac{0{,}6}{1{,}25} = 11{,}5$
$q_2 = 1{,}35G + 1{,}5S$	Court terme (altitude $\leqslant 1\,000$ m)	0,9	$f_{c,0,d} = 24 \times \dfrac{0{,}9}{1{,}25} = 17{,}3$
$q_3 = 1{,}35G + 1{,}5Q_{\text{entretien}}$	Court terme	0,9	$f_{c,0,d} = 24 \times \dfrac{0{,}9}{1{,}25} = 17{,}3$

1.4.2.3 Coefficient de flambement k_c

Étape 1 : sélection de l'élancement mécanique du poteau par rapport aux axes z et y (figure 4.2)

Le poteau reçoit un renfort au milieu de la hauteur pour renforcer son épaisseur. La longueur de flambement est divisée par deux pour la faible inertie, soit l'axe de rotation z (figure 4.5).

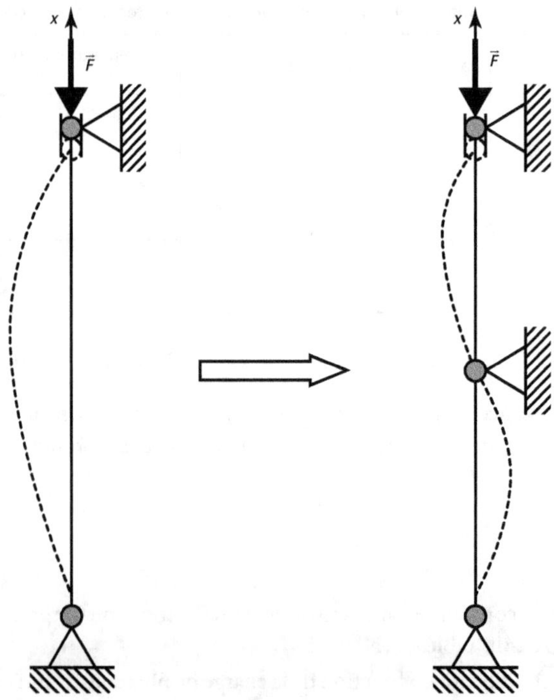

Figure 4.5 Renfort de l'épaisseur du poteau.

Pour que ce renfort soit efficace, les efforts d'antiflambement doivent être reportés jusqu'à une zone stabilisée (travée de stabilité, par exemple).

L'élancement mécanique est défini par les formules :

$$\lambda_y = \frac{l_{f,y}}{i_y} \text{ et } \lambda_z = \frac{l_{f,z}}{i_z},$$

avec :

- $l_{f,y} = m \cdot l_{g,y}$: longueur de flambement, en mm, avec :
    - $m = 1$: influence des assemblages des extrémités sur la longueur de flambement,
    - $l_{g,y}$: longueur libre du poteau par rapport à l'axe y, soit 8 000 mm ;
- $l_{f,z} = m \cdot l_{g,z}$: longueur de flambement, en mm, avec :
    - $m = 1$: influence des assemblages des extrémités sur la longueur de flambement,
    - $l_{g,z}$: longueur libre du poteau par rapport à l'axe z, soit avec le renfort au milieu de la hauteur 8 000/2 = 4 000 mm ;

- $i = \sqrt{\dfrac{I_G}{A}}$, rayon de giration, dans le repère défini par l'Eurocode dans la figure 4.2, avec :

$$- i_y = \sqrt{\frac{I_{G_y}}{A}} = \sqrt{\frac{h^3 b}{12bh}} = \frac{h}{\sqrt{12}},$$

$$- \, i_z = \sqrt{\frac{I_{G_z}}{A}} = \sqrt{\frac{b^3 h}{12 b h}} = \frac{b}{\sqrt{12}}.$$

L'élancement devient pour l'axe y : $\lambda_y = \dfrac{ml_{g,y}\sqrt{12}}{h} = \dfrac{1 \times 8\,000 \times \sqrt{12}}{315} = 88.$

L'élancement devient pour l'axe z : $\lambda_z = \dfrac{ml_{g,z}\sqrt{12}}{b} = \dfrac{1 \times 4\,000 \times \sqrt{12}}{90} = 154.$

Le risque de flambement est le plus grand pour l'élancement le plus important. Les calculs seront réalisés par rapport à l'axe z.

Étape 2 : vérification du risque de flambement avec le calcul de l'élancement relatif du poteau par rapport à l'axe z.

L'élancement relatif est défini par la formule :

$$\lambda_{\mathrm{rel},z} = \frac{\lambda_z}{\pi}\sqrt{\frac{f_{c,0,k}}{E_{0,05}}},$$

avec :

- $f_{c,0,k} = 24 \ \mathrm{N/mm^2}$: contrainte caractéristique de résistance en compression axiale ;
- $E_{0,05} = 9\,600 \ \mathrm{N/mm^2}$: module axial au 5e pourcentile (ou caractéristique).

$$\lambda_{\mathrm{rel},z} = \frac{154}{\pi}\sqrt{\frac{24}{9\,600}} = 2,45.$$

Lorsque l'élancement relatif, $\lambda_{\mathrm{rel,max}} > 0,3$, il y a un risque de flambement.

Étape 3 : calcul du coefficient d'instabilité lié au flambement par rapport à l'axe z.

Pour définir le coefficient d'instabilité, il faut calculer un coefficient intermédiaire :

$$k_z = 0,5\Big[1 + \beta_c\left(\lambda_{\mathrm{rel},z} - 0,3\right) + \lambda_{\mathrm{rel},z}^2\Big],$$

avec : $\beta_c = 0,1$ pour le bois lamellé-collé, LVL et bois massif reconstitué (défaut de rectitude $< 1/500$ de la portée). Pour du bois massif, $\beta_c = 0,2$ (défaut de rectitude $< 1/300$ de la portée).

$$k_z = 0,5\Big[1 + 0,1 \times \left(2,45 - 0,3\right) + 2,45^2\Big] = 3,61.$$

Le coefficient d'instabilité est défini par la formule :

$$\lambda_{c,z} = \frac{1}{k_z + \sqrt{k_z^2 - \lambda_{\mathrm{rel},z}^2}},$$

$$\lambda_{c,z} = \frac{1}{3,61 + \sqrt{3,61^2 - 2,45^2}} = 0,16.$$

1.4.2.4 Taux de travail des sollicitations simples (compression)

Le taux de travail est :

$$\frac{\sigma_{c,0,d}}{k_{c,z} \cdot f_{c,0,d}} \leq 1.$$

Le tableau 4.17 mentionne le taux de travail pour chaque combinaison d'actions provoquant des sollicitations simples.

Tableau 4.17 Taux de travail pour chaque combinaison d'actions provoquant des sollicitations simples.

Combinaison à l'ELU	Taux de travail
$q_1 = 1,35G$	$\dfrac{\sigma_{c,0,d}}{k_{c,z} \cdot f_{c,0,d}} = \dfrac{0,19}{0,16 \times 11,5} = 0,10 < 1$
$q_2 = 1,35G + 1,5S$	$\dfrac{\sigma_{c,0,d}}{k_{c,z} \cdot f_{c,0,d}} = \dfrac{0,57}{0,16 \times 17,3} = 0,21 < 1$
$q_3 = 1,35G + 1,5Q_{\text{entretien}}$	$\dfrac{\sigma_{c,0,d}}{k_{c,z} \cdot f_{c,0,d}} = \dfrac{0,27}{0,16 \times 17,3} = 0,10 < 1$

1.4.3 Vérification avec une sollicitation composée, la flexion et la compression axiale avec risque de flambement

La sollicitation composée (flexion et compression) est provoquée par les combinaisons q_4 et q_5. Les contraintes de flexion et de compression sont provoquées par les actions calculées aux ELU, états limites ultimes. La somme des deux rapports (contrainte de flexion divisée par la contrainte de résistance et contrainte de compression divisée par la contrainte de résistance) doit rester inférieure à 1. Le taux de travail de la flexion est majoré par le coefficient k_{crit} (risque de déversement) et le taux de travail de la compression est majoré par le coefficient par le coefficient $k_{c,z}$ (risque de flambement). Le taux de travail de la flexion peut être élevé au carré lorsque le moment de flexion est portée par l'axe y et le risque de flambement est lié à l'axe z (figure 4.2).

Le taux de travail est :

$$\left(\frac{\sigma_{m,y,d}}{k_{\text{crit}} \cdot f_{m,d}} \right)^2 + \frac{\sigma_{c,0,d}}{k_{c,z} \cdot f_{c,0,d}} \leq 1,$$

avec :

- $\sigma_{c,0,d}$: contrainte de compression axiale provoquée par les actions, en N/mm^2 ;
- $f_{c,0,d}$: contrainte de résistance de compression axiale, en N/mm^2 ;
- $k_{c,z}$: coefficient d'instabilité lié au risque de flambement autour de l'axe z ;
- $\sigma_{m,y,d}$: contrainte de flexion provoquée par les actions, en N/mm^2, avec un moment de flexion porté par l'axe y ;
- $f_{m,d}$: contrainte de résistance de flexion calculée, en N/mm^2 ;
- k_{crit}: coefficient d'instabilité provenant du déversement.

1.4.3.1 Contrainte provoquée par les actions $\sigma_{m,y,d}$

La contrainte de flexion provoquée par la charge est calculée par la formule :

$$\sigma_{m,y,d} = \frac{M_{f,y}}{\dfrac{I_{G,y}}{V}},$$

avec :

- $M_{f,y}$: moment de flexion maximum ; pour un poteau avec deux appuis avec une charge uniformément répartie, $M_{f,y} = qL^2/8$;
- $L = 8\,000$ mm : distance entre appuis, soit la hauteur du poteau ;
- $I_{G,y}/V$: module d'inertie ; $bh^2/6$ pour une section rectangulaire avec le repère de la figure 4.2.

$$\sigma_{m,y,d} = \frac{M_{f,y}}{\dfrac{I_{G,y}}{V}} = \frac{6qL^2}{8bh^2}.$$

Le tableau 4.18 précise la contrainte de flexion subie par le poteau en fonction de la combinaison d'action.

Tableau 4.18. Contrainte de flexion subie par le poteau en fonction de la combinaison d'action.

Combinaison à l'ELU	Effort perpendiculaire au poteau, en kN/m ou N/mm	Contrainte de compression axiale, en N/mm²
$q_4 = 1{,}35G + 1{,}5S + 0{,}6 \times 1{,}5W+$	$0{,}6 \times 1{,}5 \times 1{,}68 = 1{,}512$	$\sigma_{m,y,d} = \dfrac{6 \times 1{,}512 \times 8\,000^2}{8 \times 90 \times 315^2} = 8{,}1$
$q_5 = 1{,}35G + 1{,}5W+ + 0{,}5 \times 1{,}5S$	$1{,}5 \times 1{,}68 = 2{,}52$	$\sigma_{m,y,d} = \dfrac{6 \times 2{,}52 \times 8\,000^2}{8 \times 90 \times 315^2} = 13{,}5$

1.4.3.2 Contrainte de résistance du bois $f_{m,d}$

La contrainte de résistance du bois dépend de la contrainte caractéristique, de la classe de service (humidité du bois), de la charge de plus courte durée de la combinaison d'action, de l'effet système et de la plus grande dimension de la section. Les tableaux 1.7 à 1.9 présentent les contraintes caractéristiques $f_{m,k}$, le tableau 1.11 présente le coefficient modificatif k_{mod} et le tableau 1.14 le coefficient partiel γ_M.

$$f_{m,d} = f_{m,k} \cdot \frac{k_{\mathrm{mod}}}{\gamma_M} \cdot k_{\mathrm{sys}} \cdot k_{\mathrm{h}},$$

avec :

- $f_{m,k} = 24$ N/mm² : contrainte caractéristique de résistance en flexion ;
- $k_{\mathrm{mod}} = 1{,}1$: pour les deux combinaisons, coefficient modificatif en fonction de la charge de plus courte durée (le vent) et de la classe de service ;
- $\gamma_M = 1{,}25$: coefficient partiel qui tient compte de la dispersion du matériau ;
- $k_{\mathrm{sys}} = 1$: coefficient d'effet système. Il apparaît lorsque plusieurs éléments porteurs de même nature et de même fonction avec un entraxe inférieur à 1,2 m (solives, fermes) sont sollicités par un même type de chargement réparti uniformément et avec un système capable de reporter les efforts sur les pièces adjacentes ;

- $k_h = 1,08$: coefficient de hauteur. $k_h = 1$ lorsque la hauteur de la poutre est supérieure à 600 mm. Il majore les résistances pour les hauteurs inférieures à 150 mm pour le bois massif et 600 mm pour le bois lamellé-collé. Le risque de défauts cachés dans la structure du bois est moins important pour les petites sections que pour les grandes sections.

Calcul du coefficient de hauteur pour du bois massif :

– si $h \geqslant 150$ mm $k_h = 1$;

– si $h < 150$ mm $k_h = \min(1,3 ; (150/h)^{0,2})$.

Calcul du coefficient de hauteur pour du bois lamellé-collé :

– si $h \geqslant 600$ mm $k_h = 1$;

– si $h < 600$ mm $k_h = \min(1,1 ; (600/h)^{0,1}) = \min(1,1 ;(600/315)^{0,1}) = 1,08$.

Avec h la hauteur de la pièce en mm.

$$f_{m,d} = 24 \times \frac{1,1}{1,25} \times 1 \times 1,08 = 22,8 \text{ N/mm}^2.$$

1.4.3.3   Coefficient d'instabilité provenant du déversement k_{crit}

Le déversement est un flambement latéral de la membrure comprimée. Il peut apparaître lorsque les appuis sont limités en torsion (sabots, encastrement dans un mur, etc.) et si l'élancement est important, c'est-à-dire lorsque le rapport hauteur/épaisseur est élevé et lorsque la membrure comprimée n'est pas maintenue. Le calcul du coefficient k_{crit} s'effectue à partir de la contrainte critique de flexion $\sigma_{m,\text{crit}}$ et de l'élancement relatif de flexion $\lambda_{\text{rel},m}$.

Calcul de la contrainte critique $\sigma_{m,\text{crit}}$

La contrainte critique de flexion est définie par la formule :

$$\sigma_{m,\text{crit}} = \frac{0,78 E_{0,05} \cdot b^2}{h \cdot \left(l \cdot k_{lef} + \Delta l \right)},$$

avec :

- $E_{0,05} = 9\,600$ N/mm^2 : module axial au 5e pourcentile (ou caractéristique) ;
- $h = 315$ mm : hauteur de la pièce ;
- $b = 90$ mm : épaisseur de la pièce ;
- $l = 8\,000/2 = 4\,000$ mm, car le renfort prévient le déversement. Pour que ce renfort soit efficace, les efforts d'antidéversement doivent être reportés jusqu'à une zone stabilisée (travée de stabilité, par exemple) ;
- $\Delta l = 2 \times 315 = 630$ mm : lorsque la pièce est chargée sur sa fibre comprimée, la longueur efficace l_{ef} est augmentée de la valeur $\Delta l = 2h$; si la pièce est chargée sur sa partie tendue, l_{ef} est diminuée de la valeur $\Delta l = 0,5h$;
- $k_{lef} = 0,9$: coefficient de longueur efficace (cf. annexe « Tableaux et formulaire »).

$$\sigma_{m,\text{crit}} = \frac{0,78 \times 9\,600 \times 90^2}{315 \times (4\,000 \times 0,9 + 630)} = 44,5 \text{ N/mm}^2.$$

Calcul de l'élancement relatif de flexion $\lambda_{\text{rel},m}$

L'élancement relatif de flexion est défini par la formule :

$$\lambda_{\text{rel},m} = \sqrt{\frac{f_{m,k}}{\sigma_{m,\text{crit}}}},$$

avec :

- $\sigma_{m,\text{crit}} = 44,5\ \text{N/mm}^2$: contrainte critique de flexion ;
- $f_{m,k} = 24\ \text{N/mm}^2$: contrainte caractéristique de résistance en flexion.

$$\lambda_{\text{rel},m} = \sqrt{\dfrac{24}{44,5}} = 0,73\,.$$

Calcul du coefficient k_{crit}

Si $\quad \lambda_{\text{rel},m} \leqslant 0,75 \qquad\qquad k_{\text{crit}} = 1$, pas de déversement.

Si $\quad 0,75 < \lambda_{\text{rel},m} \leqslant 1,4 \qquad k_{\text{crit}} = 1,56 - 0,75\lambda_{\text{rel},m}.$

Si $\quad 1,4 < \lambda_{\text{rel},m} \qquad\qquad k_{\text{crit}} = 1/\lambda_{\text{rel},m}^2.$

$\lambda_{\text{rel},m} = 0,73$, donc $k_{\text{crit}} = 1$.

Remarque : lorsque le déplacement latéral de la face comprimée est évité sur toute sa longueur (entretoises ou voile travaillant fixé), le coefficient k_{crit} peut être pris égal à 1.

1.4.3.4   Taux de travail des sollicitations composées (compression et flexion)

Le taux de travail est :

$$\left(\frac{\sigma_{m,y,d}}{k_{\text{crit}} \cdot f_{m,d}}\right)^2 + \frac{\sigma_{c,0,d}}{k_{c,z} \cdot f_{c,0,d}} \leqslant 1.$$

Le tableau 4.19 précise le taux de travail pour une contrainte de flexion et de compression subie par le poteau en fonction de la combinaison d'action.

Tableau 4.19 Taux de travail pour une contrainte de flexion et de compression.

Combinaison à l'ELU	Taux de travail
$q_4 = 1,35G + 1,5S + 0,6 \times 1,5W+$	$\left(\dfrac{8,1}{1 \times 22,8}\right)^2 + \dfrac{0,57}{0,16 \times 21,1} = 0,30 < 1$
$q_5 = 1,35G + 1,5W+ + 0,5 \times 1,5S$	$\left(\dfrac{13,5}{1 \times 22,8}\right)^2 + \dfrac{0,38}{0,16 \times 21,1} = 0,47 < 1$

Pour la valeur 21,1 dans le tableau, cf. § 4.4.2 « Contrainte de résistance du bois $f_{c,0,d}$ ».

1.5   Vérification à l'état limite de service (ELS)

L'état limite de service est vérifié lorsque les déformations ne dépassent pas une valeur limite réglementaire. Les vérifications à l'ELS concernent la déformation sous charge variable uniquement, car seul le vent provoque de la flexion.

Les taux de déformation est :

$$\frac{U_{\text{inst}(Q)}}{W_{\text{inst}(Q)}} \leqslant 1,$$

avec :

- $U_{\text{inst}(Q)}$: flèche instantanée provoquée par le vent ;
- $W_{\text{inst}(Q)}$: flèche instantanée limite réglementaire sous charge variable.

La flèche instantanée est calculée avec la charge perpendiculaire au rampant $q = 1,68$ kN/m (cf. § 3.2 « Les combinaisons à l'état limite de service (ELS) »). La solive a une charge symétrique et uniforme, la flèche est définie par la formule :

$$U_{\text{inst}(Q)} = \frac{5 q_{\text{inst}(Q)} \cdot L^4}{384 E_{0,mean} \cdot I},$$

avec :

- $q_{\text{inst}(Q)} = 1,68$ kN/m $= 1,68$ N/mm : charge linéique provoquée par les actions variables ;
- $L = 8\,000$ mm : distance entre appuis ;
- $E_{0,mean} = 11\,500$ N/mm^2 : module moyen axial précisé dans le tableau 1.9 ;
- I : moment quadratique en mm^4 ; pour une section rectangulaire sur chant, $I = bh^3/12$, avec :
    - $h = 315$ mm : hauteur de la pièce,
    - $b = 90$ mm : épaisseur de la pièce.

La formule devient :

$$U_{\text{inst}(Q)} = \frac{5 q_{\text{inst}(Q)} \cdot L^4 \times 12}{384 E_{0,mean} \cdot b \cdot h^3},$$

soit $U_{\text{inst}(Q)} = \dfrac{5 \times 1,68 \times 8\,000^4 \times 12}{384 \times 11\,500 \times 90 \times 315^3} = 33,2$ mm.

La valeur limite réglementaire $W_{\text{inst}(Q)}$ est définie dans le tableau 4.11. Elle est de $L/200 = 8\,000/200 = 40$ mm.

Remarque : la valeur limite de flèche horizontale est de L/200 pour les éléments individuels soumis au vent. Pour les autres applications, elles sont identiques aux valeurs limites verticales des éléments structuraux.

Le taux de déformation est de :

$$\frac{U_{\text{inst}(Q)}}{W_{\text{inst}(Q)}} = \frac{33,2}{40} = 0,83 \leqslant 1.$$

Le critère est vérifié.

1.6 Comparaison entre les critères de dimensionnement

Le tableau 4.20 fait la synthèse des critères vérifiés.

Tableau 4.20 Synthèse des critères vérifiés.

Critère vérifié	Combinaison	Taux de travail ou de déformation maximum
Contrainte de compression (ELU)	$1,35G + 1,5S$	0,21
Contrainte de flexion et compression (ELU)	$1,35G + 1,5W+ + 0,5 \times 1,5S$	0,47
Contrainte de flexion en négligeant la compression (ELU)	$1,5W+$	0,60
Flèche instantanée sous charge variable (ELS)	$1,5W+$	0,83

Le critère dimensionnant est la flèche instantanée sous charge variable à l'ELS.

2   Vérification aux Eurocodes d'un chevron-arbalétrier

Un chevron-arbalétrier (figure 4.6) reçoit les efforts de la toiture et de la neige. Les efforts provenant de la gravité provoquent de la compression, avec un risque de flambement, et de la flexion. La justification exige des vérifications à l'état limite ultime et à l'état limite de service. La première étape consiste à définir les actions, les charges de structure, les charges d'exploitation (entretien) et les charges de neige. Puis il faut déterminer les combinaisons d'actions. Elles permettent de calculer à l'état limite ultime les contraintes de compression axiale en excluant le risque de flambement, les contraintes de flexion et de cisaillement. Pour vérifier l'état limite de service, il faut calculer la déformation instantanée sous charges variables et la déformation totale.

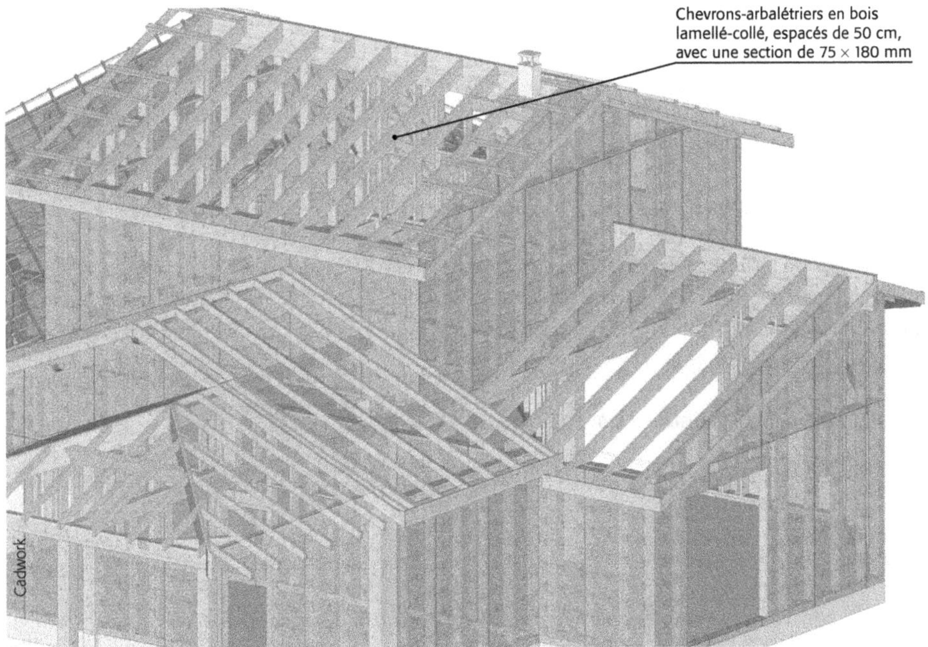

Figure 4.6 Présentation du chevron-arbalétrier étudié.

2.1   Hypothèses de calcul

Considérons une toiture avec un angle de 40° composée de chevrons-arbalétriers espacés de 50 cm en bois lamellé-collé classé GL24h avec une section est de 75 × 180 mm. Il est assemblé par une ferrure sur une solive. Le bâtiment est situé en zone A1 à 130 m d'altitude. Chaque chevron-arbalétrier est maintenu dans son épaisseur par un panneau support de toiture. La couverture est en bardeau d'asphalte bitumé de 20,6 kg/m^2, panneau OSB compris.

Remarque : pour cette application, le cisaillement ne sera pas vérifié.

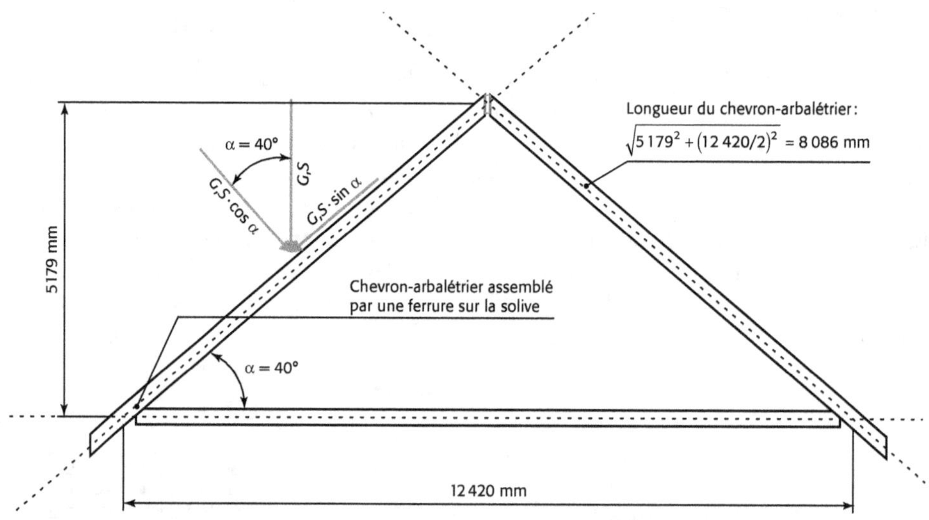

Figure 4.7 Dimensions de la toiture.

2.2　Détermination des actions

Les charges de structure et de neige provoquent un effort incliné à 40° par rapport à la perpendiculaire du rampant. Ce dernier sera sollicité en compression par l'effort parallèle au rampant (G et S multipliés par sin α) et en flexion par l'effort perpendiculaire au rampant (G et S multipliés par cos α).

2.2.1　*Actions provoquées par le poids de la structure*

Étape 1 : détermination de la largeur de la bande de chargement

La largeur de la bande de chargement est équivalente à l'entraxe des chevrons arbalétriers, soit 0,5 m.

Étape 2 : transformation de la masse en charge

Le calcul consiste à transformer la masse de la couverture et des chevrons-arbalétriers en action exprimées en kN/m. Par simplification, l'accélération terrestre g est prise égale à 10 m/s^2.

La couverture : [kg/m^2] · [g/1 000] · entraxe = kN/m,

soit $20,6 \times (10/1\,000) \times 0,5 = 0,103$ kN/m.

Le chevron-arbalétrier : $\dfrac{\left[\text{kg/m}^3\right] \cdot \text{g}}{1\,000} \cdot \text{hauteur (m)} \cdot \text{épaisseur (m)} = \text{kN/m}$,

soit $\dfrac{420 \times 10}{1\,000} \times 0,180 \times 0,075 = 0,057$ kN/m.

Étape 3 : détermination de la charge de structure (G) repris par mètre de chevron-arbalétrier

La charge de structure surfacique est multipliée par la bande de chargement pour obtenir une charge linéique. Le poids du chevron-arbalétrier est ajouté.

La charge totale est $G = 0,103 + 0,057 = 0,16$ kN/m.

2.2.2   Les charges de neige

Le bâtiment à une toiture inclinée à moins de 40°. Le bâtiment est situé en zone A1 à une altitude de 130 m. Les coefficients d'exposition c_e et thermique c_t sont égaux à 1.

Étape 1 : calcul de la neige au sol

$S_{130} = S_{200}$,

$S_{130} = 0,45$ kN/m² de sol.

Étape 2 : calcul du coefficient de forme μ_i

Pour un angle de 40° : $\mu_{1(40°)} = \dfrac{0,8 \times (60 - 40)}{30} = 0,53$.

Étape 3 : Calcul de la charge de neige sur la toiture en kN/m² rampant

La formule de calcul de neige sur une toiture est $S = S_k \cdot \mu_{i(\alpha)} \cdot c_e \cdot c_t$.

$S = 0,45 \times 0,53 \times 1 \times 1 = 0,24$ kN/m² horizontal.

$S = 0,24 \times \cos 40° = 0,184$ kN/m² rampant.

Étape 4 : calcul de la charge de neige sur le chevron-arbalétrier en kN/m

$S = 0,184 \times 0,5 = 0,092$ kN/m.

Remarque : il n'y a pas de neige exceptionnelle dans la zone A1.

2.2.3   Les charges d'exploitation

Pour cette application, les charges d'exploitation ne seront pas vérifiées.

2.3   Les combinaisons d'actions

Une première vérification consiste à confirmer que pendant toute la durée d'exploitation du bâtiment la sécurité des personnes sera assurée. C'est la vérification à l'état limite ultime (ELU). Une deuxième vérification permet de contrôler la déformation des chevrons-arbalétriers. C'est la vérification à l'état limite de service (ELS).

2.3.1   Les combinaisons à l'état limite ultime (ELU) avec des charges descendantes

Les combinaisons à l'ELU concernent la résistance de la structure. Le risque de neige exceptionnelle n'existe pas dans la zone A1.

$q_1 = 1,35G$.

$q_2 = 1,35G + 1,5S$.

2.3.2   Les combinaisons à l'état limite de service (ELS)

Les combinaisons à l'ELS concernent la déformation en flexion sous charge variable et la déformation totale.

Valeur des charges de calcul pour la déformation instantanée sous charge variable :

$q = S$.

Combinaisons pour la déformation totale avec la charge variable S :

$q = G + S + k_{\mathrm{def}}\left(G + \Psi_{2,1}S\right)$,

$$q = G + S + 0,8\left(G + 0S\right),$$

$$q = 0,16 + 0,092 + 0,8 \times \left(0,16 + 0 \times 0,092\right) = 0,38 \text{ kN/m}.$$

2.4 Vérification à l'état limite ultime (ELU)

La vérification à l'ELU consiste à vérifier le chevron-arbalétrier avec l'effort normal (compression axiale avec risque de flambement) et l'effort tranchant (flexion avec risque de déversement). Le chevron-arbalétrier est assemblé par ferrure boulonnée en pied.

2.4.1 *Calcul de la charge reprise par le chevron-arbalétrier et section de calcul*

Le tableau 4.21 précise l'effort normal et tranchant repris par le chevron-arbalétrier en fonction de la combinaison d'action.

Tableau 4.21 Efforts normal et tranchant repris par le chevron-arbalétrier en fonction de la combinaison d'action.

Combinaison à l'ELU	Effort vertical q, en kN/m	Effort perpendiculaire au rampant : $q\cos 40°$, en kN/m	Effort parallèle au rampant : $q\sin 40°$, en kN/m
$q_1 = 1,35G$	$1,35 \times 0,16 = 0,216$	0,165	0,139
$q_2 = 1,35G + 1,5S$	$1,35 \times 0,16 + 1,5 \times 0,092 = 0,354$	0,271	0,228

Le bois lamellé-collé est séché avant le collage des lames, puis il est raboté. L'humidité du bois étant voisine de 12 %, il n'est pas nécessaire de diminuer la section.

2.4.2 *Vérification avec une sollicitation composée, la compression axiale avec risque de flambement et la flexion*

La sollicitation composée (flexion et compression) est provoquée par les combinaisons q_1 et q_2. Les contraintes de flexion et de compression sont provoquées par les actions calculées aux ELU, états limites ultimes. La somme des deux rapports (contrainte de flexion divisée par la contrainte de résistance et contrainte de compression divisée par la contrainte de résistance) doit rester inférieure à 1. Le taux de travail de la flexion est majoré par le coefficient k_{crit} (risque de déversement) et le taux de travail de la compression est majoré par le coefficient par le coefficient $k_{c,z}$ (risque de flambement). Le taux de travail de la flexion peut être élevé au carré lorsque le moment de flexion est portée par l'axe y et le risque de flambement est lié à l'axe z (figure 4.2).

Le taux de travail est :

$$\left(\frac{\sigma_{m,y,d}}{k_{\text{crit}} \cdot f_{m,d}}\right)^2 + \frac{\sigma_{c,0,d}}{k_{c,z} \cdot f_{c,0,d}} \leq 1,$$

avec :

- $\sigma_{c,0,d}$: contrainte de compression axiale provoquée par les actions, en N/mm^2 ;
- $f_{c,0,d}$: contrainte de résistance de compression axiale, en N/mm^2 ;
- $k_{c,z}$: coefficient d'instabilité lié au risque de flambement autour de l'axe z ;
- $\sigma_{m,y,d}$: contrainte de flexion provoquée par les actions, en N/mm^2, avec un moment de flexion porté par l'axe y ;

- $f_{m,d}$: contrainte de résistance de flexion calculée, en N/mm^2 ;
- k_{crit} : coefficient d'instabilité provenant du déversement.

2.4.2.1 Contrainte provoquée par les actions $\sigma_{c,0,d}$

La contrainte de compression axiale est définie par la formule :

$$\sigma_{c,0,d} = \frac{N}{A},$$

avec :

- N : effort normal provoquant de la compression, en N ;
- $A = 75 \times 180$: aire de la pièce, en mm^2.

Le tableau 4.22 précise la valeur de la contrainte de compression axiale en fonction de l'effort normal.

Tableau 4.22 Contrainte de compression axiale repris par le chevron-arbalétrier en fonction de la combinaison d'action.

Combinaison à l'ELU	Effort normal, en N	Contrainte de compression axiale, en N/mm^2
$q_1 = 1,35G$	$0,139 \times 8\,086 = 1\,124$	$\sigma_{c,0,d} = \dfrac{1124}{75 \times 180} = 0,08$
$q_2 = 1,35G + 1,5S$	$0,228 \times 8\,086 = 1\,843,6$	$\sigma_{c,0,d} = \dfrac{1843,6}{75 \times 180} = 0,14$

Remarque : 1 kN/m = 1N/mm.

2.4.2.2 Contrainte de résistance du bois $f_{c,0,d}$

La contrainte de résistance du bois dépend de la contrainte caractéristique, de la classe de service (humidité du bois), de la charge de plus courte durée de la combinaison d'action :

$$f_{c,0,d} = f_{c,0,k}\, \frac{k_{\text{mod}}}{\gamma_M},$$

avec :

- $f_{c,0,k} = 24$ N/mm^2 : contrainte caractéristique de résistance en compression axiale pour un résineux classé GL24h (tableau 1.9) ;
- k_{mod} : coefficient modificatif en fonction de la charge de plus courte durée de la combinaison d'actions et de la classe de service (tableau 1.11) ;
- $\gamma_M = 1,25$: coefficient partiel qui tient compte de la dispersion du matériau (tableau 1.14).

Le tableau 4.23 précise la valeur de la contrainte de résistance en compression axiale en fonction de la combinaison d'action.

Tableau 4.23 Valeur de la contrainte de résistance en compression axiale en fonction de la combinaison d'action.

Combinaison à l'ELU	Durée de la charge	Coefficient k_{mod}	Contrainte de résistance en cisaillement en N/mm^2
$q_1 = 1,35G$	Permanente	0,6	$f_{c,0,d} = 24 \times \dfrac{0,6}{1,25} = 11,5$

Combinaison à l'ELU	Durée de la charge	Coefficient k_{mod}	Contrainte de résistance en cisaillement en N/mm²
$q_2 = 1,35G + 1,5S$	Court terme (altitude $\leqslant 1\,000$ m)	0,9	$f_{c,0,d} = 24 \times \dfrac{0,9}{1,25} = 17,3$

2.4.2.3　Coefficient de flambement k_c

Le flambement correspond à l'instabilité d'une pièce soumise à de la compression axiale. Il y a risque de déplacement selon l'élancement minimum de la pièce. Il est donc nécessaire d'étudier l'élancement suivant les axes y et z (figure 4.2).

Étape 1 : sélection de l'élancement mécanique du chevron-arbalétier par rapport aux axes z et y (figure 4.2)

Le chevron-arbalétrier étant maintenu dans son épaisseur par un panneau, il n'y a pas de risque de flambement autour de l'axe z.

L'élancement mécanique est défini par la formule :

$$\lambda_y = \frac{l_{\mathrm{f},y}}{i_y},$$

avec :

- $l_{\mathrm{f},y} = m \cdot l_{g,y}$: longueur de flambement, en mm, avec :
  - $m = 1$: influence des assemblages des extrémités sur la longueur de flambement,
  - $l_{g,y}$: longueur libre du chevron-arbalétrier par rapport à l'axe y, soit 8 086 mm ;

- $i = \sqrt{\dfrac{I_G}{A}}$, rayon de giration, dans le repère défini par l'Eurocode dans la figure 4.2, avec :

$$- i_y = \sqrt{\frac{I_{G_y}}{A}} = \sqrt{\frac{h^3 b}{12bh}} = \frac{h}{\sqrt{12}},$$

$$- i_z = \sqrt{\frac{I_{G_z}}{A}} = \sqrt{\frac{b^3 h}{12bh}} = \frac{b}{\sqrt{12}}.$$

L'élancement devient pour l'axe y : $\lambda_y = \dfrac{ml_{g,y}\sqrt{12}}{h} = \dfrac{1 \times 8\,086 \times \sqrt{12}}{180} = 156$.

Étape 2 : vérification du risque de flambement avec le calcul de l'élancement relatif du chevron-arbalétrier par rapport à l'axe y

L'élancement relatif est défini par la formule :

$$\lambda_{\mathrm{rel},y} = \frac{\lambda_y}{\pi} \sqrt{\frac{f_{c,0,k}}{E_{0,05}}},$$

avec :

- $f_{c,0,k} = 24$ N/mm² : contrainte caractéristique de résistance en compression axiale ;
- $E_{0,05} = 9\,600$ N/mm² : module axial au 5ᵉ pourcentile (ou caractéristique).

$$\lambda_{\mathrm{rel},z} = \frac{156}{\pi} \sqrt{\frac{24}{9\,600}} = 2,48.$$

Lorsque l'élancement relatif, $\lambda_{\text{rel,max}} > 0{,}3$, il y a un risque de flambement.

Étape 3 : calcul du coefficient d'instabilité lié au flambement par rapport à l'axe y

Pour définir le coefficient d'instabilité, il faut calculer un coefficient intermédiaire :

$$k_y = 0{,}5\left[1+\beta_c\left(\lambda_{\text{rel},y}-0{,}3\right)+\lambda_{\text{rel},y}^{2}\right],$$

avec : $\beta_c = 0{,}1$ pour le bois lamellé-collé, LVL et bois massif reconstitué (défaut de rectitude $< 1/500$ de la portée). Pour du bois massif, $\beta_c = 0{,}2$ (défaut de rectitude $< 1/300$ de la portée).

$$k_y = 0{,}5\left[1+0{,}1\times\left(2{,}48-0{,}3\right)+2{,}48^{2}\right] = 3{,}68.$$

Le coefficient d'instabilité est défini par la formule :

$$\lambda_{c,y} = \frac{1}{k_y+\sqrt{k_y^{2}-\lambda_{\text{rel},y}^{2}}},$$

$$\lambda_{c,y} = \frac{1}{3{,}68+\sqrt{3{,}68^{2}-2{,}48^{2}}} = 0{,}16.$$

2.4.2.4 Contrainte provoquée par les actions $\sigma_{m,y,d}$

La contrainte de flexion provoquée par la charge est calculée par la formule :

$$\sigma_{m,y,d} = \frac{M_{\text{f},y}}{\dfrac{I_{G,y}}{V}},$$

avec :

$M_{\text{f},y}$: moment de flexion maximum ; pour une poutre sur deux appuis avec une charge uniformément répartie, $M_{\text{f},y} = qL^{2}/8$;

- $L = 8\,086$ mm : distance entre appuis, soit la hauteur du chevron-arbalétrier ;
- $I_{G,y}/V$: module d'inertie ; $bh^{2}/6$ pour une section rectangulaire avec le repère de la figure 4.2.

Le tableau 4.24 précise la contrainte de flexion subie par le chevron-arbalétrier en fonction de la combinaison d'action.

Tableau 4.24. Contrainte de flexion subie par le chevron-arbalétrier en fonction de la combinaison d'action.

Combinaison à l'ELU	Effort perpendiculaire au rampant : $q\cos 40°$, en kN/m	contrainte de compression axiale, en N/mm²
$q_1 = 1{,}35G$	0,165	$\sigma_{m,y,d} = \dfrac{6\times 0{,}165\times 8\,086^{2}}{8\times 75\times 180^{2}} = 3{,}3$
$q_2 = 1{,}35G + 1{,}5S$	0,271	$\sigma_{m,y,d} = \dfrac{6\times 271\times 8\,076^{2}}{8\times 75\times 180^{2}} = 5{,}5$

2.4.2.5 Contrainte de résistance du bois $f_{m,d}$

La contrainte de résistance du bois dépend de la contrainte caractéristique, de la classe de service (humidité du bois), de la charge de plus courte durée de la combinaison d'action, de l'effet système et de la plus grande dimension de la section. Les tableaux 1.7 à 1.9 présentent les contraintes caractéristiques $f_{m,k}$, le tableau 1.11 présente le coefficient modificatif k_{mod} et le tableau 1.14 le coefficient partiel γ_M.

$$f_{m,d} = f_{m,k} \cdot \frac{k_{\text{mod}}}{\gamma_M} \cdot k_{\text{sys}} \cdot k_{\text{h}},$$

avec :

- $f_{m,k} = 24$ N/mm² : contrainte caractéristique de résistance en flexion ;
- $k_{\text{mod}} = 1,1$: pour les deux combinaisons, coefficient modificatif en fonction de la charge de plus courte durée (le vent) et de la classe de service ;
- $\gamma_M = 1,25$: coefficient partiel qui tient compte de la dispersion du matériau ;
- $k_{\text{sys}} = 1,1$: coefficient d'effet système. Il apparaît lorsque plusieurs éléments porteurs de même nature et de même fonction avec un entraxe inférieur à 1,2 m (solives, fermes) sont sollicités par un même type de chargement réparti uniformément et avec un système capable (le panneau dans notre exemple) de reporter les efforts sur les pièces adjacentes ;
- $k_{\text{h}} = 1,1$: coefficient de hauteur. $k_{\text{h}} = 1$ lorsque la hauteur de la poutre est supérieure à 600 mm. Il majore les résistances pour les hauteurs inférieures à 150 mm pour le bois massif et 600 mm pour le bois lamellé-collé. Le risque de défauts cachés dans la structure du bois est moins important pour les petites sections que pour les grandes sections.

Calcul du coefficient de hauteur pour du bois massif :

- si $h \geqslant 150$ mm $k_{\text{h}} = 1$;
- si $h < 150$ mm $k_{\text{h}} = \min(1,3 ; (150/h)^{0,2})$.

Calcul du coefficient de hauteur pour du bois lamellé-collé :

- si $h \geqslant 600$ mm $k_{\text{h}} = 1$;
- si $h < 600$ mm $k_{\text{h}} = \min(1,1 ; (600/h)^{0,1}) = \min(1,1 ;(600/180)^{0,1}) = 1,1$.

Avec h la hauteur de la pièce en mm.

Le tableau 2.25 précise la valeur de la contrainte de résistance en flexion en fonction de la combinaison d'action.

Tableau 2.25 Valeur de la contrainte de résistance en flexion en fonction de la combinaison d'action.

Combinaison à l'ELU	Durée de la charge	Coefficient k_{mod}	Contrainte de résistance en cisaillement, en N/mm²
$q_1 = 1,35G$	Permanente	0,6	$f_{m,d} = 24 \times \dfrac{0,6}{1,25} \times 1,1 \times 1,1 = 13,9$
$q_2 = 1,35G + 1,5S$	Court terme (altitude $\leqslant 1\,000$ m)	0,9	$f_{m,d} = 24 \times \dfrac{0,9}{1,25} \times 1,1 \times 1,1 = 20,9$

2.4.2.6 Coefficient d'instabilité provenant du déversement k_{crit}

Le déversement est un flambement latéral de la membrure comprimée. Il peut apparaitre lorsque les appuis sont limités en torsion (sabots, encastrement dans un mur, etc.) et si l'élancement est important, c'est-à-dire lorsque le rapport hauteur/épaisseur est élevé et lorsque la membrure comprimée n'est pas maintenue. Le chevron-arbalétrier est maintenu dans son épaisseur par un panneau support de toiture, la membrure comprimée ne peut donc pas déversée. $k_{\text{crit}} = 1$.

2.4.2.7 Taux de travail des sollicitations composées (compression et flexion)

Le taux de travail est :

$$\left(\frac{\sigma_{m,y,d}}{k_{\mathrm{crit}} \cdot f_{m,d}}\right)^2 + \frac{\sigma_{c,0,d}}{k_{c,z} \cdot f_{c,0,d}} \leq 1.$$

Le tableau 4.26 précise le taux de travail pour une contrainte de flexion et de compression subie par le chevron-arbalétrier en fonction de la combinaison d'action.

Tableau 4.26 Taux de travail pour une contrainte de flexion et de compression.

Combinaison à l'ELU	Taux de travail
$q_1 = 1,35G$	$\left(\dfrac{3,3}{1 \times 13,9}\right)^2 + \dfrac{0,08}{0,16 \times 11,5} = 0,10 < 1$
$q_2 = 1,35G + 1,5S$	$\left(\dfrac{5,5}{1 \times 20,9}\right)^2 + \dfrac{0,14}{0,16 \times 17,3} = 0,12 < 1$

Le critère est vérifié car les taux de travail des sollicitations composées (compression avec risque de flambement et flexion) sont inférieurs à 1.

2.5 Vérification à l'état limite de service (ELS)

L'état limite de service est vérifié lorsque les déformations ne dépassent pas une valeur limite réglementaire. Les vérifications à l'ELS concernent la déformation sous charge variable et la déformation totale du chevron-arbalétrier. Le chevron-arbalétrier est incliné par rapport à la charge de gravité. Seul l'effort perpendiculaire au chevron-arbalétrier (l'effort tranchant qui est égal à $q\cos 40°$) provoque de la flexion.

2.5.1 *La déformation instantanée sous charge variable $W_{\mathrm{inst}(Q)}$*

La déformation instantanée sous charge variable est provoquée par la neige.

Les taux de déformation est :

$$\frac{U_{\mathrm{inst}(Q)}}{W_{\mathrm{inst}(Q)}} \leq 1,$$

avec :

- $U_{\mathrm{inst}(Q)}$: flèche instantanée provoquée par la neige ;
- $W_{\mathrm{inst}(Q)}$: flèche instantanée limite réglementaire sous charge variable.

La flèche instantanée est calculée avec la charge perpendiculaire au rampant $q = 0,092 \times \cos 40° = 0,071$ kN/m (cf. le § 2.3.2 « Les combinaisons à l'état limite de service (ELS) »). Le chevron-arbalétrier a une charge symétrique et uniforme, la flèche est définie par la formule :

$$U_{\mathrm{inst}(Q)} = \frac{5 q_{\mathrm{inst}(Q)} \cdot L^4}{384 E_{0,mean} \cdot I},$$

avec :

- $q_{\mathrm{inst}(Q)} = 0,071$ kN/m $= 0,071$ N/mm : charge linéique provoquée par les actions variables ;

- $L = 8\,086$ mm : distance entre appuis ;
- $E_{0,mean} = 11\,500$ N/mm^2 : module moyen axial précisé dans le tableau 1.9 ;
- I : moment quadratique en mm^4 ; pour une section rectangulaire sur chant, $I = bh^3/12$, avec :
    - $h = 180$ mm : hauteur de la pièce,
    - $b = 75$ mm : épaisseur de la pièce.

La formule devient :

$$U_{\text{inst}(Q)} = \frac{5q_{\text{inst}(Q)} \cdot L^4 \times 12}{384 E_{0,mean} \cdot b \cdot h^3},$$

soit $U_{\text{inst}(Q)} = \dfrac{5 \times 0,071 \times 8\,086^4 \times 12}{384 \times 11\,500 \times 75 \times 180^3} = 9,4$ mm.

La valeur limite réglementaire $W_{\text{inst}(Q)}$ est définie dans le tableau 4.11. Elle est de $L/300 = 8\,086/300 = 27$ mm.

Le taux de déformation est de :

$$\frac{U_{\text{inst}(Q)}}{W_{\text{inst}(Q)}} = \frac{9,4}{27} = 0,35 \leqslant 1.$$

Le critère est vérifié.

2.5.2   *La déformation totale*

Les taux de déformation est :

$$\frac{U_{\text{net,fin}}}{W_{\text{net,fin}}} \leqslant 1,$$

avec :

- $U_{\text{net,fin}}$: flèche nette finale ;
- $W_{\text{net,fin}}$: flèche nette finale limite réglementaire.

La flèche totale est calculée avec la charge perpendiculaire au rampant $q = [G + S + 0,8(G + 0S)] \times \cos 40° = 0,38 \times \cos 40° = 0,291$ kN/m (cf. le § 2.3.2 « Les combinaisons à l'état limite de service (ELS) »). Le chevron-arbalétrier a une charge symétrique et uniforme, la flèche est définie par la formule :

$$U_{\text{net,fin}} = \frac{5q_{\text{net,fin}} \cdot L^4}{384 E_{0,mean} \cdot I},$$

avec :

- $q_{\text{net,fin}} = 0,291$ kN/m $= 0,291$ N/mm : charge de calcul linéique ;
- $L = 8\,086$ mm : distance entre appuis ;
- $E_{0,mean} = 11\,500$ N/mm^2 : module moyen axial précisé dans le tableau 1.9 ;
- I : moment quadratique en mm^4 ; pour une section rectangulaire sur chant, $I = bh^3/12$, avec :
    - $h = 180$ mm : hauteur de la pièce,
    - $b = 75$ mm : épaisseur de la pièce.

La formule devient :

$$U_{\text{net,fin}} = \frac{5q_{\text{net,fin}} \cdot L^4 \times 12}{384 E_{0,mean} \cdot b \cdot h^3},$$

soit $U_{\text{net,fin}} = \dfrac{5 \times 0,291 \times 8\,086^4 \times 12}{384 \times 11\,500 \times 75 \times 180^3} = 38,6$ mm.

La valeur limite réglementaire $W_{\text{net,fin}}$ est définie dans le tableau 4.11. Elle est de $L/200$ = 8 086/200 = 40,4 mm.

Le taux de déformation est de :

$$\frac{U_{\text{net,fin}}}{W_{\text{net,fin}}} = \frac{38,6}{40,4} = 0,96 \leqslant 1.$$

Le critère est vérifié.

2.6 Comparaison entre les critères de dimensionnement

Le tableau 4.27 fait la synthèse des critères vérifiés.

Tableau 4.27 Synthèse des critères vérifiés.

Critère vérifié	Taux de travail ou de déformation
Contrainte de flexion (ELU)	0,12
Flèche instantanée sous charge variable (ELS)	0,35
Flèche nette finale (ELS)	0,96

Le critère dimensionnant est la flèche nette finale à l'ELS.

Panne d'aplomb ou déversée – Vérification aux Eurocodes d'une panne travaillant en flexion déviée

1 Panne d'aplomb ou déversée

1.1 Travail en flexion simple ou déviée?

Une panne travaille en flexion simple lorsque la direction de l'effort qu'elle reprend est parallèle à la hauteur de la panne (ou retombée). La déformation ne se fera que par rapport à sa forte inertie. Lorsque l'effort est incliné par rapport à la hauteur de la panne, cette dernière travaille en flexion déviée. La déformation se fera par rapport à sa forte et surtout à sa faible inertie. Il est toujours nettement préférable de faire travailler une panne en flexion simple par rapport à la flexion déviée. Les éléments qui définissent le mode de flexion sont le mode de pose, pannes d'aplomb ou déversée et la fixation des chevrons sur la panne faîtière et sablière (figure 5.1 et tableau 5.1).

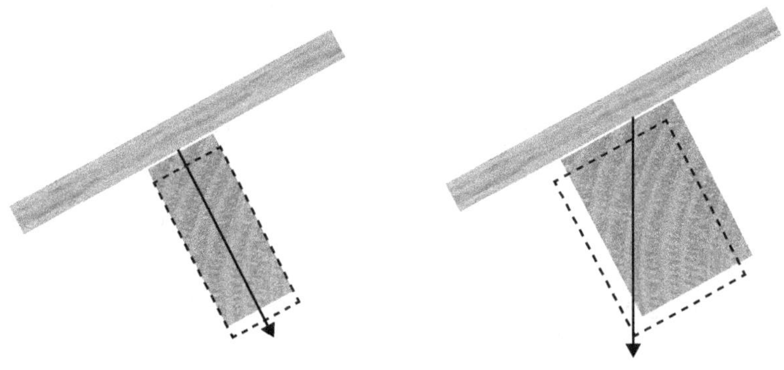

Figure 5.1 À gauche, la flexion est simple, à droite la flexion est déviée.

Tableau 5.1 Travail de la panne en flexion simple ou déviée.

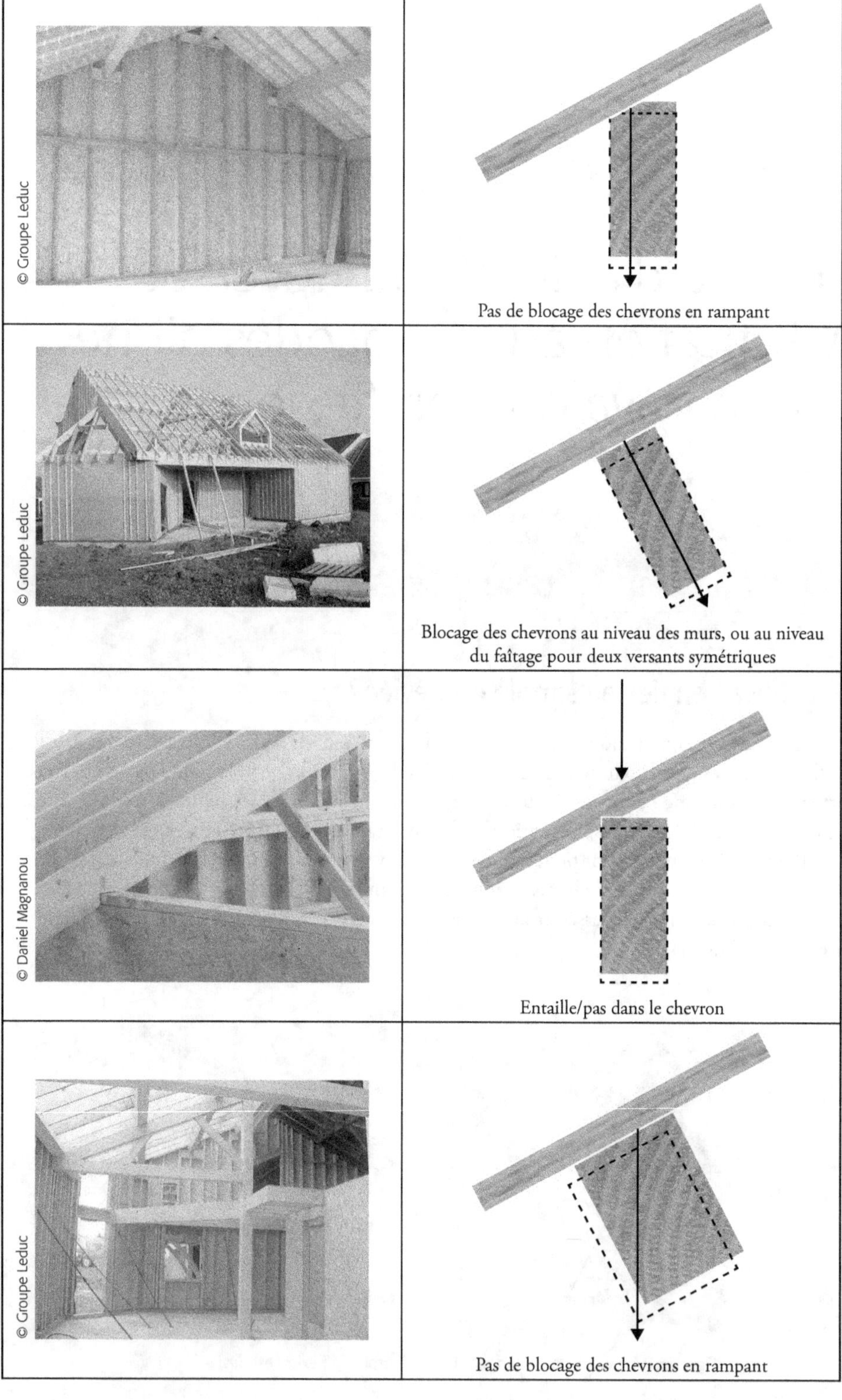

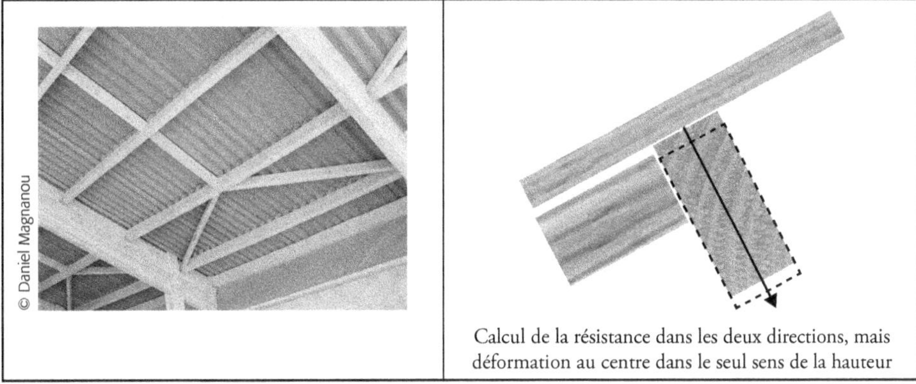

Calcul de la résistance dans les deux directions, mais déformation au centre dans le seul sens de la hauteur

1.2 Fixation des chevrons sur les pannes pour obtenir de la flexion simple

La fixation des chevrons sur la panne faîtière et la panne sablière dépend du mode de pose des pannes: d'aplomb ou déversée.

1.2.1 Panne posée d'aplomb

Les figures 5.2 à 5.4 présentent trois possibilités d'assemblage des chevrons sur les pannes pour éviter qu'elles ne travaillent en flexion déviée:

- l'assemblage des chevrons sur la panne sablière par une patte en acier;
- le clouage des chevrons sur toutes les pannes, sablière, intermédiaires et faîtière afin que la rigidité de l'assemblage soit identique;
- l'usinage d'un pas dans les chevrons.

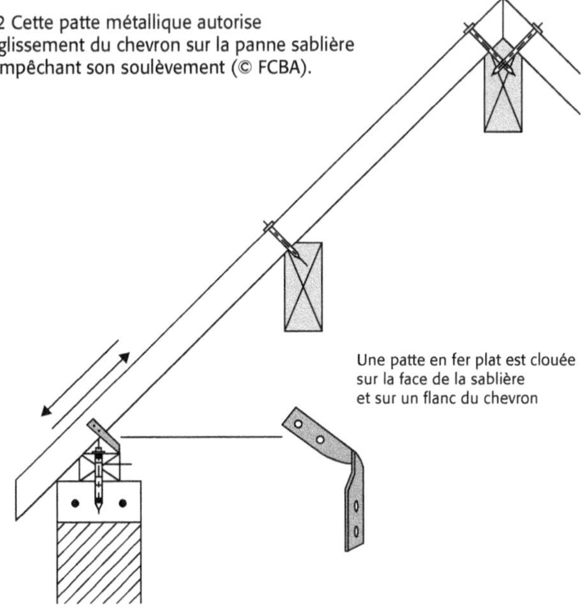

Figure 5.2 Cette patte métallique autorise un léger glissement du chevron sur la panne sablière tout en empêchant son soulèvement (© FCBA).

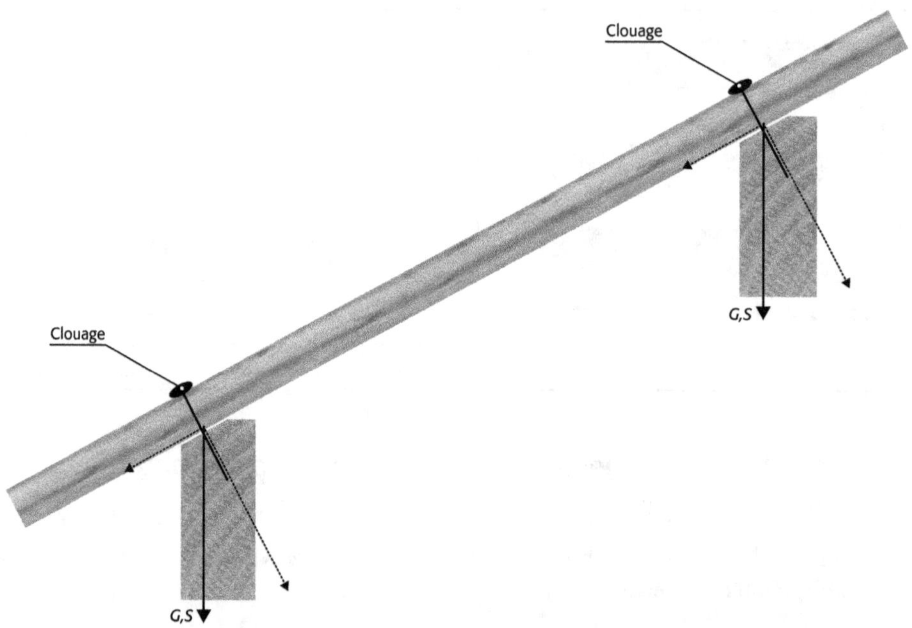

Figure 5.3 Cette panne d'aplomb délardée travaille en flexion simple car les assemblages du chevron ont la même rigidité au niveau de chaque panne.

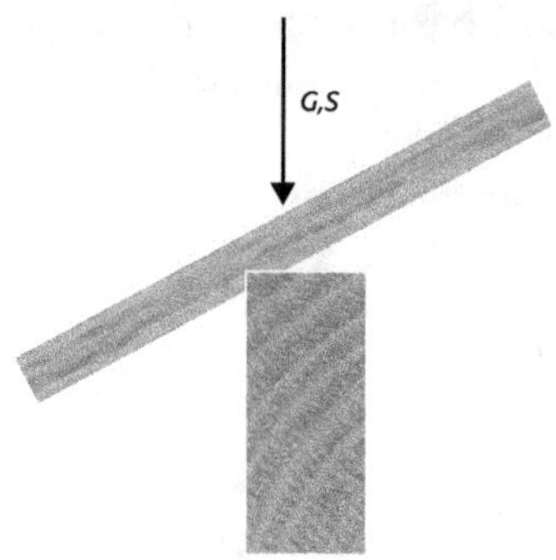

Figure 5.4 Cette panne d'aplomb travaille en flexion simple grâce au pas dans le chevron.

1.2.2 Panne posée déversée

Lorsque la panne n'est pas assez rigide suivant son épaisseur, sa déformation peut entraîner les chevrons. Il est nécessaire de prendre des dispositions pour empêcher ce déplacement. Il existe trois méthodes :

- le blocage des chevrons sur la faîtière ;
- le blocage des chevrons sur la sablière ;
- la création d'un appui supplémentaire.

1.2.2.1 **Blocage des chevrons sur la faîtière**

Les chevrons sont bloqués par un point résistant en partie haute de la structure. On peut employer un boulon, un connecteur, un gousset en contreplaqué ou un feuillard métallique pour reporter les charges sur les chevrons symétriques en faîtage. Attention, la panne faîtière doit pouvoir reprendre les efforts du rampant (figures 5.5 et 5.6).

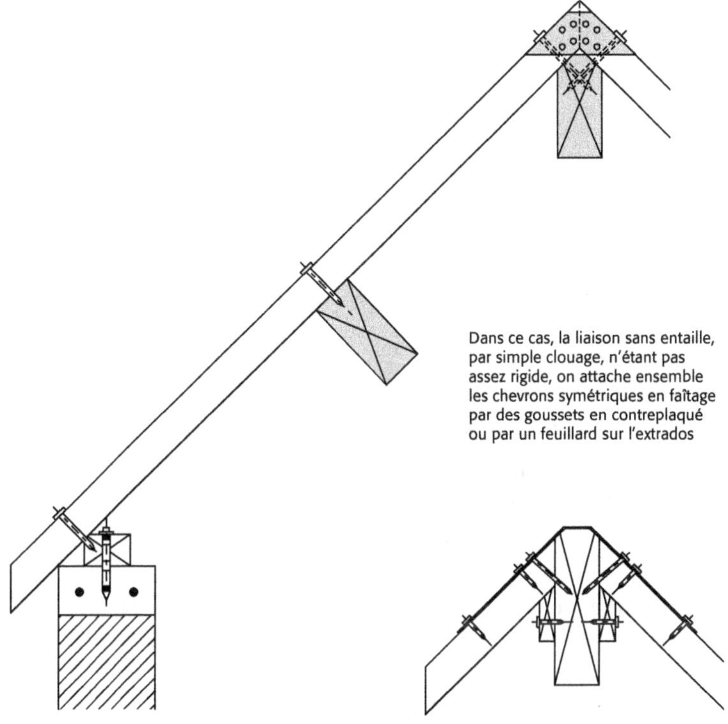

Figure 5.5 Blocage des chevrons par un point résistant en partie haute de la structure (© FCBA).

Figure 5.6 À gauche, les chevrons sont bloqués au faîtage (© Groupe Leduc). À droite, remarquez la continuité des chevrons pour transmettre les efforts à la panne faîtière (© Groupe Leduc).

1.2.2.2 *Blocage des chevrons sur la sablière*

Les chevrons sont bloqués par un point résistant en partie basse de la structure. On peut bloquer le chevron par la partie haute du mur, renforcer le clouage par un pas (entaille). Attention, le haut du mur doit être capable de reprendre l'effort de poussée provenant des chevrons (figure 5.7).

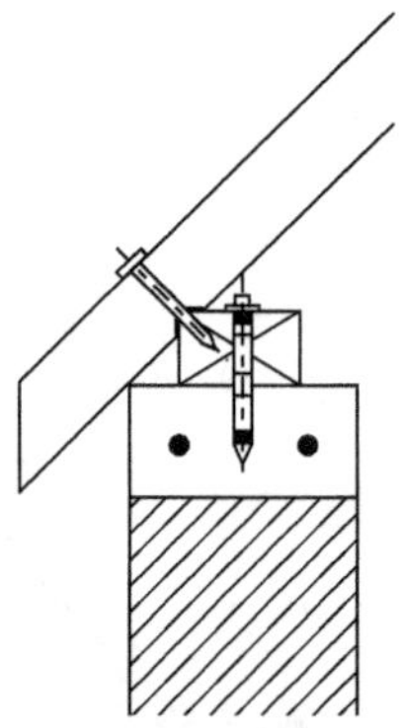

Figure 5.7 Le chevron est bloqué par le mur grâce à un clouage renforcé par une entaille (© FCBA).

1.2.2.3 *Création d'un appui supplémentaire*

Pour éviter la déformation selon le rampant, on réalise un appui supplémentaire au milieu de la panne (figure 5.8). Ces efforts sont transmis par des butons ou étrésillons (pièces de bois) aux points durs de la structure (portiques ou arbalétrier, par exemple).

Pour ce cas de figure, la panne est sollicitée en flexion déviée. Elle est sur deux appuis dans le sens de la hauteur (forte inertie) et sur trois appuis dans le sens de l'épaisseur (faible inertie).

Figure 5.8 La panne est renforcée par un troisième appui au milieu du rampant (© Atlanbois).

1.3 Exemple de cas de figure ou la flexion déviée est inévitable

Lorsqu'il n'y a pas de possibilité de bloquer les chevrons en partie haute (sur la panne faîtière) ou en partie basse (le haut du mur) de la structure, les pannes doivent être capables de reprendre les efforts du rampant. Ce cas de figure peut se retrouver, par exemple, lorsque les deux pans de la toiture sont à une hauteur différente ou nettement dissymétriques (figure 5.9).

Figure 5.9 L'épaisseur de cette panne permet de reprendre les efforts de rampant en limitant sa déformation, car les deux rampants sont à une hauteur différente (© Groupe Leduc).

1.3.1 Influence de la fixation des chevrons sur les efforts repris par les pannes

Les efforts repris par les pannes dépendent notamment de la fixation des chevrons mais aussi du mode de pose des pannes, à l'aplomb ou déversée. On distingue les cas suivants :
- pannes posées à l'aplomb :
    - pas (ou entaille) sur chevrons avec un clouage,
    - pannes délardées et clouage du chevron ;
- pannes posées déversées :
    - blocage du chevron sur faîtière,
    - blocage du chevron sur sablière,
    - appuis intermédiaire dans le rampant des pannes par des étrésillons,
    - panne de rigidité transversale (axe faible) suffisante pour soutenir la déformation dans le rampant.

1.3.2 Pannes posées à l'aplomb

1.3.2.1 *Pas (ou entaille) sur chevrons*

Les chevrons possèdent des pas. Les pannes sont chargées verticalement. Les pointes résistent simplement au soulèvement (figure 5.10).

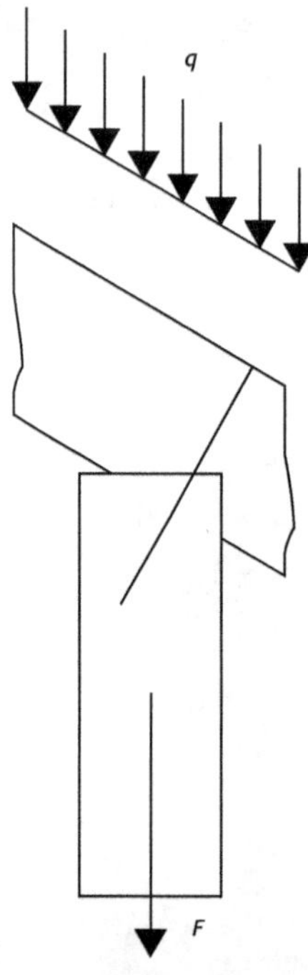

$F = q \cdot m \cdot L$ ou $F = 1{,}25 \times q \cdot m \cdot L$ si le chevron est sur trois appuis

F : charge totale sur la panne, en kN

q : en kN/m²

m : entraxe des pannes, en m

L : longueur de la panne, en m

Figure 5.10 Chevron avec un pas.

1.3.2.2 *Panne délardée*

Les pannes sont délardées. La souplesse de la liaison avec des pointes permet de ne pas charger les pannes transversalement (axe faible), elles subissent simplement un chargement vertical. Les pointes reprennent l'effort de glissement et résistent au soulèvement. Dans la majorité des applications, la vérification des pointes n'est pas nécessaire (figure 5.11).

1.3.3 Pannes posées déversées

1.3.3.1 *Panne de rigidité transversale insuffisante avec blocage sur faîtière*

Les pannes sont déversées. Le glissement total C est repris par blocage du chevron sur la faîtière (figure 5.12). Les pannes subissent simplement une charge P perpendiculaire au versant. Les pointes reprennent le soulèvement. Le glissement total est repris par la faîtière. Attention, la panne faîtière reprend les efforts parallèles au rampant (figure 5.13).

1.3.3.2 *Panne de rigidité transversale insuffisante avec blocage sur sablière*

Les pannes sont déversées. La décomposition des efforts est identique au cas des chevrons bloqués sur la panne faîtière (figure 5.14). Le glissement C est repris par blocage du chevron sur la sablière. Les pannes subissent simplement une charge P perpendiculaire au versant. Les pointes reprennent le soulèvement. Le glissement total est repris par la sablière. Attention, le mur reprend les efforts parallèles au rampant.

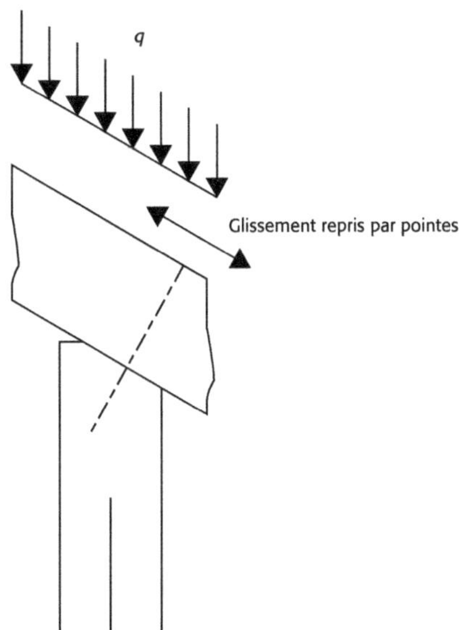

$F = q \cdot m \cdot L$ ou $F = 1,25 \times q \cdot m \cdot L$ si le chevron est sur trois appuis

F : charge totale sur la panne, en kN

q : en kN/m²

m : entraxe des pannes, en m

L : longueur de la panne, en m

Figure 5.11 Panne délardée.

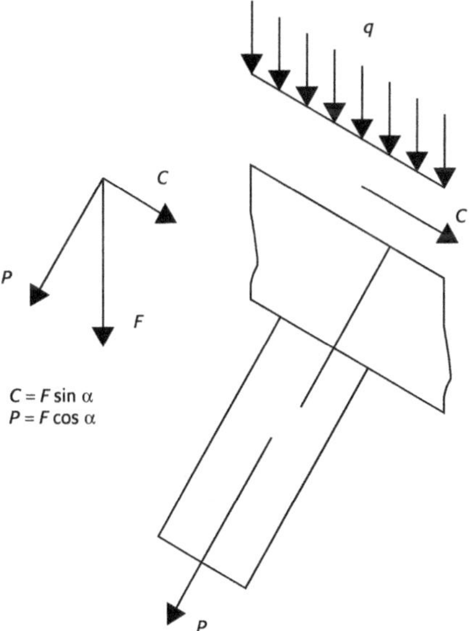

$P = q \cdot m \cdot L \cdot \cos \alpha$ ou $P = 1,25 \times q \cdot m \cdot L \cdot \cos \alpha$ si le chevron est sur trois appuis

$C = q \cdot m \cdot L \cdot \sin \alpha$ ou $P = 1,25 \times q \cdot m \cdot L \cdot \sin \alpha$ si le chevron est sur trois appuis

P et C : charges totales sur la panne, en kN

q : en kN/m²

m : entraxe des pannes, en m

L : longueur de la panne, en m

α : angle du versant, en degrés

Figure 5.12 : Panne avec blocage en faîtage.

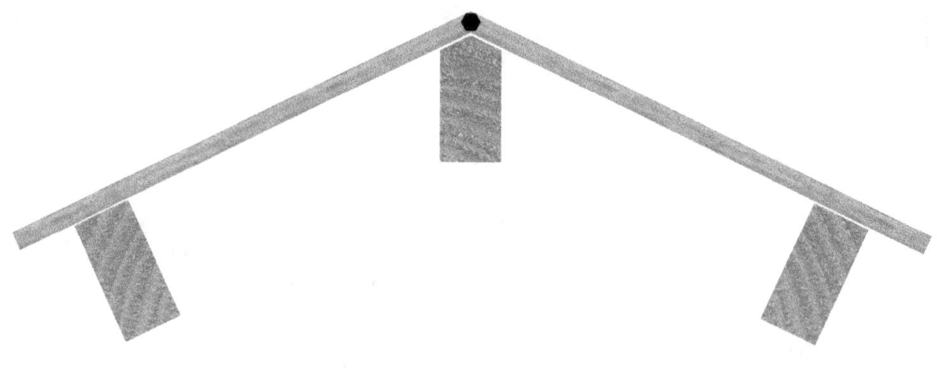

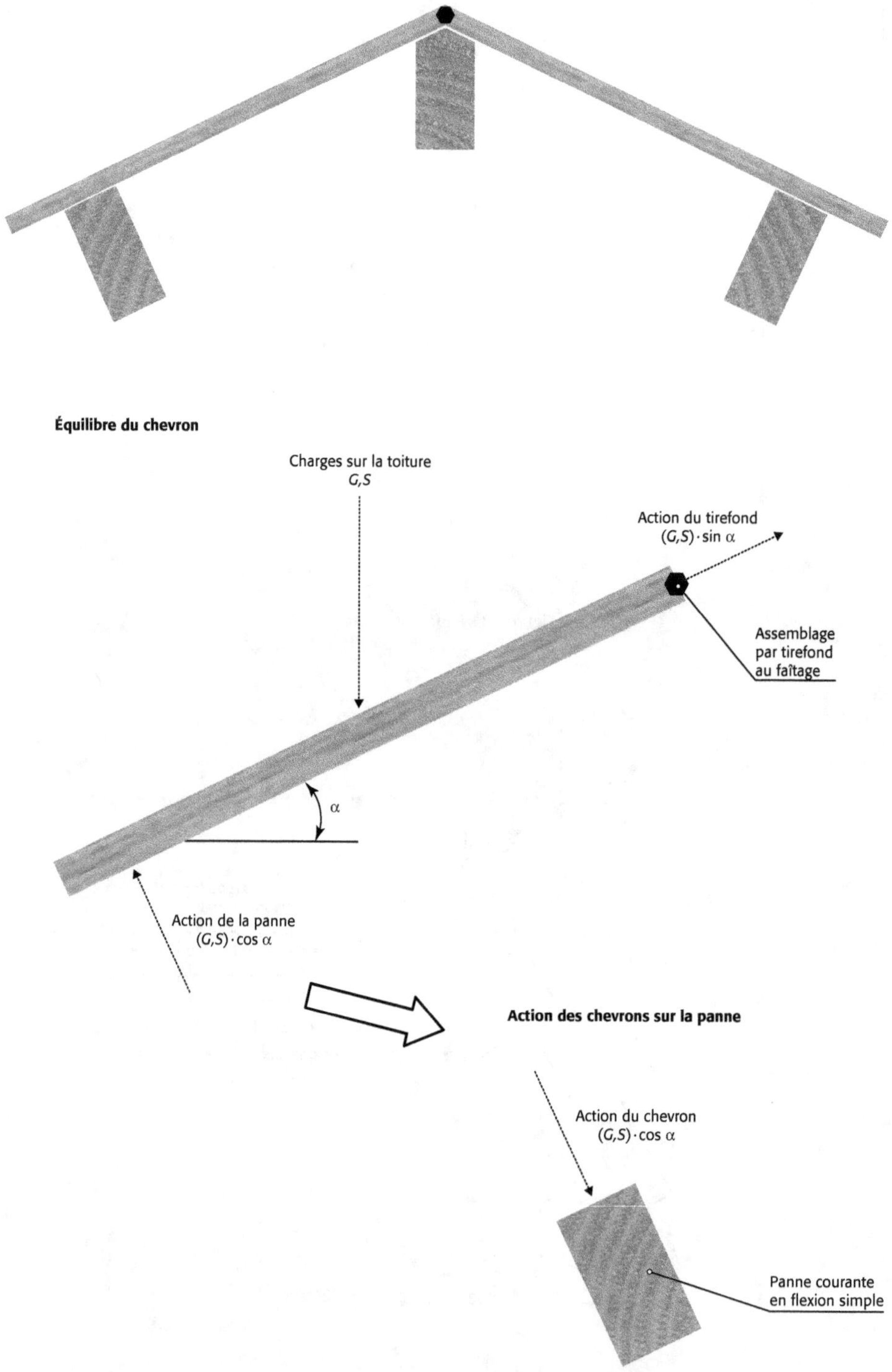

Équilibre du chevron

Figure 5.13 Cette panne est déversée avec des chevrons bloqués au faîtage (tirefonnage des chevrons par exemple). L'ensemble des efforts parallèles à la pente sont repris par la panne faîtière pour chaque versant ((G,S)·sin α·nombre de pannes). La panne ne reprend que les efforts perpendiculaires à la pente ((G,S)·cos α).

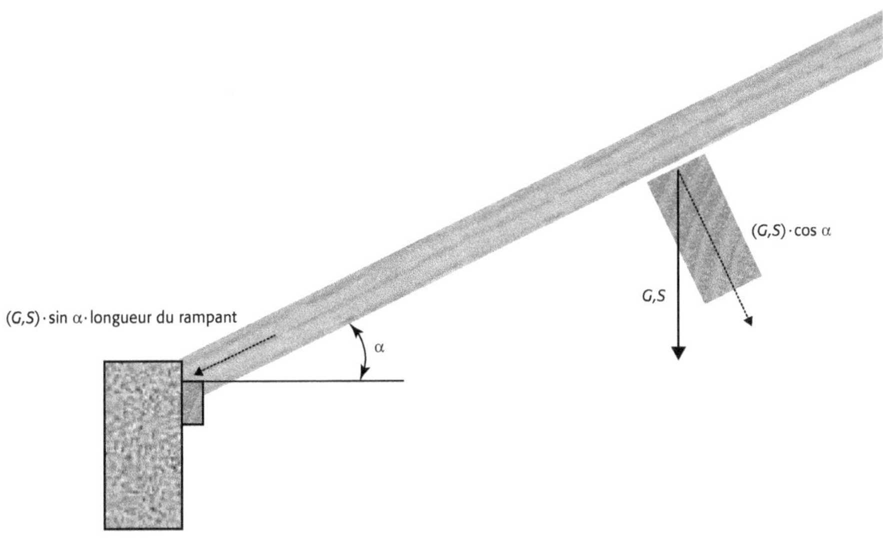

Figure 5.14 : Cette panne est déversée avec des chevrons bloqués en pieds (appuis contre le mur). L'ensemble des efforts parallèles à la pente sont repris par le mur ((G,S)·sin α·nombre de pannes). La panne ne reprend que les efforts perpendiculaires à la pente ((G,S)·cos α).

1.3.3.3 *Panne de rigidité transversale insuffisante avec blocage par étrésillon central*

Les pannes étant déversées, elles subissent une charge P et C. Pour éviter une déformation transversale, elles sont bloquées par un étrésillon central (figure 5.15).

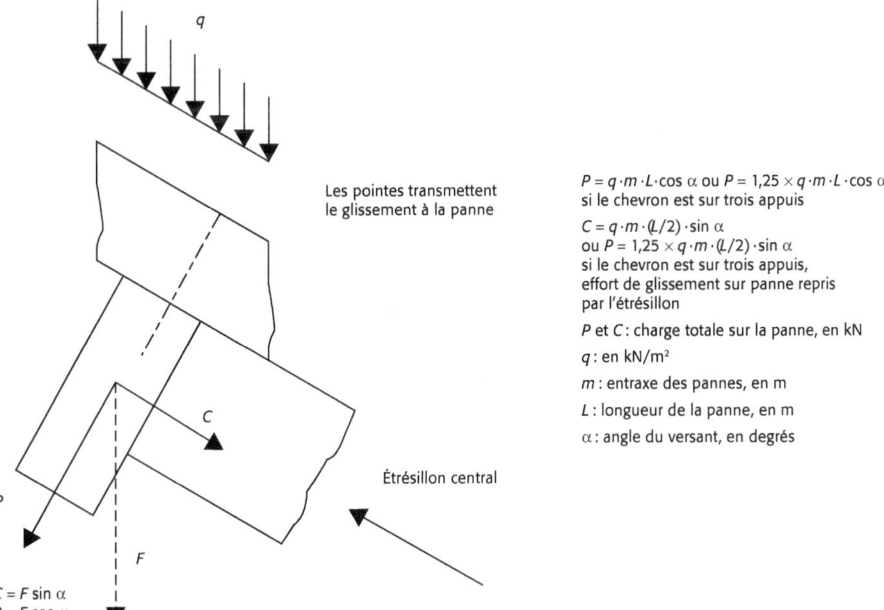

Figure 5.15 Panne avec blocage par étrésillon central.

1.3.3.4 Panne de rigidité transversale suffisante

Les pannes étant déversées, elles subissent une charge P et C (figure 5.16). Ces efforts provoquent un déplacement $d1$ selon l'axe fort (axe P) de la panne et un déplacement $d2$ selon l'axe faible (axe C). La charge maximale est généralement limitée par le déplacement $d2$ exagéré de la panne dans son axe faible. Pour augmenter la possibilité de reprise de charge de la panne, il faut adopter une solution constructive précédemment décrite.

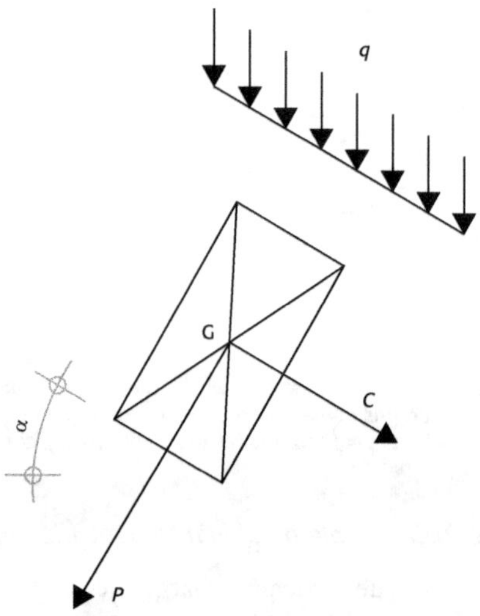

Figure 5.16 Panne avec blocage par étrésillon central de rigidité transversale suffisante.

2 Vérification aux Eurocodes d'une panne travaillant en flexion déviée

La justification d'une panne travaillant en flexion déviée exige des vérifications à l'état limite ultime et à l'état limite de service. La première étape consiste à définir les actions, les charges de structure et les charges d'exploitation. Puis il faut déterminer les combinaisons d'actions, qui simulent les différentes situations de charges auxquelles les pannes seront soumises au cours de leur vie. Ces combinaisons d'actions définissent la charge de calcul pour établir les contraintes de flexion, de cisaillement et de compression transversale à l'état limite ultime et la déformation instantanée sous charges variables et la déformation totale à l'état limite de service.

2.1 Hypothèses de calcul

Considérons une panne travaillant en flexion déviée d'un bâtiment situé en zone A1 à une altitude inférieure à 200 m et avec une pente de 30 % (soit 16,7°). La longueur d'appui sur les arbalétriers est de 40 mm. La structure est composée de :

* une couverture en tuiles mécaniques à emboîtement pesant 40 kg/m^2 (liteaux compris) ;

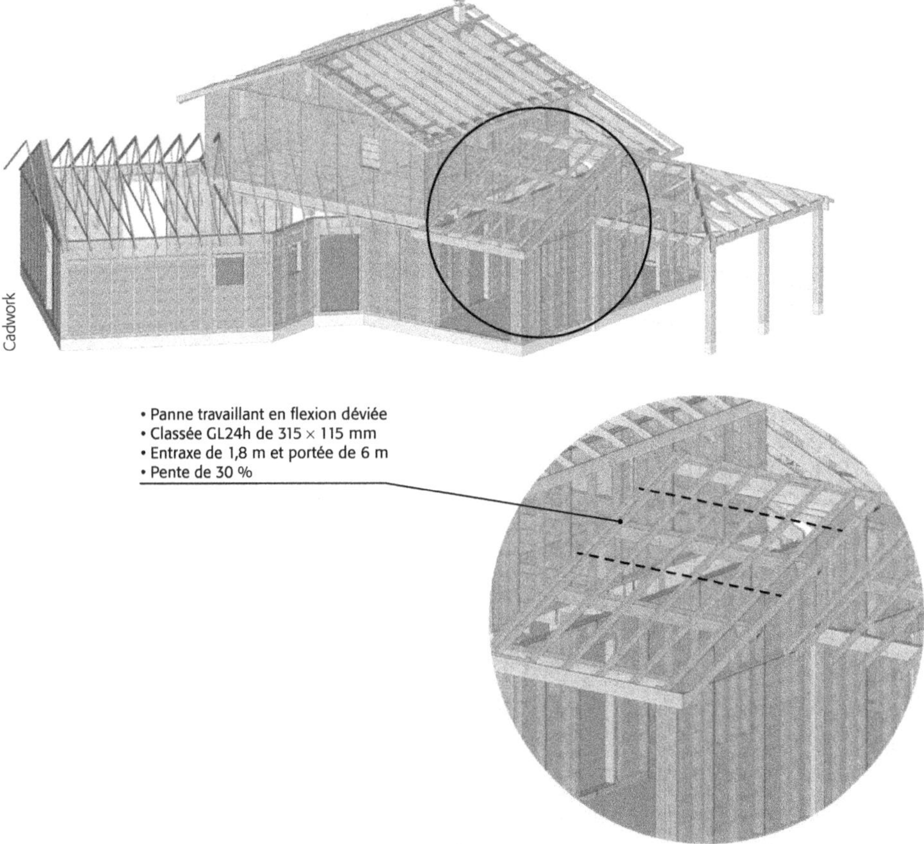

Figure 5.17 Panne étudiée.

- de chevrons en bois massif classé C24 de 100×75 mm, avec un entraxe de 0,45 m ;
- de pannes en bois lamellé-collé classé GL24h de 315×115 mm, avec un entraxe de 1,8 m et une portée de 6 m.

2.2 Détermination des actions

Les actions proviennent du poids de la structure, de l'entretien et du poids de la neige.

2.2.1 Actions provoquées par le poids de la structure

Étape 1 : détermination de la bande de chargement

La panne reprend 1/2 entraxe à gauche et 1/2 entraxe à droite, soit un entraxe complet (900 + 900 = 1 800 mm).

Étape 2 : transformation de la masse en charge

Les tuiles mécaniques : 40 kg/m².

Les pannes et les chevrons : 420 kg/m³.

Le calcul consiste à transformer la masse des éléments surfaciques (tuiles mécaniques) en action exprimées en kN/m^2 et la masse des éléments linéiques (pannes et chevrons) en action exprimées en kN/m. Par simplification, l'accélération terrestre g est prise égale à 10 m/s^2.

Les tuiles mécaniques : $[kg/m^2] \cdot [g/1\,000] = kN/m^2$, soit $40 \times (10/1\,000) = 0,4 \ kN/m^2$.

Les chevrons et les pannes : $\dfrac{\left[kg/m^3\right] \cdot g}{1\,000} \cdot \text{hauteur (m)} \cdot \text{épaisseur (m)} = kN/m$,

soit $\dfrac{420 \times 10}{1\,000} \times 0,100 \times 0,075 = 0,032 \ kN/m$ et $\dfrac{420 \times 10}{1\,000} \times 0,315 \times 0,115 = 0,152 \ kN/m$.

Étape 3 : calcul de la charge des chevrons par mètre carré

Le poids d'un mètre de chevrons est divisé par son entraxe pour obtenir une charge par mètre carré.

$$G_{\text{chevron}} = \frac{\text{Chevron}\,[kN/m]}{\text{Entraxe chevrons}\,[m]},$$

soit $G_{\text{chevron}} = \dfrac{0,032}{0,45} = 0,071 \ kN/m^2$.

Étape 4 : détermination de la charge de structure (G) par mètre de panne

Les charges de structure surfaciques sont multipliées par la bande de chargement pour obtenir une charge linéique. Le poids de la panne est ajouté.

La charge totale est $G = (0,4 + 0,071) \times 1,8 + 0,152 = 1 \ kN/m$.

2.2.2 Les charges d'exploitation

La charge d'exploitation correspond à l'entretien. La toiture est inclinée. Il faut appliquer une charge ponctuelle de 1,5 kN au plus défavorable, donc au milieu de la panne.

2.2.3 Les charges de neige

Le bâtiment à une toiture inclinée à moins de 30°. Le bâtiment est situé en zone A1 à une altitude inférieure à 200 m. Les coefficients d'exposition c_e et thermique c_t sont égaux à 1.

Étape 1 : calcul de la neige au sol

$S_{200} = 0,45 \ kN/m^2$.

Étape 2 : calcul du coefficient de forme μ_i

Pour un angle inférieur à 30° : $\mu_1 = 0,8$.

Étape 3 : calcul de la charge de neige sur la toiture en kN/m^2 horizontal

La formule de calcul de neige sur une toiture est $S = S_k \cdot \mu_{i(\alpha)} \cdot c_e \cdot c_t$.

$S = 0,45 \times 0,8 \times 1 \times 1 = 0,36 \ kN/m^2$ horizontal.

$S = 0,36 \times \cos 16,7° = 0,345 \ kN/m^2$ rampant.

Étape 4 : calcul de la charge de neige sur la panne en kN/m

$S = 0,345 \times 1,8 = 0,621 \ kN/m$.

Remarque : *l'effet du vent n'est pas abordé dans cet exemple.*

2.3 Les combinaisons d'action

Une première vérification consiste à confirmer que pendant toute la durée d'exploitation du bâtiment la sécurité des personnes sera assurée. C'est la vérification à l'état limite ultime (ELU). Une deuxième vérification permet de contrôler que les usagers pourront avoir une exploitation du bâtiment conforme à sa destination. C'est la vérification à l'état limite de service (ELS).

2.3.1 Les combinaisons à l'état limite ultime (ELU)

Les combinaisons à l'ELU concernent la résistance de la structure. Il n'y a ni risque de soulèvement ni risque de neige exceptionnelle.

Combinaisons pour la résistance de la structure avec des charges descendantes ELU (STR):

Les combinaisons à l'ELU concernent la résistance de la structure. Le risque de neige exceptionnelle n'existe pas dans la zone A1.

$$q_1 = 1,35G$$

$$q_2 = 1,35G + 1,5S$$

$$q_3 = 1,35G + 1,5Q_{\text{entretien}}$$

Remarques:
– La charge d'entretien ne se combine pas avec la charge de neige en action principale.
– La charge d'entretien est ponctuelle. Elle n'a pas le même effet qu'une charge uniformément répartie. Elle ne doit pas faire l'objet d'une addition algébrique.

2.3.2 Les combinaisons à l'état limite de service (ELS)

Les combinaisons à l'ELS concernent la déformation sous charge variable et la déformation totale.

Valeur de la charge de calcul pour la déformation instantanée sous charge variable:

Charge de neige: $q_{\text{inst}(Q)} = 0,621$ kN/m.

Combinaisons pour la déformation totale avec une charge variable:

$$q = G + Q_1 + k_{\text{def}}\left(G + \Psi_{2,1}Q_1\right)$$

$$q = G + Q_1 + 0,8\left(G + 0Q_1\right)$$

$$q = 1 + 0,621 + 0,8 \times \left(1 + 0 \times 0,621\right) = 2,421 \text{ kN/m}$$

2.4 Vérification à l'état limite ultime (ELU)

La vérification à l'ELU consiste à vérifier la panne en flexion déviée. L'effort se décompose en deux directions. L'une est parallèle à l'épaisseur $((G,S,Q)\sin\alpha)$. Elle provoquera de la flexion dans le plan formé par l'épaisseur et l'axe de la panne. L'autre est parallèle à la hauteur $((G,S,Q)\cos\alpha)$. Elle provoquera de la flexion dans le plan formé par la hauteur et l'axe de la panne (figures 5.18 et 5.19).

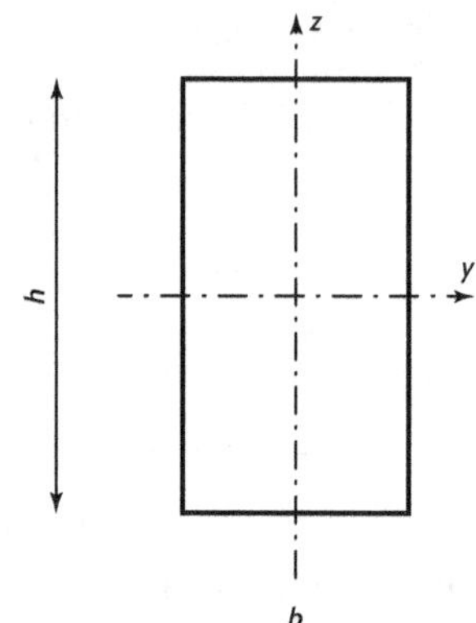

Figure 5.18 Repère de la section adopté par l'Eurocode.

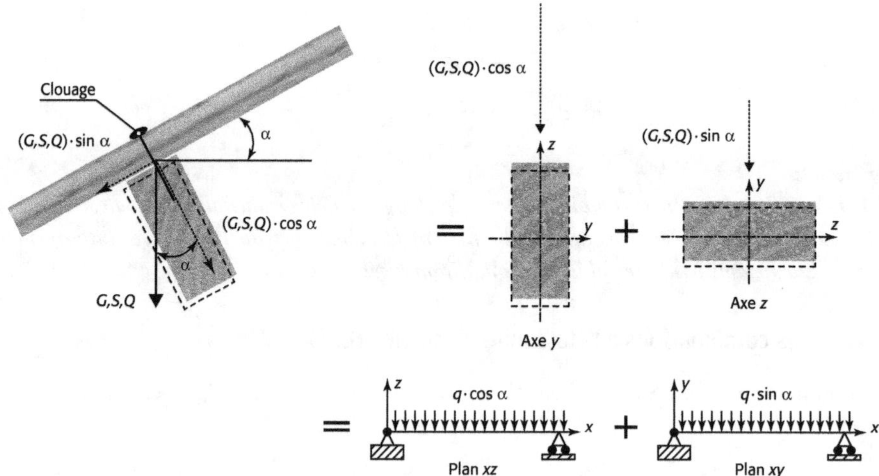

Figure 5.19 Projection des efforts dans les plans *xz* et *xy*.

2.4.1 Calcul de la charge reprise par la panne

Le tableau 5.2 précise l'effort parallèle à la hauteur de la panne et l'effort parallèle à l'épaisseur de la panne en fonction de la combinaison d'actions.

Tableau 5.2 Efforts repris par la panne en fonction de la combinaison d'actions.

Combinaison à l'ELU	Effort vertical q	Effort parallèle à la hauteur (axe de rotation y) : $q\cos 16{,}7°$	Effort parallèle à l'épaisseur (axe de rotation z) : $q\sin 16{,}7°$
$q_1 = 1{,}35G$	$1{,}35 \times 1 = 1{,}35$ kN/m	$1{,}293$ kN/m	$0{,}388$ kN/m
$q_2 = 1{,}35G + 1{,}5S$	$1{,}35 \times 1 + 1{,}5 \times 0{,}621$ $= 2{,}282$ kN/m	$2{,}185$ kN/m	$0{,}656$ kN/m
$q_3 = 1{,}35G + 1{,}5Q_{entretien}$	$1{,}35 \times 1 = 1{,}35$ kN/m et $1{,}5 \times 1{,}5 = 2{,}25$ kN	$1{,}293$ kN/m et $2{,}155$ kN = $2\,115$ N	$0{,}388$ kN/m et $0{,}647$ kN = 647 N

Les lames du bois lamellé-collé sont séchées avant le collage, puis le bois lamellé-collé est raboté. L'humidité du bois étant voisine de 12 %, il n'est pas nécessaire de diminuer la section.

2.4.2 Vérification avec une flexion déviée

Les deux contraintes de flexion sont provoquées par les actions calculées aux ELU, états limites ultimes.

La somme de ces deux rapports doit rester inférieure à 1 :

- pour l'axe y, contrainte de flexion provoquée par les actions du plan xz divisée par la contrainte de résistance de flexion ;
- pour l'axe z, contrainte de flexion provoquée par les actions du plan xy divisée par la contrainte de résistance de flexion.

Un coefficient k_m diminue le ratio le plus petit. Ce coefficient définit la redistribution des contraintes maximales situées sur l'arête tendue.

Le taux de travail, qui provient des équations 6.17 et 6.18 de l'Eurocode 5, est :

$$\text{maximum} \begin{cases} \dfrac{\sigma_{m,y,d}}{f_{m,y,d}} + k_m \dfrac{\sigma_{m,z,d}}{f_{m,z,d}} \\[2em] k_m \dfrac{\sigma_{m,y,d}}{f_{m,y,d}} + \dfrac{\sigma_{m,z,d}}{f_{m,z,d}} \end{cases} \leq 1$$

avec :

- $\sigma_{m,y,d}$: contrainte de flexion en MPa, correspondant à une déformation dans le plan xz, donc aux efforts projetés sur z, et une rotation autour de l'axe y ;
- $f_{m,y,d}$: résistance de flexion de l'axe y, calculée en MPa ;
- $\sigma_{m,z,d}$: contrainte de flexion en MPa, correspondant à une déformation dans le plan xy, donc aux efforts projetés sur y, et une rotation autour de l'axe z ;
- $f_{m,z,d}$: résistance de flexion de l'axe z, calculée en MPa ;
- k_m : coefficient de redistribution des contraintes maximales situées sur l'arête tendue (k_m = 0,7).

Remarques :
– La pièce étant déjà déversée, le coefficient k_{crit} de déversement latéral n'est pas appliqué.
– $f_{m,y,d}$ et $f_{m,z,d}$ ont la même valeur.

2.4.2.1 *Contrainte provoquée par les actions $\sigma_{m,y,d}$ et $\sigma_{m,z,d}$*

Les contraintes de flexion provoquées par la charge sont calculées par les formules :

$$\sigma_{m,y,d} = \frac{M_{f,y}}{\dfrac{I_{G,y}}{V}} \text{ et } \sigma_{m,z,d} = \frac{M_{f,z}}{\dfrac{I_{G,z}}{V}}$$

avec :

- $M_{f,y}$: moment de flexion maximum provoqué par une charge dans le plan xz :
    - pour une poutre sur deux appuis avec une charge uniformément répartie, $M_{f,y} = q\cos(\alpha)L^2/8$, avec q en N/mm et L la distance entre appuis en mm,
    - pour une poutre sur deux appuis avec une charge ponctuelle centrée, $M_{f,y} = P\cos(\alpha)L/4$, avec P en N et L la distance entre appuis en mm ;

- $I_{G,y}/V$: module d'inertie ; $bh^2/6$ pour une section rectangulaire (repère de la figure 5.18), avec b et h en mm ;
- $M_{f,z}$: moment de flexion maximum provoqué par une charge dans le plan xy :
  - pour une poutre sur deux appuis avec une charge uniformément répartie, $M_{f,z} = q\sin(\alpha)L^2/8$, avec q en N/mm et L la distance entre appuis en mm,
  - pour une poutre sur deux appuis avec une charge ponctuelle centrée, $M_{f,z} = P\sin(\alpha)L/4$, avec P en N et L la distance entre appuis en mm ;
- $I_{G,z}/V$: module d'inertie ; $hb^2/6$ pour une section rectangulaire (repère de la figure 5.18), avec b et h en mm ;

Pour une poutre sur deux appuis avec une charge uniformément répartie :

$$\sigma_{m,y,d} = \frac{M_{f,y}}{\dfrac{I_{G,y}}{V}} = \frac{6q\cos(\alpha)L^2}{8bh^2} \quad \text{et} \quad \sigma_{m,z,d} = \frac{M_{f,z}}{\dfrac{I_{G,z}}{V}} = \frac{6q\sin(\alpha)L^2}{8hb^2}$$

Pour une poutre sur deux appuis avec une charge ponctuelle centrée :

$$\sigma_{m,y,d} = \frac{M_{f,y}}{\dfrac{I_{G,y}}{V}} = \frac{6P\cos(\alpha)L}{4bh^2} \quad \text{et} \quad \sigma_{m,z,d} = \frac{M_{f,z}}{\dfrac{I_{G,z}}{V}} = \frac{6P\sin(\alpha)L}{4hb^2}$$

Le tableau 5.3 précise la valeur de la contrainte de flexion en fonction de la combinaison d'actions.

Tableau 5.3 Contrainte de flexion subie par la panne en fonction de la combinaison d'actions.

Combinaison à l'ELU	Contrainte de flexion (axe de rotation y), en N/mm²
$q_1 = 1{,}35G$	$\sigma_{m,y,d} = \dfrac{6 \times 1{,}293 \times 6\,000^2}{8 \times 115 \times 315^2} = 3{,}1$
$q_2 = 1{,}35G + 1{,}5S$	$\sigma_{m,y,d} = \dfrac{6 \times 2{,}185 \times 6\,000^2}{8 \times 115 \times 315^2} = 5{,}2$
$q_3 = 1{,}35G + 1{,}5Q_{\text{entretien}}$	$\sigma_{m,y,d} = \dfrac{6 \times 1{,}293 \times 6\,000^2}{8 \times 115 \times 315^2} + \dfrac{6 \times 2\,155 \times 6\,000}{4 \times 115 \times 315^2} = 4{,}8$

Combinaison à l'ELU	Contrainte de flexion (axe de rotation z), en N/mm²
$q_1 = 1{,}35G$	$\sigma_{m,z,d} = \dfrac{6 \times 0{,}388 \times 6\,000^2}{8 \times 315 \times 115^2} = 2{,}5$
$q_2 = 1{,}35G + 1{,}5S$	$\sigma_{m,z,d} = \dfrac{6 \times 0{,}656 \times 6\,000^2}{8 \times 315 \times 115^2} = 4{,}3$
$q_3 = 1{,}35G + 1{,}5Q_{\text{entretien}}$	$\sigma_{m,z,d} = \dfrac{6 \times 0{,}388 \times 6\,000^2}{8 \times 315 \times 115^2} + \dfrac{6 \times 647 \times 6\,000}{4 \times 315 \times 115^2} = 3$

2.4.2.2 Contrainte de résistance du bois $f_{m,d}$

La contrainte de résistance du bois dépend de la contrainte caractéristique, de la classe de service (humidité du bois), de la charge de plus courte durée de la combinaison d'actions, de l'effet système et de la plus grande dimension de la section. Les tableaux 1.7 à 1.9 présentent les contraintes caractéristiques $f_{m,k}$, le tableau 1.11 présente le coefficient modificatif k_{mod} et le tableau 1.14 le coefficient partiel γ_M.

$$f_{m,d} = f_{m,k} \cdot \frac{k_{\mathrm{mod}}}{\gamma_M} \cdot k_{\mathrm{sys}} \cdot k_{\mathrm{h}}$$

avec :

- $f_{m,k}$: contrainte caractéristique de résistance en flexion ($f_{m,k} = 24$ N/mm^2) ;
- k_{mod} : coefficient modificatif en fonction de la charge de plus courte durée de la combinaison d'actions et de la classe de service ;
- γ_M : coefficient partiel qui tient compte de la dispersion du matériau ($\gamma_M = 1{,}25$) ;
- k_{sys} : coefficient d'effet système ($k_{\mathrm{sys}} = 1$). Il est égal à 1,1 lorsque plusieurs éléments porteurs de même nature et de même fonction avec un entraxe inférieur à 1,2 m (solives, fermes) sont sollicités par un même type de chargement réparti uniformément et avec un système capable de reporter les efforts sur les pièces adjacentes. Lorsque ces conditions ne sont pas remplies, $k_{\mathrm{sys}} = 1$;
- k_{h} : coefficient de hauteur. $k_{\mathrm{h}} = 1$ lorsque la hauteur de la poutre est supérieure à 600 mm. Il majore les résistances pour les hauteurs inférieures à 150 mm pour le bois massif et 600 mm pour le bois lamellé-collé. Le risque de défauts cachés dans la structure du bois est moins important pour les petites sections que pour les grandes sections ($k_{\mathrm{h}} = 1{,}07$).

Calcul du coefficient de hauteur pour du bois massif :

- si $\quad h \geqslant 150$ mm $\quad k_{\mathrm{h}} = 1$;
- si $\quad h < 150$ mm $\quad k_{\mathrm{h}} = \min(1{,}3\,; (150/h)^{0{,}2})$.

Calcul du coefficient de hauteur pour du bois lamellé-collé :

- si $\quad h \geqslant 600$ mm $\quad k_{\mathrm{h}} = 1$;
- si $\quad h < 600$ mm $\quad k_{\mathrm{h}} = \min(1{,}1\,; (600/h)^{0{,}1}) = \min(1{,}1\,;(600/315)^{0{,}1}) = 1{,}07$.

Avec h la hauteur de la pièce en mm.

Le tableau 5.4 précise la valeur de la contrainte de résistance en flexion en fonction de la combinaison d'actions.

Tableau 5.4 Valeur de la contrainte de résistance en flexion en fonction de la combinaison d'actions.

Combinaison à l'ELU	Durée de la charge	Coefficient k_{mod}	Contrainte de résistance en flexion, en N/mm^2
$q_1 = 1{,}35G$	Permanente	0,6	$f_{m,d} = 24 \times \dfrac{0{,}6}{1{,}25} \times 1{,}07 \times 1 = 12{,}3$
$q_2 = 1{,}35G + 1{,}5S$	Court terme (altitude $\leqslant 1\,000$ m)	0,9	$f_{m,d} = 24 \times \dfrac{0{,}9}{1{,}25} \times 1{,}07 \times 1 = 18{,}5$
$q_3 = 1{,}35G + 1{,}5Q_{\mathrm{entretien}}$	Court terme	0,9	$f_{m,d} = 24 \times \dfrac{0{,}9}{1{,}25} \times 1{,}07 \times 1 = 18{,}5$

2.4.2.3 *Taux de travail de la flexion déviée*

Le taux de travail est :

$$\text{maximum} \left\{ \begin{array}{l} \dfrac{\sigma_{m,y,d}}{f_{m,y,d}} + k_m \dfrac{\sigma_{m,z,d}}{f_{m,z,d}} \\[2em] k_m \dfrac{\sigma_{m,y,d}}{f_{m,y,d}} + \dfrac{\sigma_{m,z,d}}{f_{m,z,d}} \end{array} \right\} \leqslant 1$$

Le tableau 5.5 précise le taux de travail en fonction de la combinaison d'actions.

Tableau 5.5 Taux de travail en fonction de la combinaison d'actions.

Combinaison à l'ELU	Taux de travail
$q_1 = 1,35G$	$\text{maximum} \left\{ \begin{array}{l} \dfrac{3,1}{12,3} + 0,7 \times \dfrac{2,5}{12,3} = 0,39 \\[1.5em] 0,7 \times \dfrac{3,1}{12,3} + \dfrac{2,5}{12,3} = 0,32 \end{array} \right\} < 1$
$q_2 = 1,35G + 1,5S$	$\text{maximum} \left\{ \begin{array}{l} \dfrac{5,2}{18,5} + 0,7 \times \dfrac{4,3}{18,5} = 0,44 \\[1.5em] 0,7 \times \dfrac{5,2}{18,5} + \dfrac{4,3}{18,5} = 0,36 \end{array} \right\} < 1$
$q_3 = 1,35G + 1,5Q_{\text{entretien}}$	$\text{maximum} \left\{ \begin{array}{l} \dfrac{4,8}{18,5} + 0,7 \times \dfrac{3}{18,5} = 0,37 \\[1.5em] 0,7 \times \dfrac{4,8}{18,5} + \dfrac{3}{18,5} = 0,34 \end{array} \right\} < 1$

Le critère est vérifié car les taux de travail sont inférieurs à 1.

2.4.3 Le cisaillement

La contrainte de cisaillement provoquée par les actions doit rester inférieure à la contrainte de résistance de cisaillement déterminée.

Le taux de travail est :

$$\frac{\tau_d}{f_{v,d}} \leqslant 1$$

avec :

- τ_d : contrainte de cisaillement provoquée par les actions, en N/mm^2 ;
- $f_{v,d}$: contrainte de résistance de cisaillement calculée, en N/mm^2.

2.4.3.1 *Contrainte provoquée par les actions τ_d*

La contrainte de cisaillement provoquée par la charge est calculée par la formule :

$$\tau_d = \frac{k_f \cdot F_{v,d}}{k_{cr} \cdot b \cdot h_{ef}}$$

avec :

- k_f : coefficient de forme de la section pour une section rectangulaire ($k_f = 1,5$) ;

- $F_{v,d}$: effort tranchant, en N. Une poutre sur deux appuis avec une charge uniformément répartie a un effort tranchant maximum au voisinage des appuis, soit $ql/2$ et $P/2$;
- h_{ef}: hauteur réelle exposée au cisaillement ($h_{ef} = 315$ mm) ;
- b: épaisseur de la pièce ($b = 115$ mm) ;
- k_{cr}: coefficient tenant compte du risque de fente aux extrémités de la poutre (tableau 2.1) ($k_{cr} = 1$). Les charges de structure sont inférieures à 70 % des charges totales : $1/(1 + 0,621) = 0,62$.

Le tableau 5.6 précise la valeur de la contrainte de cisaillement en fonction de la combinaison d'actions.

Tableau 5.6 Contrainte de cisaillement subie par la panne en fonction de la combinaison d'actions.

Combinaison à l'ELU	Effort tranchant, en N	Contrainte de cisaillement, en N/mm²
$q_1 = 1,35G$	$F_{v,d} = 1,35 \times \dfrac{6\,000}{2} = 4\,050$	$\tau_d = \dfrac{1,5 \times 4\,050}{1 \times 115 \times 315} = 0,17$
$q_2 = 1,35G + 1,5S$	$F_{v,d} = 2,282 \times \dfrac{6\,000}{2} = 6\,846$	$\tau_d = \dfrac{1,5 \times 6\,846}{1 \times 115 \times 315} = 0,28$
$q_3 = 1,35G + 1,5Q_{entretien}$	$F_{v,d} = 1,35 \times \dfrac{6\,000}{2} + \dfrac{2\,250}{2} = 5\,175$	$\tau_d = \dfrac{1,5 \times 5\,175}{1 \times 115 \times 315} = 0,21$

2.4.3.2 *Contrainte de résistance du bois $f_{v,d}$*

La contrainte de résistance du bois dépend de la contrainte caractéristique, de la classe de service (humidité du bois), de la charge de plus courte durée de la combinaison d'actions. Les tableaux 1.7 à 1.9 présentent les contraintes caractéristiques.

$$f_{v,d} = f_{v,k} \frac{k_{mod}}{\gamma_M}$$

avec :

- $f_{v,k}$: contrainte caractéristique de résistance en cisaillement ($f_{v,k} = 3,5$ N/mm²) ;
- k_{mod}: coefficient modificatif en fonction de la charge de plus courte durée et de la classe de service ;
- γ_M: coefficient partiel qui tient compte de la dispersion du matériau ($\gamma_M = 1,25$).

Le tableau 5.7 précise la valeur de la contrainte de résistance en cisaillement en fonction de la combinaison d'actions.

Tableau 5.7 Valeur de la contrainte de résistance en cisaillement en fonction de la combinaison d'actions.

Combinaison à l'ELU	Durée de la charge	Coefficient k_{mod}	Contrainte de résistance en cisaillement, en N/mm²
$q_1 = 1,35G$	Permanente	0,6	$f_{v,d} = 3,5 \times \dfrac{0,6}{1,25} = 1,7$
$q_2 = 1,35G + 1,5S$	Court terme (altitude $\leqslant 1\,000$ m)	0,9	$f_{v,d} = 3,5 \times \dfrac{0,9}{1,25} = 2,5$

Combinaison à l'ELU	Durée de la charge	Coefficient k_{mod}	Contrainte de résistance en cisaillement, en N/mm²
$q_3 = 1{,}35G + 1{,}5Q_{entretien}$	Court terme	0,9	$f_{v,d} = 3{,}5 \times \dfrac{0{,}9}{1{,}25} = 2{,}5$

2.4.3.3 *Taux de travail*

Le taux de travail est :

$$\frac{\tau_d}{f_{v,d}} \leq 1$$

Le tableau 5.8 précise le taux de travail en fonction de la combinaison d'actions.

Tableau 5.8 Taux de travail en fonction de la combinaison d'actions.

Combinaison à l'ELU	Taux de travail
$q_1 = 1{,}35G$	$\dfrac{\tau_d}{f_{v,d}} = \dfrac{0{,}17}{1{,}7} = 0{,}10 < 1$
$q_2 = 1{,}35G + 1{,}5S$	$\dfrac{\tau_d}{f_{v,d}} = \dfrac{0{,}28}{2{,}5} = 0{,}11 < 1$
$q_3 = 1{,}35G + 1{,}5Q_{entretien}$	$\dfrac{\tau_d}{f_{v,d}} = \dfrac{0{,}21}{2{,}5} = 0{,}08 < 1$

Le critère est vérifié car les taux de travail sont inférieurs à 1.

2.5 Vérification à l'état limite de service (ELS)

L'état limite de service est vérifié lorsque les déformations ne dépassent pas une valeur limite réglementaire. Les vérifications à l'ELS concernent la déformation sous charge variable et la déformation totale de la panne. Le tableau 5.9 mentionne les valeurs limites réglementaires des flèches.

Tableau 5.9 Valeurs limites réglementaires des flèches.

	Bâtiments courants			Bâtiments agricoles et similaires		
	$W_{inst(Q)}$	$W_{net,fin}$	W_{fin}	$W_{inst(Q)}$	$W_{net,fin}$	W_{fin}
Chevrons	–	$L/150$	$L/125$	–	$L/150$	$L/100$
Éléments structuraux	$L/300$	$L/200$	$L/125$	$L/200$	$L/150$	$L/100$

2.5.1 La déformaton instantanée sous charge variable $W_{inst(Q)}$.

La déformation instantanée sous charge variable est provoquée par la neige et par la charge d'entretien. Le taux de déformation est :

$$\frac{U_{inst(Q)}}{W_{inst(Q)}} \leq 1$$

avec :

- $U_{\mathrm{inst}(Q)}$: flèche instantanée provoquée par la charge variable ;
- $W_{\mathrm{inst}(Q)}$: flèche instantanée limite réglementaire sous charge variable.

La flèche instantanée est la somme vectorielle de la flèche dans le plan xz et de la flèche dans le plan xy (figure 5.20). La panne a une charge symétrique et uniforme. La flèche est définie par la formule :

$$U_{\mathrm{inst}(Q)} = \sqrt{U^2_{\mathrm{inst}(Q),xz} + U^2_{\mathrm{inst}(Q),xy}}$$

avec :

- $U_{\mathrm{inst}(Q),xz}$: flèche dans le plan xz ;
- $U_{\mathrm{inst}(Q),xy}$: flèche dans le plan xy.

La flèche dans le plan xz est provoquée par l'effort $q_{\mathrm{inst}(Q)} \cdot \cos 16{,}7°$ et concerne le moment quadratique $I_{G,y}$. La flèche dans le plan xy est provoquée par l'effort $q_{\mathrm{inst}(Q)} \cdot \sin 16{,}7°$ et concerne le moment quadratique $I_{G,z}$.

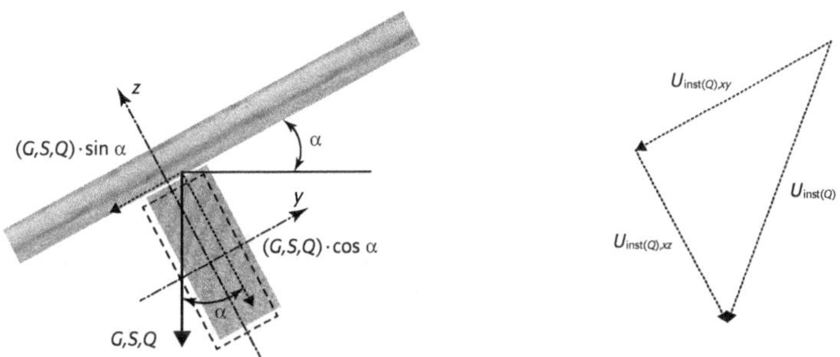

Figure 5.20 Flèche dans le plan xz et flèche dans le plan xy.

La déformation instantanée pour une charge uniformément répartie (la neige) est :

$$U_{\mathrm{inst}(Q)} = \sqrt{\left(\frac{5q_{\mathrm{inst}(Q)} \cdot \cos \alpha \cdot L^4}{384 E_{0,mean} \cdot I_{G,y}}\right)^2 + \left(\frac{5q_{\mathrm{inst}(Q)} \cdot \sin \alpha \cdot L^4}{384 E_{0,mean} \cdot I_{G,z}}\right)^2}$$

avec :

- $q_{\mathrm{inst}(Q)}$: charge linéique provoquée par les actions variables ($q_{\mathrm{inst}(Q)} = 0{,}621$ kN/m $= 0{,}621$ N/mm) (cf. § 2.3.2 « Les combinaisons à l'état limite de service ») ;
- L : distance entre appuis ($L = 6\,000$ mm) ;
- $E_{0,mean}$: module moyen axial précisé dans le tableau 1.9 ($E_{0,mean} = 11\,500$ N/mm^2) ;
- $I_{G,y}$: moment quadratique en mm^4 ; pour une section rectangulaire sur chant, $I_{G,y} = bh^3/12$, avec :
    - h : hauteur de la pièce ($h = 315$ mm),
    - b : épaisseur de la pièce ($b = 115$ mm).
- $I_{G,z}$: moment quadratique en mm^4 ; pour une section rectangulaire à plat, $I_{G,z} = hb^3/12$, avec :

– h : hauteur de la pièce ($h = 315$ mm),

– b : épaisseur de la pièce ($b = 115$ mm).

La formule devient :

$$U_{\text{inst}(Q)} = \sqrt{\left(\frac{5q_{\text{inst}(Q)} \cdot \cos \alpha \cdot L^4 \times 12}{384 E_{0,mean} \cdot b \cdot h^3}\right)^2 + \left(\frac{5q_{\text{inst}(Q)} \cdot \sin \alpha \cdot L^4 \times 12}{384 E_{0,mean} \cdot h \cdot b^3}\right)^2}$$

$$U_{\text{inst}(Q)} = \sqrt{\left(\frac{5 \times 0,621 \times \cos 16,7 \times 6\,000^4 \times 12}{384 \times 11\,500 \times 115 \times 315^3}\right)^2 + \left(\frac{5 \times 0,621 \times \sin 16,7 \times 6\,000^4 \times 12}{384 \times 11\,500 \times 315 \times 115^3}\right)^2},$$

$$U_{\text{inst}(Q)} = \sqrt{2,9^2 + 6,6^2} = 7,2 \text{ mm.}$$

La valeur limite réglementaire $W_{\text{inst}(Q)}$ est définie dans le tableau 5.9. Elle est de $L/300$ = $6\,000/300 = 20$ mm.

Le taux de déformation est de :

$$\frac{U_{\text{inst}(Q)}}{W_{\text{inst}(Q)}} = \frac{7,2}{20} = 0,36 \leqslant 1.$$

Le critère est vérifié.

2.5.2 La déformation totale

La déformation totale ($U_{\text{net,fin}}$) est la somme de la flèche instantanée provoquée par les charges variables $U_{\text{inst}(Q)}$, la flèche instantanée provoquée par les charges permanentes $U_{\text{inst}(G)}$ et la flèche différée provoquée par la durée de la charge et l'humidité du bois U_{creep}. Lorsqu'elle existe, il faut retrancher la contre-flèche fabriquée U_c.

$$U_{\text{net,fin}} = U_{\text{inst}} + U_{creep} - U_c$$

Le taux de déformation est :

$$\frac{U_{\text{net,fin}}}{W_{\text{net,fin}}} \leqslant 1$$

avec :

- $U_{\text{net,fin}}$: flèche nette finale ;
- $W_{\text{net,fin}}$: flèche nette finale limite réglementaire.

Par simplification, la combinaison $q = G + Q_1 + k_{\text{def}}\left(G + \Psi_{2,1}Q_1\right)$ permet de calculer directement la flèche nette finale. Le premier membre de l'équation (G) permet de calculer la flèche instantanée provoquée par les charges permanentes ($U_{\text{inst}(G)}$), le deuxième membre de l'équation (Q_1) permet de calculer la flèche instantanée provoquée par la neige ($U_{\text{inst}(Q)}$) et le troisième membre de l'équation $k_{\text{def}}\left(G + \Psi_{2,1}Q_1\right)$ permet de calculer la flèche différée provoquée par la durée de la charge et l'humidité du bois (U_{creep}).

La flèche totale est calculée avec la charge $q_{\text{net,fin}} = G + Q_1 + 0,8(G + 0Q_1) = 2,421$ kN/m (cf. § 2.3.2 « Les combinaisons à l'état limite de service »). La solive a une charge symétrique et uniforme. La flèche est définie par la formule :

$$U_{\text{net,fin}} = \sqrt{U_{\text{net,fin},xz}^2 + U_{\text{net,fin},xy}^2}$$

$$U_{\text{net,fin}} = \sqrt{\left(\frac{5q_{\text{net,fin}} \cdot \cos \alpha \cdot L^4}{384 E_{0,mean} \cdot I_{G,y}}\right)^2 + \left(\frac{5q_{\text{net,fin}} \cdot \sin \alpha \cdot L^4}{384 E_{0,mean} \cdot I_{G,z}}\right)^2}$$

avec :

- $q_{\text{net,fin}}$: charge linéique provoquée par les actions variables ($q_{\text{inst}(Q)} = 2{,}421$ kN/m $= 2{,}421$ N/mm) (cf. § 2.3.2 « Les combinaisons à l'état limite de service ») ;
- L : distance entre appuis ($L = 6\,000$ mm) ;
- $E_{0,mean}$: module moyen axial précisé dans le tableau 1.9 ($E_{0,mean} = 11\,500$ N/mm^2) ;
- $I_{G,y}$: moment quadratique en mm^4 ; pour une section rectangulaire sur chant, $I_{G,y} = bh^3/12$, avec :
    - h : hauteur de la pièce ($h = 315$ mm),
    - b : épaisseur de la pièce ($b = 115$ mm).
- $I_{G,z}$: moment quadratique en mm^4 ; pour une section rectangulaire à plat, $I_{G,z} = hb^3/12$, avec :
    - h : hauteur de la pièce ($h = 315$ mm),
    - b : épaisseur de la pièce ($b = 115$ mm).

La formule devient :

$$U_{\text{net,fin}} = \sqrt{\left(\frac{5q_{\text{net,fin}} \cdot \cos \alpha \cdot L^4 \times 12}{384 E_{0,mean} \cdot b \cdot h^3}\right)^2 + \left(\frac{5q_{\text{net,fin}} \cdot \sin \alpha \cdot L^4 \times 12}{384 E_{0,mean} \cdot h \cdot b^3}\right)^2}$$

$$U_{\text{net,fin}} = \sqrt{\left(\frac{5 \times 2{,}421 \times \cos 16{,}7 \times 6\,000^4 \times 12}{384 \times 11\,500 \times 115 \times 315^3}\right)^2 + \left(\frac{5 \times 2{,}421 \times \sin 16{,}7 \times 6\,000^4 \times 12}{384 \times 11\,500 \times 315 \times 115^3}\right)^2},$$

$$U_{\text{net,fin}} = \sqrt{11{,}4^2 + 25{,}6^2} = 28 \text{ mm.}$$

La valeur limite réglementaire $W_{\text{net,fin}}$ est définie dans le tableau 5.9. Elle est de $L/200 = 6\,000/200 = 30$ mm.

Le taux de déformation est de :

$$\frac{U_{\text{net,fin}}}{W_{\text{net,fin}}} = \frac{28}{30} = 0{,}93 \leqslant 1.$$

Le critère est vérifié.

Remarques :
– La proportionnalité entre la charge et la déformation permet un calcul plus simple de la flèche nette finale à partir de la flèche instantanée sous charge variable :

$$U_{\text{net,fin}} = U_{\text{inst}(Q)}\left(1 + \frac{G + k_{\text{def}}\left(G + \Psi_2 Q\right)}{Q}\right),$$

$$U_{\text{net,fin}} = 7{,}2 \times \left(1 + \frac{1 + 0{,}8 \times \left(1 + 0 \times 0{,}621\right)}{0{,}621}\right) = 28 \text{ mm.}$$

– La déformation provoquée par la charge d'entretien est nettement plus faible que la déformation provoquée par la charge de neige. Pour cette application, elle n'est pas vérifiée.

2.6 Comparaison entre les critères de dimensionnement

Le tableau 5 .10 fait la synthèse des critères les plus défavorables vérifiés.

Tableau 5.10 Synthèse des critères vérifiés.

Critère vérifié	Combinaison	Taux de travail ou de déformation maximum
Contrainte de flexion (ELU)	$1{,}35G + 1{,}5S$	0,44
Contrainte de cisaillement (ELU)	$1{,}35G + 1{,}5S$	0,11
Flèche instantanée sous charge variable (ELS)	S	0,36
Flèche nette finale (ELS)	$G + Q_1 + k_{\mathrm{def}}(G + \Psi_{2,1}Q_1)$	0,93

Le critère dimensionnant est la flèche nette finale à l'ELS.

2.7 Optimisation de la panne par un appui intermédiaire situé dans le plan de la toiture.

L'emploi de buton pour réaliser un troisième appui sur l'épaisseur (ou dans le plan de la toiture) reprendra les efforts parallèles au rampant (figure 5.21). La panne travaillera en flexion simple suivant le plan *xz* (figures 5.19 et 5.20).

Figure 5.21 Un troisième point d'appui est créé par les butons (© Charpente Fournier).

L'optimisation est effectuée en fonction du critère dimensionnant (le plus défavorable), qui, pour cet exemple, est la flèche nette finale. La hauteur est calculée en fonction de la flèche limite réglementaire. La flexion simple suivant le plan *xz* est calculée par la formule :

$$U_{\mathrm{net,fin}} = \frac{5q_{\mathrm{net,fin}} \cdot \cos\alpha \cdot L^4}{384 E_{0,mean} \cdot I_{G,y}} = \frac{5q_{\mathrm{net,fin}} \cdot \cos\alpha \cdot L^4 \times 12}{384 E_{0,mean} \cdot b \cdot h^3}$$

Par ailleurs, la déformation maximale réglementaire est $L/200$ (tableau 5.9). La déformation provoquée par l'effort tranchant n'étant pas prise en compte, un taux de déformation de 0,95 est retenu :

$$U_{\text{net,fin}} = 0,95 \times \frac{L}{200} = \frac{5q_{\text{net,fin}} \cdot \cos\alpha \cdot L^4 \times 12}{384 E_{0,mean} \cdot b \cdot h^3}$$

On isole h :

$$h = \sqrt[3]{\frac{5q_{\text{net,fin}} \cdot \cos\alpha \cdot L^3 \times 12 \times 200}{384 E_{0,mean} \cdot b \times 0,95}}$$

$$h = \sqrt[3]{\frac{5 \times 2,421 \times \cos 16,7 \times 6\,000^3 \times 12 \times 200}{384 \times 11\,500 \times 115 \times 0,95}} = 231,8 \text{ mm.}$$

Les lamelles du bois lamellé-collé faisant 45 mm, la hauteur commerciale sera de 270 mm, soit un gain d'une lamelle par rapport à la hauteur initiale de 315 mm.

La panne doit être vérifiée complètement si cette solution est retenue.

2.8 Optimisation de la panne par un appui intermédiaire situé dans le plan de la toiture et une contreflèche

L'optimisation est effectuée en fonction du critère dimensionnant (le plus défavorable), qui, pour cet exemple, est la flèche nette finale. La hauteur est calculée en fonction de la flèche limite réglementaire, qui est, lorsqu'il y a une contreflèche, de $L/125$ (tableau 5.9). La déformation provoquée par l'effort tranchant n'étant pas prise en compte, un taux de déformation de 0,95 est retenu. Par ailleurs, la largeur est diminuée à 90 mm.

$$U_{\text{net,fin}} = 0,95 \times \frac{L}{125} = \frac{5q_{\text{net,fin}} \cdot \cos\alpha \cdot L^4 \times 12}{384 E_{0,mean} \cdot b \cdot h^3}$$

On isole h :

$$h = \sqrt[3]{\frac{5q_{\text{net,fin}} \cdot \cos\alpha \cdot L^3 \times 12 \times 125}{384 E_{0,mean} \cdot b \times 0,95}}$$

$$h = \sqrt[3]{\frac{5 \times 2,421 \times \cos 16,7 \times 6\,000^3 \times 12 \times 125}{384 \times 11\,500 \times 90 \times 0,95}} = 215,1 \text{ mm·}$$

Les lamelles du bois lamellé-collé faisant 45 mm, la hauteur commerciale sera de 225 mm, soit un gain de deux lamelles par rapport à la hauteur initiale de 315 mm.

La panne doit être vérifiée complètement si cette solution retenue.

Les combinaisons dimensionnantes étant identifiées, Le tableau 5.11 présente la synthèse de cette vérification.

Tableau 5.11 Synthèse de la vérification.

Critère vérifié	Combinaison	Contrainte ou déformation
Contrainte de flexion (ELU)	$1,35G + 1,5S$	$\sigma_{m,y,d} = \dfrac{6 \times 2,185 \times 6\,000^2}{8 \times 90 \times 225^2} = 13,8 \text{ N/mm}^2$
Contrainte de cisaillement (ELU)	$1,35G + 1,5S$	$\tau_d = \dfrac{1,5 \times 6\,846}{1 \times 225 \times 90} = 0,51 \text{ N/mm}^2$
Contrainte de compression transversale (ELU)	$1,35G + 1,5S$	$\sigma_{c,90,d} = \dfrac{6\,557}{70 \times 90} = 1,04 \text{ N/mm}^2$
Flèche instantanée sous charge variable (ELS)	S	$U_{\text{inst}(Q)} = \dfrac{5 \times 0,621 \times \cos 16,7 \times 6\,000^4 \times 12}{384 \times 11\,500 \times 90 \times 225^3} = 10,2 \text{ mm}$
Flèche nette finale (ELS)	$G + Q_1 + k_{\text{def}}(G + \Psi_{2,1}Q_1)$	$U_{\text{net,fin}} = \dfrac{5 \times 2,421 \times \cos 16,7 \times 6\,000^4 \times 12}{384 \times 11\,500 \times 90 \times 225^3} = 39,8 \text{ mm}$

Critère vérifié	Combinaison	Valeur limite	Taux de travail ou de déformation
Contrainte de flexion (ELU)	$1,35G + 1,5S$	19 N/mm^2	$\dfrac{13,8}{1 \times 19} = 0,73$
Contrainte de cisaillement (ELU)	$1,35G + 1,5S$	$2,5 \text{ N/mm}^2$	$\dfrac{0,51}{2,5} = 0,20$
Contrainte de compression transversale (ELU)	$1,35G + 1,5S$	$1,8 \text{ N/mm}^2$	$\dfrac{1,04}{1,75 \times 1,8} = 0,33$
Flèche instantanée sous charge variable (ELS)	S	20 mm	$\dfrac{10,2}{20} = 0,51$
Flèche nette finale (ELS)	$G + Q_1 + k_{\text{def}}(G + \Psi_{2,1}Q_1)$	$\dfrac{6\,000}{125} = 48 \text{ mm}$	$\dfrac{39,8}{48} = 0,83$

Remarques :

— La contreflèche minimale sera de 39,8 – (6 000/200) = 9,8 mm. Une contreflèche de 15 mm sera sélectionnée, $U_{\text{net,fin}}$ sera de 39,8 – 15 = 24,8 < 30 mm ($W_{\text{net,fin}} = 6\,000/200$).

— Le coefficient de hauteur pour la résistance change de 1,07 à 1,1 car la hauteur de la panne a diminué (la valeur limite est de 19 N/mm².).

— Le changement de poids de la panne liée à la diminution de section est négligé.

— Le coefficient k_{crit} est égal à 1.

Le tableau 5.12 présente une comparaison entre les deux systèmes.

Tableau 5.12 Comparaison entre les deux systèmes.

Critère	Panne sur deux appuis	Panne sur deux appuis et sur un appui intermédiaire situé dans le plan de la toiture	
Volume d'une panne	$0,215 \text{ m}^3$	$0,121 \text{ m}^3$	44 %
Taux dimensionnant	0,93	0,83	11 %
Sécurité (taux ELU)	0,44	0,73	−40 %

1   Hypothèses de calcul

Considérons une panne travaillant en flexion déviée d'un bâtiment situé en zone A1 à une altitude de 226 m et avec une pente de 30 % (soit 16,7°). La longueur d'appui sur les arbalétriers est de 40 mm. La structure est composée de :

- une couverture en tuiles mécaniques à emboîtement pesant 42,8 kg/m² (liteaux compris) ;
- de chevrons en bois massif classé C24 de 100×75 mm, avec un entraxe de 0,55 m ;
- de pannes en bois lamellé-collé classé GL24h de 360×115 mm, avec un entraxe de 1,7 m et une portée de 7 m.

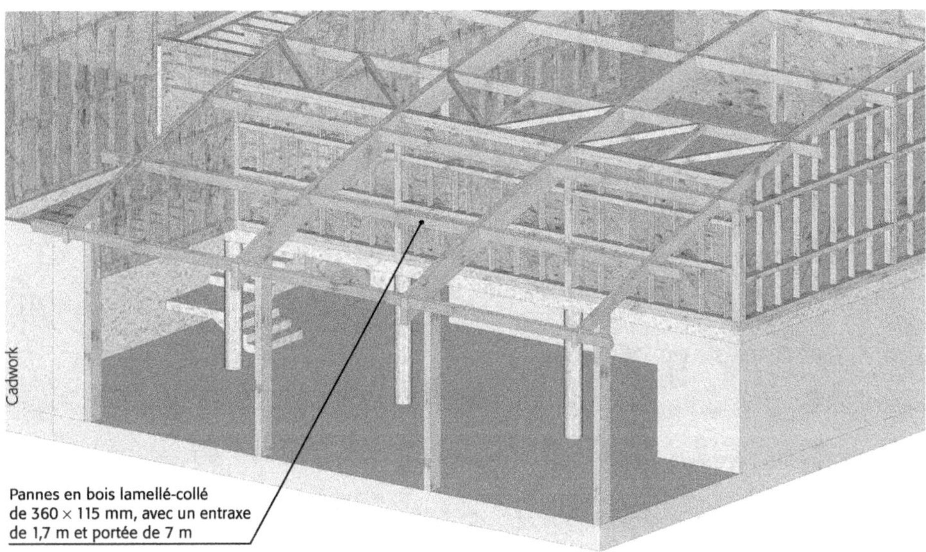

Figure 5.22 Présentation de la panne étudiée.

2   Détermination des actions

Les actions proviennent du poids de la structure, de l'entretien et du poids de la neige.

2.1   Actions provoquées par le poids de la structure

Étape 1 : détermination de la bande de chargement

La panne reprend 1/2 entraxe à gauche et 1/2 entraxe à droite, soit un entraxe complet (850 + 850 = 1 700 mm).

Étape 2 : transformation de la masse en charge

Les tuiles mécaniques : 42,8 kg/m².

Les pannes et les chevrons : 420 kg/m³.

Le calcul consiste à transformer la masse des éléments surfaciques (tuiles mécaniques) en action exprimées en kN/m^2 et la masse des éléments linéiques (pannes et chevrons) en action exprimées en kN/m. Par simplification, l'accélération terrestre g est prise égale à 10 m/s^2.

Les tuiles mécaniques : $[kg/m^2] \cdot [g/1\,000] = kN/m^2$, soit $42,8 \times (10/1\,000) = 0,428\ kN/m^2$.

Les chevrons et les pannes : $\dfrac{\left[kg/m^3\right] \cdot g}{1\,000} \cdot$ hauteur (m) $\cdot$ épaisseur (m) $= kN/m$,

soit $\dfrac{420 \times 10}{1\,000} \times 0,100 \times 0,075 = 0,032\ kN/m$ et $\dfrac{420 \times 10}{1\,000} \times 0,360 \times 0,115 = 0,174\ kN/m$.

Étape 3 : calcul de la charge des chevrons par mètre carré

Le poids d'un mètre de chevrons est divisé par son entraxe pour obtenir une charge par mètre carré.

$$G_{\text{chevron}} = \frac{\text{Chevron}\ [kN/m]}{\text{Entraxe chevrons}\ [m]},$$

soit $G_{\text{chevron}} = \dfrac{0,032}{0,55} = 0,058\ kN/m^2$.

Étape 4 : détermination de la charge de structure (G) par mètre de panne

Les charges de structure surfaciques sont multipliées par la bande de chargement pour obtenir une charge linéique. Le poids de la panne est ajouté.

La charge totale est $G = (0,428 + 0,058) \times 1,7 + 0,174 = 1\ kN/m$.

2.2   Les charges d'exploitation

Non étudiées.

2.3   Les charges de neige

Le bâtiment à une toiture inclinée à moins de 30°. Le bâtiment est situé en zone A1 à une altitude de 226 m. Les coefficients d'exposition c_e et thermique c_t sont égaux à 1.

Étape 1 : calcul de la neige au sol

$S_{226} = 0,45\ kN/m^2$.

Étape 2 : calcul du coefficient de forme μ_i

Pour un angle inférieur à 30° : $\mu_1 = 0,8$.

Étape 3 : calcul de la charge de neige au sol en kN/m^2

$S_{226} = S_{200} + \Delta S_1$,

$S_{226} = S_{200} + \left(\dfrac{A}{1\,000} - 0,20 \right)$,

$S_{226} = 0,45 + \left(\dfrac{226}{1\,000} - 0,20 \right) = 0,476\ kN/m^2$ de sol.

Étape 4 : calcul de la charge de neige sur la toiture en kN/m^2 rampant

La formule de calcul de neige sur une toiture est $S = S_k \cdot \mu_{i(\alpha)} \cdot c_e \cdot c_t \cdot \cos \alpha$.

$S = 0,476 \times 0,8 \times \cos 16,7° = 0,365\ kN/m^2$ rampant.

Étape 5 : calcul de la charge de neige sur la panne en kN/m

$S = 0,365 \times 1,7 = 0,621$ kN/m.

Remarque : il n'y a pas de neige exceptionnelle dans la zone A1.

3   Les combinaisons d'action

Une première vérification consiste à confirmer que pendant toute la durée d'exploitation du bâtiment la sécurité des personnes sera assurée. C'est la vérification à l'état limite ultime (ELU). Une deuxième vérification permet de contrôler que les usagers pourront avoir une exploitation du bâtiment conforme à sa destination. C'est la vérification à l'état limite de service (ELS).

3.1   Les combinaisons à l'état limite ultime (ELU) avec des charges descendantes

Les combinaisons à l'ELU concernent la résistance de la structure. Le risque de neige exceptionnelle n'existe pas dans la zone A1.

$q_1 = 1,35G.$

$q_2 = 1,35G + 1,5S.$

Remarque : la charge d'entretien ne sera pas vérifiée.

3.2   Les combinaisons à l'état limite de service (ELS)

Valeur de la charge de calcul pour la déformation instantanée sous charge variable :

La déformation instantanée est provoquée par la neige.

Charge de neige : $q_{\text{inst}(Q)} = 0,621$ kN/m.

Combinaisons pour la déformation totale avec une charge variable :

La déformation totale est provoquée par les charges de structure, de neige et par le fluage.

$q = G + Q_1 + k_{\text{def}}\left(G + \Psi_{2,1}Q_1\right),$

$q = G + S + 0,8\left(G + 0S\right),$

$q = 1 + 0,621 + 0,8 \times \left(1 + 0 \times 0,621\right) = 2,421$ kN/m.

4   Vérification à l'état limite ultime (ELU)

La vérification à l'ELU consiste à vérifier la panne en flexion déviée. L'effort se décompose en deux directions. L'une est parallèle à l'épaisseur $((G,S,Q)\sin\alpha)$. Elle provoquera de la flexion dans le plan formé par l'épaisseur et l'axe de la panne. L'autre est parallèle à la hauteur $((G,S,Q)\cos\alpha)$. Elle provoquera de la flexion dans le plan formé par la hauteur et l'axe de la panne.

4.1   Calcul de la charge reprise par la panne

Le tableau 5.13 précise l'effort parallèle à la hauteur de la panne et l'effort parallèle à l'épaisseur de la panne en fonction de la combinaison d'actions.

Tableau 5.13 Efforts repris par la panne en fonction de la combinaison d'actions.

Combinaison à l'ELU	Effort vertical q	Effort parallèle à la hauteur (axe de rotation y) : $q\cos 16{,}7°$	Effort parallèle à l'épaisseur (axe de rotation z) : $q\sin 16{,}7°$
$q_1 = 1{,}35G$	$1{,}35 \times 1 = 1{,}35$ kN/m	1,293 kN/m	0,388 kN/m
$q_2 = 1{,}35G + 1{,}5S$	$1{,}35 \times 1 + 1{,}5 \times 0{,}621$ $= 2{,}282$ kN/m	2,185 kN/m	0,656 kN/m

Les lames du bois lamellé-collé sont séchées avant le collage, puis le bois lamellé-collé est raboté. L'humidité du bois étant voisine de 12 %, il n'est pas nécessaire de diminuer la section.

4.2 Vérification avec une flexion déviée

Les deux contraintes de flexion sont provoquées par les actions calculées aux ELU, états limites ultimes.

La somme de ces deux rapports doit rester inférieure à 1 :

- pour l'axe y, contrainte de flexion provoquée par les actions du plan xz divisée par la contrainte de résistance de flexion ;
- pour l'axe z, contrainte de flexion provoquée par les actions du plan xy divisée par la contrainte de résistance de flexion.

Un coefficient k_m diminue le ratio le plus petit. Ce coefficient définit la redistribution des contraintes maximales situées sur l'arête tendue.

Le taux de travail, qui provient des équations 6.17 et 6.18 de l'Eurocode 5, est :

$$\text{maximum} \begin{cases} \dfrac{\sigma_{m,y,d}}{f_{m,y,d}} + k_m \dfrac{\sigma_{m,z,d}}{f_{m,z,d}} \\[2ex] k_m \dfrac{\sigma_{m,y,d}}{f_{m,y,d}} + \dfrac{\sigma_{m,z,d}}{f_{m,z,d}} \end{cases} \leqslant 1,$$

avec :

- $\sigma_{m,y,d}$: contrainte de flexion en Mpa, correspondant à une déformation dans le plan xz, donc aux efforts projetés sur z, et une rotation autour de l'axe y ;
- $f_{m,y,d}$: résistance de flexion de l'axe y, calculée en Mpa ;
- $\sigma_{m,z,d}$: contrainte de flexion en Mpa, correspondant à une déformation dans le plan xy, donc aux efforts projetés sur y, et une rotation autour de l'axe z ;
- $f_{m,z,d}$: résistance de flexion de l'axe z, calculée en Mpa ;
- $k_m = 0{,}7$: coefficient de redistribution des contraintes maximales situées sur l'arête tendue.

Remarques :
– La pièce étant déjà déversée, le coefficient k_{crit} de déversement latéral n'est pas appliqué.
– $f_{m,y,d}$ et $f_{m,z,d}$ ont la même valeur.

4.2.1 Contrainte provoquée par les actions $\sigma_{m,y,d}$ et $\sigma_{m,z,d}$

Les contraintes de flexion provoquées par la charge sont calculées par les formules :

$$\sigma_{m,y,d} = \frac{M_{f,y}}{\dfrac{I_{G,y}}{V}} \text{ et } \sigma_{m,z,d} = \frac{M_{f,z}}{\dfrac{I_{G,z}}{V}},$$

$$\sigma_{m,y,d} = \frac{M_{f,y}}{\dfrac{I_{G,y}}{V}} = \frac{6q \cos\left(\alpha\right) L^2}{8bh^2} \text{ et } \sigma_{m,z,d} = \frac{M_{f,z}}{\dfrac{I_{G,z}}{V}} = \frac{6q \sin\left(\alpha\right) L^2}{8hb^2}.$$

Le tableau 5.14 précise la valeur de la contrainte de flexion en fonction de la combinaison d'actions.

Tableau 5.14 Contrainte de flexion subie par la panne en fonction de la combinaison d'actions.

Combinaison à l'ELU	Contrainte de flexion (axe de rotation *y*), en N/mm²	Contrainte de flexion (axe de rotation *z*), en N/mm²
$q_1 = 1{,}35G$	$\sigma_{m,y,d} = \dfrac{6 \times 1{,}293 \times 7\,000^2}{8 \times 115 \times 360^2} = 3{,}2$	$\sigma_{m,z,d} = \dfrac{6 \times 0{,}388 \times 7\,000^2}{8 \times 360 \times 115^2} = 3$
$q_2 = 1{,}35G + 1{,}5S$	$\sigma_{m,y,d} = \dfrac{6 \times 2{,}185 \times 7\,000^2}{8 \times 115 \times 360^2} = 5{,}4$	$\sigma_{m,z,d} = \dfrac{6 \times 0{,}656 \times 7\,000^2}{8 \times 360 \times 115^2} = 5{,}1$

4.2.2 Contrainte de résistance du bois $f_{m,d}$

La contrainte de résistance du bois dépend de la contrainte caractéristique, de la classe de service (humidité du bois), de la charge de plus courte durée de la combinaison d'actions, de l'effet système et de la plus grande dimension de la section.

$$f_{m,d} = f_{m,k} \cdot \frac{k_{\mathrm{mod}}}{\gamma_M} \cdot k_{\mathrm{sys}} \cdot k_{\mathrm{h}},$$

avec :

- $f_{m,k} = 24$ N/mm² : contrainte caractéristique de résistance en flexion ;
- k_{mod} : coefficient modificatif en fonction de la charge de plus courte et de la classe de service ;
- $\gamma_M = 1{,}25$: coefficient partiel qui tient compte de la dispersion du matériau ;
- $k_{\mathrm{sys}} = 1$: coefficient d'effet système. Il est égal à 1,1 lorsque plusieurs éléments porteurs de même nature et de même fonction avec un entraxe inférieur à 1,2 m (solives, fermettes) sont sollicités par un même type de chargement réparti uniformément et avec un système capable de reporter les efforts sur les pièces adjacentes. Lorsque ces conditions ne sont pas remplies, $k_{\mathrm{sys}} = 1$;
- $k_{\mathrm{h}} = 1{,}05$: coefficient de hauteur. $k_{\mathrm{h}} = 1$ lorsque la hauteur de la poutre est supérieure à 600 mm. Il majore les résistances pour les hauteurs inférieures à 150 mm pour le bois massif et 600 mm pour le bois lamellé-collé. Le risque de défauts cachés dans la structure du bois est moins important pour les petites sections que pour les grandes sections.

Calcul du coefficient de hauteur pour du bois massif :

– si $\quad h \geqslant 150$ mm $\quad k_{\mathrm{h}} = 1$;
– si $\quad h < 150$ mm $\quad k_{\mathrm{h}} = \min(1{,}3 \,;\, (150/h)^{0{,}2})$.

Calcul du coefficient de hauteur pour du bois lamellé-collé :

– si $\quad h \geqslant 600$ mm $\quad k_{\mathrm{h}} = 1$;
– si $\quad h < 600$ mm $\quad k_{\mathrm{h}} = \min(1{,}1 \,;\, (600/h)^{0{,}1}) = \min(1{,}1 \,;\, (600/360)^{0{,}1}) = 1{,}05$.

Avec h la hauteur de la pièce en mm.

Le tableau 5.15 précise la valeur de la contrainte de résistance en flexion en fonction de la combinaison d'actions.

Tableau 5.15 Valeur de la contrainte de résistance en flexion en fonction de la combinaison d'actions.

Combinaison à l'ELU	Durée de la charge	Coefficient k_{mod}	Contrainte de résistance en flexion, en N/mm²
$q_1 = 1,35G$	Permanente	0,6	$f_{m,d} = 24 \times \dfrac{0,6}{1,25} \times 1,05 \times 1 = 12,1$
$q_2 = 1,35G + 1,5S$	Court terme (altitude $\leq 1\,000$ m)	0,9	$f_{m,d} = 24 \times \dfrac{0,9}{1,25} \times 1,05 \times 1 = 18,1$

4.2.3 *Taux de travail de la flexion déviée*

Le taux de travail est :

$$\text{maximum} \begin{cases} \dfrac{\sigma_{m,y,d}}{f_{m,y,d}} + k_m \dfrac{\sigma_{m,z,d}}{f_{m,z,d}} \\[2ex] k_m \dfrac{\sigma_{m,y,d}}{f_{m,y,d}} + \dfrac{\sigma_{m,z,d}}{f_{m,z,d}} \end{cases} \leq 1.$$

Le tableau 5.16 précise le taux de travail en fonction de la combinaison d'actions.

Tableau 5.16 Taux de travail en fonction de la combinaison d'actions.

Combinaison à l'ELU	Taux de travail
$q_1 = 1,35G$	$\text{maximum} \begin{cases} \dfrac{3,2}{12,1} + 0,7 \times \dfrac{3}{12,1} = 0,44 \\[2ex] 0,7 \times \dfrac{3,2}{12,1} + \dfrac{3}{12,1} = 0,43 \end{cases} < 1$
$q_2 = 1,35G + 1,5S$	$\text{maximum} \begin{cases} \dfrac{5,4}{18,1} + 0,7 \times \dfrac{5,1}{18,1} = 0,50 \\[2ex] 0,7 \times \dfrac{5,4}{18,1} + \dfrac{5,1}{18,1} = 0,49 \end{cases} < 1$

Le critère est vérifié car les taux de travail sont inférieurs à 1.

4.3 Le cisaillement

La contrainte de cisaillement provoquée par les actions doit rester inférieure à la contrainte de résistance de cisaillement déterminée.

Le taux de travail est :

$$\frac{\tau_d}{f_{v,d}} \leq 1,$$

avec:

- τ_d: contrainte de cisaillement provoquée par les actions, en N/mm^2;
- $f_{v,d}$: contrainte de résistance de cisaillement calculée, en N/mm^2.

4.3.1   *Contrainte provoquée par les actions τ_d*

La contrainte de cisaillement provoquée par la charge est calculée par la formule:

$$\tau_d = \frac{k_f \cdot F_{v,d}}{k_{cr} \cdot b \cdot h_{ef}},$$

avec:

- $k_f = 1,5$: coefficient de forme de la section pour une section rectangulaire;
- $F_{v,d}$: effort tranchant, en N. Une poutre sur deux appuis avec une charge uniformément répartie a un effort tranchant maximum au voisinage des appuis, soit $ql/2$ et $P/2$;
- $h_{ef} = 360$ mm: hauteur réelle exposée au cisaillement;
- $b = 115$ mm: épaisseur de la pièce;
- $k_{cr} = 1$: coefficient tenant compte du risque de fente aux extrémités de la poutre. Les charges de structure sont inférieures à 70 % des charges totales: $1/(1 + 0,621) = 0,62$.

Le tableau 5.17 précise la valeur de la contrainte de cisaillement en fonction de la combinaison d'actions.

Tableau 5.17 Contrainte de cisaillement subie par la panne en fonction de la combinaison d'actions.

Combinaison à l'ELU	Effort tranchant, en N	Contrainte de cisaillement, en N/mm^2
$q_1 = 1,35G$	$F_{v,d} = 1,35 \times \dfrac{7\,000}{2} = 4\,725$	$\tau_d = \dfrac{1,5 \times 4\,725}{1 \times 115 \times 360} = 0,17$
$q_2 = 1,35G + 1,5S$	$F_{v,d} = 2,282 \times \dfrac{7\,000}{2} = 7\,987$	$\tau_d = \dfrac{1,5 \times 7\,987}{1 \times 115 \times 360} = 0,29$

4.3.2   *Contrainte de résistance du bois $f_{v,d}$*

La contrainte de résistance du bois dépend de la contrainte caractéristique, de la classe de service (humidité du bois), de la charge de plus courte durée de la combinaison d'actions. Les tableaux 1.7 à 1.9 présentent les contraintes caractéristiques.

$$f_{v,d} = f_{v,k}\,\frac{k_{\mathrm{mod}}}{\gamma_M},$$

avec:

- $f_{v,k} = 3,5$ N/mm^2: contrainte caractéristique de résistance en cisaillement;
- k_{mod}: coefficient modificatif en fonction de la charge de plus courte durée et de la classe de service;
- $\gamma_M = 1,25$: coefficient partiel qui tient compte de la dispersion du matériau.

Le tableau 5.18 précise la valeur de la contrainte de résistance en cisaillement en fonction de la combinaison d'actions.

Tableau 5.18 Valeur de la contrainte de résistance en cisaillement en fonction de la combinaison d'actions.

Combinaison à l'ELU	Durée de la charge	Coefficient k_{mod}	Contrainte de résistance en cisaillement, en N/mm²
$q_1 = 1{,}35G$	Permanente	0,6	$f_{v,d} = 3{,}5 \times \dfrac{0{,}6}{1{,}25} = 1{,}7$
$q_2 = 1{,}35G + 1{,}5S$	Court terme (altitude $\leqslant 1\,000$ m)	0,9	$f_{v,d} = 3{,}5 \times \dfrac{0{,}9}{1{,}25} = 2{,}5$

4.3.3 *Taux de travail*

Le taux de travail est :

$$\frac{\tau_d}{f_{v,d}} \leqslant 1.$$

Le tableau 5.19 précise le taux de travail en fonction de la combinaison d'actions.

Tableau 5.19 Taux de travail en fonction de la combinaison d'actions.

Combinaison à l'ELU	Taux de travail
$q_1 = 1{,}35G$	$\dfrac{\tau_d}{f_{v,d}} = \dfrac{0{,}17}{1{,}7} = 0{,}10 < 1$
$q_2 = 1{,}35G + 1{,}5S$	$\dfrac{\tau_d}{f_{v,d}} = \dfrac{0{,}29}{2{,}5} = 0{,}12 < 1$

Le critère est vérifié car les taux de travail sont inférieurs à 1.

5 Vérification à l'état limite de service (ELS)

L'état limite de service est vérifié lorsque les déformations ne dépassent pas une valeur limite réglementaire. Les vérifications à l'ELS concernent la déformation sous charge variable et la déformation totale de la panne. Le tableau 5.20 mentionne les valeurs limites réglementaires des flèches.

Tableau 5.20 Valeurs limites réglementaires des flèches.

	Bâtiments courants			Bâtiments agricoles et similaires		
	$W_{inst(Q)}$	$W_{net,fin}$	W_{fin}	$W_{inst(Q)}$	$W_{net,fin}$	W_{fin}
Chevrons	–	$L/150$	$L/125$	–	$L/150$	$L/100$
Éléments structuraux	$L/300$	$L/200$	$L/125$	$L/200$	$L/150$	$L/100$

5.1 La déformation instantanée sous charge variable $W_{inst(Q)}$

La déformation instantanée sous charge variable est provoquée par les charges variables. Le taux de déformation est :

$$\frac{U_{inst(Q)}}{W_{inst(Q)}} \leqslant 1,$$

avec:

- $U_{\text{inst}(Q)}$: flèche instantanée provoquée par la charge variable;
- $W_{\text{inst}(Q)}$: flèche instantanée limite réglementaire sous charge variable.

La flèche instantanée est la somme vectorielle de la flèche dans le plan xz et de la flèche dans le plan xy. La panne a une charge symétrique et uniforme. La flèche est définie par la formule:

$$U_{\text{inst}(Q)} = \sqrt{U^2_{\text{inst}(Q),xz} + U^2_{\text{inst}(Q),xy}},$$

avec:

- $U_{\text{inst}(Q),xz}$: flèche dans le plan xz;
- $U_{\text{inst}(Q),xy}$: flèche dans le plan xy.

La flèche dans le plan xz est provoquée par l'effort $q_{\text{inst}(Q)} \cdot \cos 16,7°$ et concerne le moment quadratique $I_{G,y}$. La flèche dans le plan xy est provoquée par l'effort $q_{\text{inst}(Q)} \cdot \sin 16,7°$ et concerne le moment quadratique $I_{G,z}$.

La déformation instantanée pour une charge uniformément répartie (la neige) est:

$$U_{\text{inst}(Q)} = \sqrt{\left(\frac{5q_{\text{inst}(Q)} \cdot \cos \alpha \cdot L^4}{384 E_{0,mean} \cdot I_{G,y}}\right)^2 + \left(\frac{5q_{\text{inst}(Q)} \cdot \sin \alpha \cdot L^4}{384 E_{0,mean} \cdot I_{G,z}}\right)^2},$$

avec:

- $q_{\text{inst}(Q)} = 0,621 \text{ kN/m} = 0,621 \text{ N/mm}$: charge linéique provoquée par les actions variables (cf. § 2.3.2 « Les combinaisons à l'état limite de service »);
- $L = 7\,000 \text{ mm}$: distance entre appuis;
- $E_{0,mean} = 11\,500 \text{ N/mm}^2$: module moyen axial précisé dans le tableau 1.9;
- $I_{G,y}$: moment quadratique en mm^4; pour une section rectangulaire sur chant, $I_{G,y} = bh^3/12$, avec:
    - $h = 360 \text{ mm}$: hauteur de la pièce,
    - $b = 115 \text{ mm}$: épaisseur de la pièce.
- $I_{G,z}$: moment quadratique en mm^4; pour une section rectangulaire à plat, $I_{G,z} = hb^3/12$, avec:
    - $h = 360 \text{ mm}$: hauteur de la pièce,
    - $b = 115 \text{ mm}$: épaisseur de la pièce.

La formule devient:

$$U_{\text{inst}(Q)} = \sqrt{\left(\frac{5q_{\text{inst}(Q)} \cdot \cos \alpha \cdot L^4 \times 12}{384 E_{0,mean} \cdot b \cdot h^3}\right)^2 + \left(\frac{5q_{\text{inst}(Q)} \cdot \sin \alpha \cdot L^4 \times 12}{384 E_{0,mean} \cdot h \cdot b^3}\right)^2}.$$

$$U_{\text{inst}(Q)} = \sqrt{\left(\frac{5 \times 0,621 \times \cos 16,7 \times 7\,000^4 \times 12}{384 \times 11\,500 \times 115 \times 360^3}\right)^2 + \left(\frac{5 \times 0,621 \times \sin 16,7 \times 7\,000^4 \times 12}{384 \times 11\,500 \times 360 \times 115^3}\right)^2},$$

$$U_{\text{inst}(Q)} = \sqrt{3,6^2 + 10,6^2} = 11,2 \text{ mm}.$$

La valeur limite réglementaire $W_{\text{inst}(Q)}$ est définie dans le tableau 5.20. Elle est de $L/300 = 7\,000/300 = 23 \text{ mm}$.

Le taux de déformation est de :

$$\frac{U_{\text{inst}(Q)}}{W_{\text{inst}(Q)}} = \frac{11,2}{23} = 0,48 \leqslant 1.$$

Le critère est vérifié.

5.2 La déformation totale

La déformation totale ($U_{\text{net,fin}}$) est la somme de la flèche instantanée provoquée par les charges variables $U_{\text{inst}(Q)}$, la flèche instantanée provoquée par les charges permanentes $U_{\text{inst}(G)}$ et la flèche différée provoquée par la durée de la charge et l'humidité du bois U_{creep}. Lorsqu'elle existe, il faut retrancher la contre-flèche fabriquée.

$$U_{\text{net,fin}} = U_{\text{inst}} + U_{creep} - U_c.$$

Le taux de déformation est :

$$\frac{U_{\text{net,fin}}}{W_{\text{net,fin}}} \leqslant 1,$$

avec :

- $U_{\text{net,fin}}$: flèche nette finale ;
- $W_{\text{net,fin}}$: flèche nette finale limite réglementaire.

Par simplification, la combinaison $q = G + Q_1 + k_{\text{def}}\left(G + \Psi_{2,1}Q_1\right)$ permet de calculer directement la flèche nette finale. Le premier membre de l'équation (G) permet de calculer la flèche instantanée provoquée par les charges permanentes ($U_{\text{inst}(G)}$), le deuxième membre de l'équation (Q_1) permet de calculer la flèche instantanée provoquée par la neige ($U_{\text{inst}(Q)}$) et le troisième membre de l'équation $k_{\text{def}}\left(G + \Psi_{2,1}Q_1\right)$ permet de calculer la flèche différée provoquée par la durée de la charge et l'humidité du bois (U_{creep}).

La flèche totale est calculée avec la charge $q_{\text{net,fin}} = G + Q_1 + 0,8(G + 0Q_1) = 2,421$ kN/m (cf. § 2.3.2 « Les combinaisons à l'état limite de service »). La solive a une charge symétrique et uniforme. La flèche est définie par la formule :

$$U_{\text{net,fin}} = \sqrt{U^2_{\text{net,fin},xz} + U^2_{\text{net,fin},xy}},$$

$$U_{\text{net,fin}} = \sqrt{\left(\frac{5q_{\text{net,fin}} \cdot \cos\alpha \cdot L^4}{384E_{0,mean} \cdot I_{G,y}}\right)^2 + \left(\frac{5q_{\text{net,fin}} \cdot \sin\alpha \cdot L^4}{384E_{0,mean} \cdot I_{G,z}}\right)^2},$$

avec :

- $q_{\text{inst}(Q)} = 2,421$ kN/m $= 2,421$ N/mm : charge linéique provoquée par les actions variables (cf. § 2.3.2 « Les combinaisons à l'état limite de service ») ;
- $L = 7\,000$ mm : distance entre appuis ;
- $E_{0,mean} = 11\,500$ N/mm^2 : module moyen axial précisé dans le tableau 1.9 ;
- $I_{G,y}$: moment quadratique en mm^4 ; pour une section rectangulaire sur chant, $I_{G,y} = bh^3/12$, avec :
    - $h = 360$ mm : hauteur de la pièce,
    - $b = 115$ mm : épaisseur de la pièce.

- $I_{G,z}$: moment quadratique en mm^4; pour une section rectangulaire à plat, $I_{G,z} = hb^3/12$, avec:
    - $h = 360$ mm: hauteur de la pièce,
    - $b = 115$ mm: épaisseur de la pièce.

La formule devient:

$$U_{\text{net,fin}} = \sqrt{\left(\frac{5q_{\text{net,fin}} \cdot \cos\alpha \cdot L^4 \times 12}{384 E_{0,mean} \cdot b \cdot h^3}\right)^2 + \left(\frac{5q_{\text{net,fin}} \cdot \sin\alpha \cdot L^4 \times 12}{384 E_{0,mean} \cdot h \cdot b^3}\right)^2} .$$

$$U_{\text{net,fin}} = \sqrt{\left(\frac{5 \times 2,421 \times \cos 16,7 \times 7\,000^4 \times 12}{384 \times 11\,500 \times 115 \times 360^3}\right)^2 + \left(\frac{5 \times 2,421 \times \sin 16,7 \times 7\,000^4 \times 12}{384 \times 11\,500 \times 360 \times 115^3}\right)^2} ,$$

$$U_{\text{net,fin}} = \sqrt{14,1^2 + 41,5^2} = 43,8 \text{ mm}.$$

La valeur limite réglementaire $W_{\text{net,fin}}$ est définie dans le tableau 5.20. Elle est de $L/200 = 7\,000/200 = 35$ mm.

Le taux de déformation est de:

$$\frac{U_{\text{net,fin}}}{W_{\text{net,fin}}} = \frac{43,8}{35} = 1,25 > 1.$$

Le critère n'est pas vérifié.

Remarque: la proportionnalité entre la charge et la déformation permet un calcul plus simple de la flèche nette finale à partir de la flèche instantanée sous charge variable:

$$U_{\text{net,fin}} = U_{\text{inst}(Q)}\left(1 + \frac{G + k_{\text{def}}(G + \Psi_2 Q)}{Q}\right),$$

$$U_{\text{net,fin}} = 11,2 \times \left(1 + \frac{1 + 0,8 \times (1 + 0 \times 0,621)}{0,621}\right) = 43,8 \text{ mm}.$$

6 Comparaison entre les critères de dimensionnement

Le tableau 5 .21 fait la synthèse des critères les plus défavorables vérifiés.

Tableau 4.21 Synthèse des critères vérifiés.

Critère vérifié	Combinaison	Taux de travail ou de déformation maximum
Contrainte de flexion (ELU)	$1,35G + 1,5S$	0,50
Contrainte de cisaillement (ELU)	$1,35G + 1,5S$	0,12
Flèche instantanée sous charge variable (ELS)	S	0,48
Flèche nette finale (ELS)	$G + Q_1 + k_{\text{def}}(G + \Psi_{2,1}Q_1)$	1,25

Le critère dimensionnant est la flèche nette finale à l'ELS.

7   Optimisation de la panne par un appui intermédiaire situé dans le plan de la toiture

L'emploi de buton pour réaliser un troisième appui sur l'épaisseur (ou dans le plan de la toiture) reprendra les efforts parallèles au rampant (figure 5.21). La panne travaillera en flexion simple suivant le plan xz.

L'optimisation est effectuée en fonction du critère dimensionnant (le plus défavorable), qui, pour cet exemple, est la flèche nette finale. La hauteur est calculée en fonction de la flèche limite réglementaire. La flexion simple suivant le plan xz est calculée par la formule:

$$U_{\text{net,fin}} = \frac{5q_{\text{net,fin}} \cdot \cos \alpha \cdot L^4}{384 E_{0,mean} \cdot I_{G,y}} = \frac{5q_{\text{net,fin}} \cdot \cos \alpha \cdot L^4 \times 12}{384 E_{0,mean} \cdot b \cdot h^3}.$$

Par ailleurs, la déformation maximale réglementaire est $L/200$ (tableau 5.20). La déformation provoquée par l'effort tranchant n'étant pas prise en compte, un taux de déformation de 0,95 est retenu:

$$U_{\text{net,fin}} = 0,95 \times \frac{L}{200} = \frac{5q_{\text{net,fin}} \cdot \cos \alpha \cdot L^4 \times 12}{384 E_{0,mean} \cdot b \cdot h^3}.$$

On isole h:

$$h = \sqrt[3]{\frac{5q_{\text{net,fin}} \cdot \cos \alpha \cdot L^3 \times 12 \times 200}{384 E_{0,mean} \cdot b \times 0,95}}.$$

$$h = \sqrt[3]{\frac{5 \times 2,421 \times \cos 16,7 \times 7\,000^3 \times 12 \times 200}{384 \times 11\,500 \times 115 \times 0,95}} = 270 \text{ mm}.$$

Les lamelles du bois lamellé-collé faisant 45 mm, la hauteur commerciale sera de 270 mm, soit un gain de deux lamelles par rapport à la hauteur initiale de 360 mm.

La panne doit être vérifiée complètement si cette solution est retenue.

8   Optimisation de la panne par un appui intermédiaire situé dans le plan de la toiture et une contreflèche

L'optimisation est effectuée en fonction du critère dimensionnant (le plus défavorable), qui, pour cet exemple, est la flèche nette finale. La hauteur est calculée en fonction de la flèche limite réglementaire, qui est, lorsqu'il y a une contreflèche, de $L/125$ (tableau 5.20). La déformation provoquée par l'effort tranchant n'étant pas prise en compte, un taux de déformation de 0,95 est retenu. Par ailleurs, la largeur est diminuée à 75 mm.

$$U_{\text{net,fin}} = 0,95 \times \frac{L}{125} = \frac{5q_{\text{net,fin}} \cdot \cos \alpha \cdot L^4 \times 12}{384 E_{0,mean} \cdot b \cdot h^3}.$$

On isole h:

$$h = \sqrt[3]{\frac{5q_{net,fin} \cdot \cos\alpha \cdot L^3 \times 12 \times 125}{384\, E_{0,mean} \cdot b \times 0,95}}.$$

$$h = \sqrt[3]{\frac{5 \times 2,421 \times \cos 16,7 \times 7\,000^3 \times 12 \times 125}{384 \times 11\,500 \times 75 \times 0,95}} = 266,7 \text{ mm}.$$

Les lamelles du bois lamellé-collé faisant 45 mm, la hauteur commerciale sera de 270 mm, soit un gain de deux lamelles par rapport à la hauteur initiale de 360 mm.

La panne doit être vérifiée complètement si cette solution retenue.

Les combinaisons dimensionnantes étant identifiées, Le tableau 5.22 présente la synthèse de cette vérification.

Tableau 5.22 Synthèse de la vérification.

Critère vérifié	Combinaison	Contrainte ou déformation
Contrainte de flexion (ELU)	$1,35G + 1,5S$	$\sigma_{m,y,d} = \dfrac{6 \times 2,185 \times 7\,000^2}{8 \times 75 \times 270^2} = 15,6 \text{ N/mm}^2$
Contrainte de cisaillement (ELU)	$1,35G + 1,5S$	$\tau_d = \dfrac{1,5 \times 6\,846}{1 \times 270 \times 75} = 0,59 \text{ N/mm}^2$
Contrainte de compression transversale (ELU)	$1,35G + 1,5S$	$\sigma_{c,90,d} = \dfrac{6\,557}{70 \times 75} = 1,46 \text{ N/mm}^2$
Flèche instantanée sous charge variable (ELS)	S	$U_{inst(Q)} = \dfrac{5 \times 0,621 \times \cos 16,7 \times 7\,000^4 \times 12}{384 \times 11\,500 \times 75 \times 270^3} = 13,1 \text{ mm}$
Flèche nette finale (ELS)	$G + Q_1 + k_{def}(G + \Psi_{2,1}Q_1)$	$U_{net,fin} = \dfrac{5 \times 2,421 \times \cos 16,7 \times 7\,000^4 \times 12}{384 \times 11\,500 \times 75 \times 270^3} = 51,24 \text{ mm}$

Critère vérifié	Combinaison	Valeur limite	Taux de travail ou de déformation
Contrainte de flexion (ELU)	$1,35G + 1,5S$	$18,5 \text{ N/mm}^2$	$\dfrac{15,6}{1 \times 18,5} = 0,84$
Contrainte de cisaillement (ELU)	$1,35G + 1,5S$	$2,5 \text{ N/mm}^2$	$\dfrac{0,59}{2,5} = 0,24$
Contrainte de compression transversale (ELU)	$1,35G + 1,5S$	$1,8 \text{ N/mm}^2$	$\dfrac{1,46}{1,75 \times 1,8} = 0,46$
Flèche instantanée sous charge variable (ELS)	S	23 mm	$\dfrac{13,1}{23} = 0,57$
Flèche nette finale (ELS)	$G + Q_1 + k_{def}(G + \Psi_{2,1}Q_1)$	$\dfrac{7\,000}{125} = 56 \text{ mm}$	$\dfrac{51,24}{56} = 0,91$

Remarques :

– La contreflèche minimale sera de 46,8 – (7 000/200) = 11,8 mm. Une contreflèche de 20 mm sera sélectionnée, $U_{net,fin}$ sera de 46,8 – 20 = 26,8 < 35 mm ($W_{net,fin}$ = 7 000/200).

– Le coefficient de hauteur pour la résistance change de 1,05 à 1,07 car la hauteur de la panne a diminué.
– Le changement de poids de la panne liée à la diminution de section et au changement de la qualité est négligé.
– Le coefficient k_{crit} est égal à 1.

Le tableau 5.23 présente une comparaison entre les deux systèmes.

Tableau 5.23 Comparaison entre les deux systèmes.

Critère	Panne sur deux appuis	Panne sur deux appuis et sur un appui intermédiaire situé dans le plan de la toiture	
Volume d'une panne	0,29 m^3	0,142 m^3	53 %
Taux dimensionnant	1,25	0,84	33 %
Sécurité (taux ELU)	0,50	0,84	−40 %

Vérification aux Eurocodes de la stabilité d'une maison à ossature bois sous l'effet du vent

La vérification de la structure à l'état limite ultime (ELU) consiste à vérifier la stabilité lorsque le vent agit sur le long pan, puis lorsqu'il agit sur le pignon. Le premier exemple consiste à vérifier la stabilité d'une construction de plain-pied lorsque le vent souffle sur le pignon et avec des voiles travaillants (ou panneaux de contreventement) fixés au moyen de pointes. Le deuxième exemple concerne une maison individuelle d'un étage lorsque le vent souffle sur le long pan et avec des voiles travaillants fixés par des agrafes.

La norme NF DTU 31.2 applicable à la construction de maisons et bâtiments à ossature en bois propose des solutions pour assurer la stabilité de ces ouvrages. Cependant, les limites sont multiples : géographie, rugosité du terrain, dimensions de la maison et des panneaux, etc. Pour de nombreuses applications, une justification s'impose.

La première étape consiste à définir l'effet du vent par mètre carré, puis l'effort repris par le long pan ou le pignon en tenant compte de la pondération de l'action. La deuxième étape consiste à calculer la résistance des panneaux, puis celle du mur complet. Il reste à vérifier que la résistance du mur est plus importante que l'effet du vent sur le pignon.

1   Vent sur le pignon d'une maison de plain-pied

1.1   Hypothèses de calcul

Considérons une maison à ossature bois (figure 6.1) située dans une zone industrielle de la Vendée (zone 3).

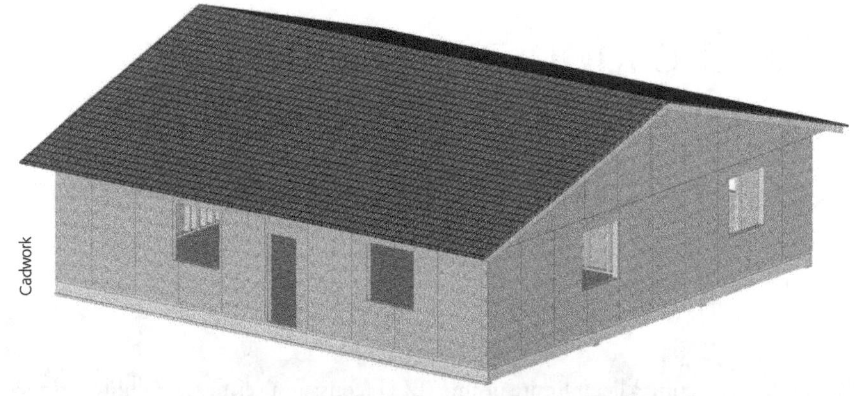

Figure 6.1 Maison à ossature bois (MOB) étudiée.

La structure est composée des éléments suivants :

- montants : 145×45 mm classé C24 ;
- panneaux : OSB3 de 12 mm d'épaisseur et de masse volumique 660 kg/m^3 ;
- fixation : pointes annelées de $1,9 \times 50$ mm.

Les caractéristiques de la maison sont définies par les figures 6.2 et 6.3.

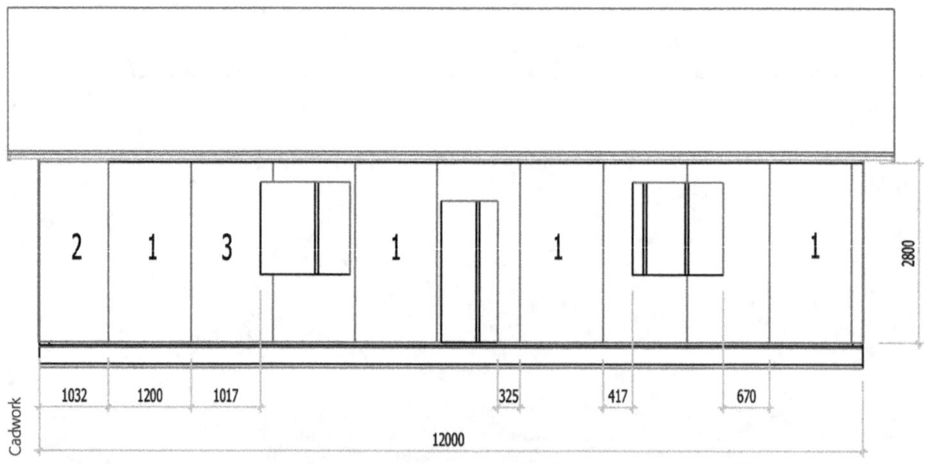

Figure 6.2 Plan du long pan.

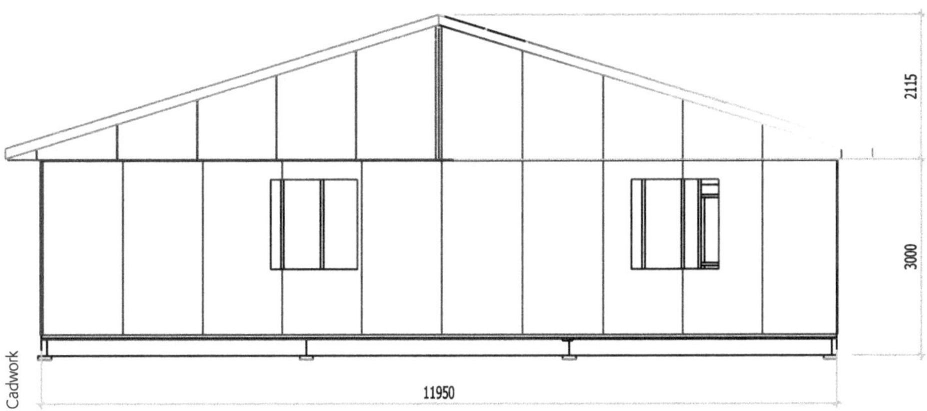

Figure 6.3 Plan du pignon.

1.2 Détermination des effets du vent

La partie 1-1-4 de l'Eurocode 1 découpe la France en quatre zones de vitesse du vent (figure 6.4) et la rugosité du terrain en cinq catégories (tableau 6.1).

Figure 6.4 Carte des régions de vent en France.

Tableau 6.1 Rugosité du terrain (source : NF EN 1991-1-4).

Catégorie	Caractéristiques du terrain
0	Mer
II	Rase campagne – Aéroport
IIIa	Campagne avec des haies – Bocage
IIIb	Bocage dense – Zone industrielle
IV	Ville – Forêt

La construction est située dans une zone industrielle de la Vendée. Cela correspond à la zone 3 et à la catégorie IIIb de rugosité. Une simulation sur logiciel (MDbât – Eole Eurocode) propose les résultats suivants (figure 6.5) :

- pignons au vent : pression de 568,7 N/m^2 ;
- pignons sous le vent : dépression de 22,3 N/m^2.

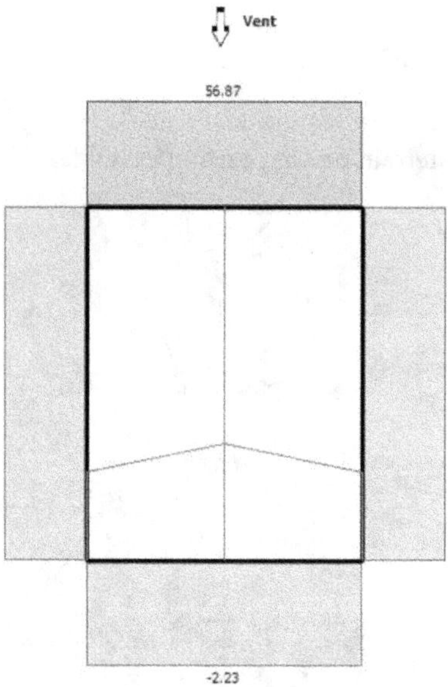

Figure 6.5 Résultat de la simulation sur logiciel lorsque le vent souffle sur le pignon (daN/m²).

Remarques :
– L'emploi d'un logiciel est judicieux car l'étude analytique des efforts de vent sur une construction simple en suivant l'Eurocode 1 demande plusieurs dizaines de pages de calcul.
– La surface du pignon reprise par chaque long pan (figure 6.6) est de : [(11,95 × 3)/4] + [(11,95/2) × 2,115]/2 = 15,3 m².
– Les efforts provoqués par la surface de la partie basse des panneaux du pignon seront repris par la lisse basse du pignon.
– L'effort global non pondéré, repris par le long pan, sera de : 15,3 × (568,7 + 22,3) = 9 042,3 N.

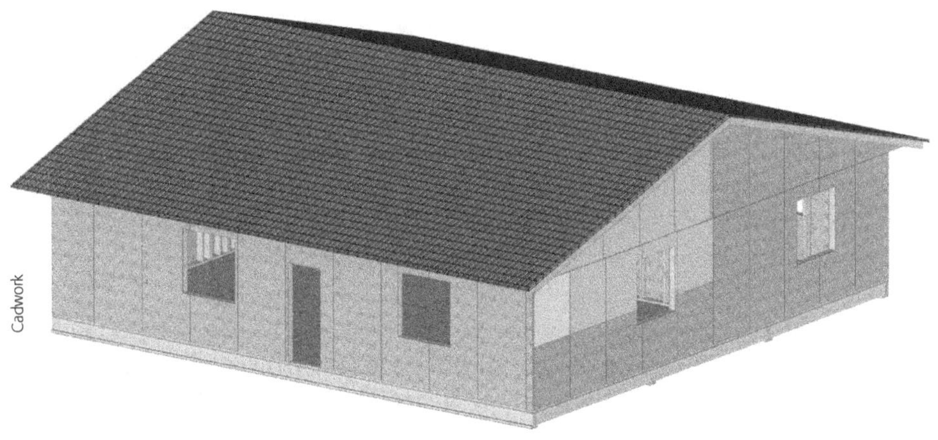

Figure 6.6 Surface du pignon provoquant des efforts sur le long pan.

1.3 Combinaisons d'actions à l'état limite ultime (ELU)

Pour notre exemple, les combinaisons à l'ELU concernent l'effet du vent horizontal sur la structure. Les actions provoquées par la gravité sont verticales. Dans son paragraphe 9.2.4.2, l'Eurocode 5 propose une méthode simplifiée qui ne tient pas compte des charges verticales comme la structure (G) et la neige (S). Il serait plus juste de parler de cas de charge. La combinaison devient :

$$F_{v,Ed} = 1,5\,W$$

avec :

- $F_{v,Ed}$: actions de calcul sur le pignon, en N ;
- W : effet du vent, en N.

Soit pour notre exemple : $F_{v,Ed} = 1,5 \times 9\,042,3 = 13\,563,5$ N.

1.4 Dispositions constructives justifiant la stabilité de l'ouvrage selon la norme NF DTU 31.2

La norme NF DTU 31.2 propose des solutions pour assurer la stabilité avec les limites suivantes :

- maisons édifiées en régions de vent 1 et 2, et en catégories de rugosité IIIa, IIIb et IV ;
- maisons individuelles ou en bande ;
- rez-de-chaussée avec combles aménagés ou non et une pente de toiture inférieure à 100 % ;
- rez-de-chaussée plus un niveau avec pente de toiture inférieure à 50 %, combles non aménagés et une réhausse de niveau R + 1 de hauteur maximale 1,40 m ;
- hauteur maximale par niveau de 2,60 m ;
- par façade, 4,8 m de partie pleine constituée d'éléments de voile travaillant avec une largeur supérieure ou égale à 1,20 m et une hauteur inférieure ou égale à 2,60 m ;
- contreventement indépendant de chaque niveau ;

- distance inférieure ou égale à 9 m entre deux murs parallèles résistant à des efforts horizontaux dans leur plan ;
- plancher intermédiaire en panneaux sans percement autre que celui nécessité par la trémie d'escalier ou le passage des gaines (hypothèse de comportement rigide des planchers et tenant compte d'une compatibilité de déformation entre les niveaux) ;
- voiles travaillants constitués par des panneaux :
    - contreplaqués conformes à la norme NF EN 636, type 3S, d'épaisseur $\geq$ 7 mm,
    - OSB3 conformes à la norme NF EN 300, d'épaisseur $\geq$ 9 mm,
    - OSB4 conformes à la norme NF EN 300, d'épaisseur $\geq$ 8 mm,
    - de particules conformes à la norme NF EN 14374, type P5, d'épaisseur $\geq$ 10 mm,
    - LVL (lamibois) conformes à la norme NF EN 14374 ou NF EN 14279, avec au minimum cinq plis dont deux croisés au minimum, d'épaisseur $\geq$ 15 mm ;
- fixation des voiles travaillants sur la structure porteuse par des pointes non lisses ou des agrafes (tableau 6.2).

Tableau 6.2 Espacement maximum et diamètre minimum des fixations (mm)
en fonction du type de bâtiment et de la pente du terrain.

		Type de bâtiment		R + 1 + Comble non aménageables
		R + Comble		
		Pente de toiture		
Pente du terrain	**Fixations**	< 50 %	entre 50 et 100 %	< 50 %
Pente < 5 %	Pointes non lisses	1,9/150	2,5/125 ou 2,1/100	2,5/100
	Agrafes	1,5/150	1,5/100	1,5/75 ou 1,8/100
Pente >5 %	Pointes non lisses	1,9/100 ou 2,1/150	2,5/100	2,5/75
	Agrafes	1,5/150	1,9/100 ou 2,1/120	1,8/75

Certaines exigences sont nettement moins pénalisantes :

- largeur entre montants : inférieure ou égale à 0,60 m ;
- espacement des fixations sur les montants et traverses intermédiaires du cadre : au maximum deux fois l'espacement des fixations en périphérie, sans dépasser 300 mm ;
- enfoncement des fixations dans le bois de structure sous-jacent : au moins 35 mm et en évitant le compostage de la face du panneau par la fixation ;
- classe mécanique minimale des bois d'ossature en résineux : C18.

De nombreuses constructions sortent de ces limites. Il est alors nécessaire de justifier la stabilité par le calcul.

1.5 Vérification de la stabilité de la structure à l'état limite ultime

La construction étant placée en zone 3 et en rase campagne (rugosité II), il n'y a pas de mur de refend avec des façades de plus de 9 m. La hauteur des panneaux étant de 2 800 mm, une justification s'impose (cf. § 1.4).

La vérification de la structure à l'ELU consiste à calculer la résistance du mur. Elle doit être supérieure à l'effort provoqué par le vent.

Le mur est composé de plusieurs panneaux. La résistance globale du mur est la somme de la résistance de chaque panneau. Les panneaux découpés ou dont la largeur restante est inférieure au quart de la hauteur ne sont pas pris en compte.

Dans notre exemple, la hauteur des panneaux est de 2 800 mm. Tous ceux qui ont une largeur inférieure à 2 800/4 = 700 mm sont rejetés. Seuls les panneaux numérotés 1, 2 et 3 sont conservés pour le calcul de la résistance du mur (figure 6.2).

1.5.1 Méthode de calcul de la résistance d'un panneau

Un « panneau » est composé d'une ossature et d'un panneau dérivé du bois (l'OSB dans notre exemple). Les efforts du pignon sont transmis au long pan par son ossature. L'équerrage des panneaux étant indéformable, leur fixation sur l'ossature (pointes ou agrafes) doit être suffisante pour transmettre les efforts de l'ossature aux panneaux (figure 6.7). Par ailleurs, l'absence de flambement du panneau est assurée par le respect d'une dimension libre maximale entre montants inférieure à 100 fois l'épaisseur du voile travaillant.

Important : les pointes lisses ne doivent pas être employées pour fixer les voiles travaillants sur la structure porteuse.

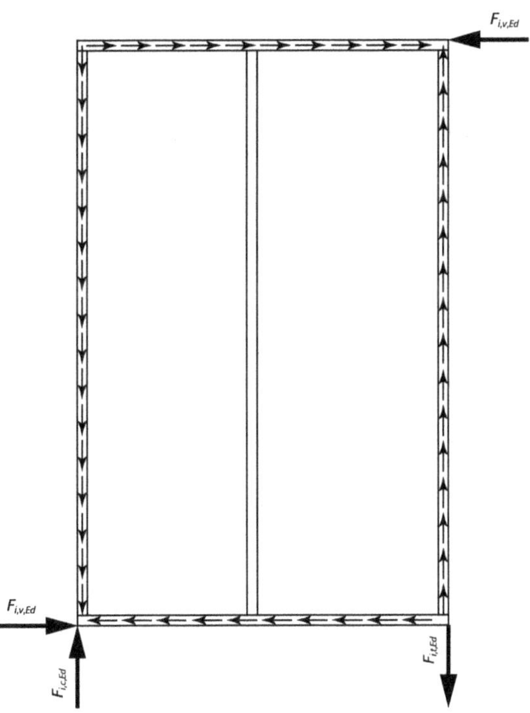

Figure 6.7 Transmission des efforts de l'ossature au panneau et équilibre du panneau.

avec :

- $F_{i,v,Ed}$: effet du vent sur l'ossature du panneau i (en tête de panneau) ;
- $F_{i,v,Ed}$: cisaillement de l'ancrage du panneau i (en pied de panneau) ;
- $F_{i,c,Ed}$: compression de l'ossature sur la dalle du panneau i ;
- $F_{i,t,Ed}$: traction de l'ancrage sur la dalle du panneau i.

Chaque petite flèche représente l'effort repris par chaque pointe ou agrafe.

La résistance de chaque mur est calculée à partir de sa largeur, de la résistance au cisaillement de chaque pointe, vis ou agrafe, et de l'espacement entre les organes de fixation. La capacité résistante d'un panneau au contreventement vaut :

$$F_{i,v,Rd} = \frac{F_{f,Rd} \cdot b_i \cdot c_i}{s}$$

avec :

- $F_{f,Rd}$: résistance au cisaillement de l'assemblage par pointes, vis ou agrafes, en N ;
- b_i : largeur du panneau i, en mm ;
- $c_i = 1$ pour $b_i > h/2$; $c_i = 2b_i/h$ pour $b_i < h/2$; avec h : hauteur du mur, en mm ;
- s : distance entre organes d'assemblage, en mm, sachant que : $s_{maxi} = 150$ mm et $s_{mini} = 75$ mm.

Il faut donc calculer la résistance d'un organe de fixation (pointe de $1,9 \times 50$ mm pour notre exemple).

Remarque : pour augmenter la résistance au contreventement des murs, il convient parfois de disposer des plaques des deux côtés de l'ossature :

- *si les plaques et les fixations sont identiques, les capacités résistantes de chaque partie sont additionnées : $F_i = 2F_{i,v,Rd}$;*
- *si les plaques sont différentes mais avec un assemblage de module de glissement identique : $F_i = F_{i,v,Rd} + 0,75F_{i,2,v,Rd}$;*
- *dans tous les autres cas : $F_i = F_{i,v,Rd} + 0,5F_{i,2,v,Rd}$;*

    avec :

    – $F_{i,v,Rd}$: valeur résistante du côté le plus fort,

    – $F_{i,2,v,Rd}$: valeur résistante du côté le plus faible.

1.5.2 Calcul de la résistance d'une pointe de $1,9 \times 50$ mm

Avant de calculer la résistance d'une pointe, il faut vérifier les conditions de pénétration puis calculer la portance locale dans l'ossature et dans le panneau ainsi que le moment d'écoulement plastique. Ces éléments permettent de définir la résistance de la pointe en fonction du mode de rupture afin de sélectionner le plus faible. Il est possible d'ajouter l'effet de corde lorsque, dans le mode de rupture, la pointe se déforme.

1.5.2.1 Conditions de pénétration d'une pointe

La pénétration minimale du côté de la pointe t_2 (figure 6.8) est de 6 fois au minimum son diamètre d pour les pointes annelées ou torsadées.

Pour notre exemple :

- $6d = 6 \times 1,9 = 11,4$ mm ;

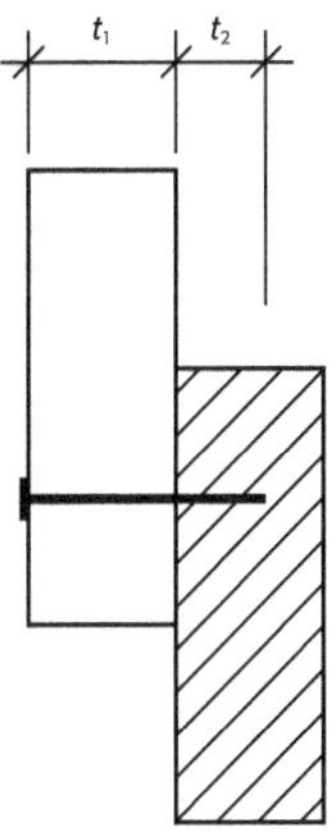

Figure 6.8 Définition de t_1 et t_2.

- pénétration du côté de la pointe (longueur de la pointe − épaisseur du panneau) : 50 − 12 = 38 mm.

La pénétration du côté de la pointe est supérieure à $6d$; la condition est donc vérifiée.

1.5.2.2 *Portance locale dans l'ossature et dans le panneau*

La portance locale dans le bois est fonction du diamètre des pointes et de la masse volumique caractéristique (tableau 6.3). Pour les produits dérivés, elle est fonction du diamètre des pointes et de l'épaisseur du panneau. Le calcul de la portance locale est indiqué dans le tableau 6.4.

Tableau 6.3 Extrait des valeurs caractéristiques des bois massifs résineux et de peuplier (source : NF EN 338).

Symbole	Désignation	Unité	C14	C16	C18	C22	C24	C27	C30	C35	C40
ρ_k	Masse volumique caractéristique	kg/m³	290	310	320	340	350	370	380	400	420
ρ_{mean}	Masse volumique moyenne		350	370	380	410	420	450	460	480	500

Tableau 6.4 Portance locale dans le bois et ses dérivés $f_{h,k}$
(source : NF EN 1995-1-1, ch. 8.3 « Assemblages par pointes »).

Matériaux	$d_{\text{pointe}} \leqslant 8$ mm
Bois massif Bois lamellé-collé LVL	Sans préperçage : $f_{h,k} = 0,082\rho_k \cdot d^{-0,3}$
Contreplaqué	$f_{h,k} = 0,11\rho_k \cdot d^{-0,3}$
Panneaux de fibre durs	$f_{h,k} = 30d^{-0,3} \cdot t^{0,6}$
Panneaux de particules OSB	$f_{h,k} = 65d^{-0,7} \cdot t^{0,1}$
avec : − $f_{h,k}$: portance locale caractéristique de la pointe, en N/mm² ; − ρ_k : masse volumique caractéristique du bois, en kg/m³ (et non pas masse volumique moyenne) ; − d : diamètre de la pointe, en mm ; − t : épaisseur du panneau, en mm.	

Remarque : la tête des pointes employées pour les assemblages avec des panneaux dérivés du bois doit avoir un diamètre dh deux fois plus grand que le diamètre de la pointe.

Soit pour notre exemple :

- dans l'ossature (t_2) : $f_{h,2,k} = 0,082 \rho_k \cdot d^{-0,3} = 0,082 \times 350 \times 1,9^{-0,3} = 23,67 \text{ N/mm}^2$;

- dans le panneau d'OSB (t_1) : $f_{h,1,k} = 65 d^{-0,3} \cdot t^{0,1} = 65 \times 1,9^{-0,3} \times 12^{0,1} = 53,17 \text{ N/mm}^2$.

Le ratio des portances locales est : $\beta = \dfrac{f_{h,2,k}}{f_{h,1,k}} = \dfrac{23,67}{53,17} = 0,45$.

1.5.2.3 *Moment d'écoulement plastique*

Le moment d'écoulement plastique caractérise la résistance de la pointe. Pour une pointe de section circulaire, ce moment est égal à :

$$M_{y,Rk} = 0,3 f_u \cdot d^{2,6}$$

Pour une pointe à section carrée, avec $d = $ côté du carré :

$$M_{y,Rk} = 0,45 f_u \cdot d^{2,6}$$

avec :

- $M_{y,Rk}$: moment caractéristique d'écoulement plastique, enN·mm ;
- f_u : résistance en traction du fil d'acier, en N/mm^2 ($f_u = 600$ N/mm^2 est habituellement retenue) ;
- d : diamètre de la pointe, en mm.

Pour notre exemple, avec des pointes annelées de 1,9 mm de diamètre et une résistance en traction f_u de 600 N/mm^2, on obtient :

$$M_{y,Rk} = 0,3 f_u \cdot d^{2,6} = 0,3 \times 600 \times 1,9^{2,6} = 955 \text{ N} \cdot \text{mm}.$$

1.5.2.4 *Mode de rupture de la pointe*

La pointe travaille en simple cisaillement. La capacité résistante caractéristique $F_{v,Rk}$ est calculée pour un organe et un plan de cisaillement. Il faut sélectionner la valeur minimale des six modes de rupture indiqués sur la figure 6.9.

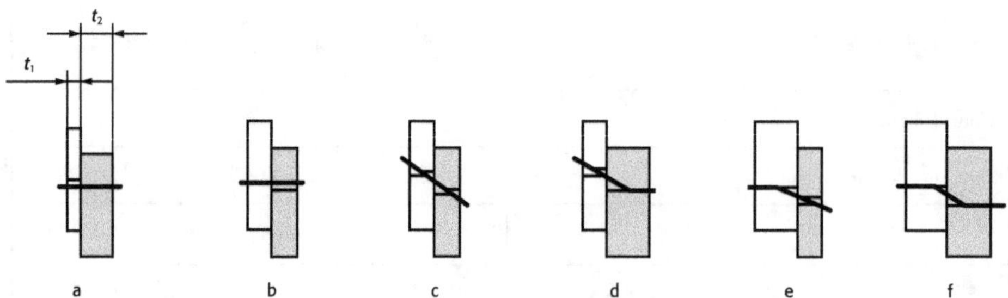

Figure 6.9 Modes de rupture d'une tige travaillant en simple cisaillement.
a. Écrasement du bois dans la pièce 1
b. Écrasement du bois dans la pièce 2
c. Écrasement du bois dans la pièce 1 et la pièce 2

> d. Écrasement du bois dans la pièce 1 et rotule plastique dans la tige
> e. Écrasement du bois dans la pièce 2 et rotule plastique dans la tige
> f. Écrasement des deux pièces de bois et rotule plastique dans la tige

Remarque : l'effet de corde $F_{ax,Rk}/4$ des équations (d), (e) et (f) est traité au § 1.5.2.5.

Écrasement du bois dans la première pièce 1 (panneau) :

Calcul de la résistance à la compression (enfoncement) de la tige dans la pièce 1 :

$$F_{v,Rk} = f_{h,1,k} \cdot t_1 \cdot d = 53,17 \times 12 \times 1,9 = 1\,212 \text{ N} \tag{a}$$

Écrasement du bois dans la deuxième pièce 2 (ossature) :

Calcul de la résistance à la compression (enfoncement) de la tige dans la pièce 2 :

$$F_{v,Rk} = f_{h,2,k} \cdot t_2 \cdot d = 23,67 \times 38 \times 1,9 = 1\,709 \text{ N} \tag{b}$$

Écrasement du bois dans la première pièce 1 et la deuxième pièce 2 (panneau et ossature) :

Calcul de la résistance à la compression (enfoncement) de la tige dans les pièces 1 et 2 :

$$F_{v,Rk} = \frac{f_{h,1,k} \cdot t_1 \cdot d}{1+\beta} \cdot \left[\sqrt{\beta + 2\beta^2 \cdot \left[1 + \frac{t_2}{t_1} + \left(\frac{t_2}{t_1}\right)^2 \right] + \beta^3 \cdot \left(\frac{t_2}{t_1}\right)^2} - \beta \cdot \left(1 + \frac{t_2}{t_1}\right) \right] \tag{c}$$

$$F_{v,Rk} = \frac{53,17 \times 12 \times 1,9}{1+0,45} \times \left[\sqrt{0,45 + 2 \times 0,45^2 \times \left[1 + \frac{38}{12} + \left(\frac{38}{12}\right)^2 \right] + 0,45^3 \times \left(\frac{38}{12}\right)^2} - 0,45 \times \left(1 + \frac{38}{12}\right) \right] \tag{c}$$

$$F_{v,Rk} = 657 \text{ N} \tag{c}$$

Écrasement du bois dans la première pièce 1 (panneau) et rotule plastique dans la tige :

Calcul de la résistance à la compression (enfoncement) de la tige dans la pièce 1, et de la résistance à la déformation plastique (irréversible) :

$$F_{v,Rk} = 1,05 \times \frac{f_{h,1,k} \cdot t_1 \cdot d}{2+\beta} \cdot \left[\sqrt{2\beta \cdot (1+\beta) + \frac{4\beta \cdot (2+\beta) \cdot M_{y,Rk}}{f_{h,1,k} \cdot t_1^2 \cdot d}} - \beta \right] + \frac{F_{ax,Rk}}{4} \tag{d}$$

$$F_{v,Rk} = 1,05 \times \frac{53,17 \times 12 \times 1,9}{2+0,45} \times \left[\sqrt{2 \times 0,45 \times (1+0,45) + \frac{4 \times 0,45 \times (2+0,45) \times 955}{53,17 \times 12^2 \times 1,9}} - 0,45 \right] \tag{d}$$

$$F_{v,Rk} = 421 \text{ N, sans l'effet de corde} \tag{d}$$

Écrasement du bois dans la deuxième pièce 2 (ossature) et rotule plastique dans la tige :

Calcul de la résistance à la compression (enfoncement) de la tige dans la pièce 2 et de la résistance à la déformation plastique (irréversible) de la tige :

$$F_{v,Rk} = 1,05 \times \frac{f_{h,1,k} \cdot t_2 \cdot d}{1+2\beta} \cdot \left[\sqrt{2\beta^2 \cdot (1+\beta) + \frac{4\beta \cdot (1+2\beta) \cdot M_{y,Rk}}{f_{h,1,k} \cdot t_2^2 \cdot d}} - \beta \right] + \frac{F_{ax,Rk}}{4} \tag{e}$$

$$F_{v,Rk} = 1,05 \times \frac{53,17 \times 38 \times 1,9}{1+2 \times 0,45} \times \left[\sqrt{2 \times 0,45^2 \times (1+0,45) + \frac{4 \times 0,45 \times (1+2 \times 0,45) \times 955}{53,17 \times 38^2 \times 1,9}} - 0,45 \right] \tag{e}$$

$$F_{v,Rk} = 695 \text{ N, sans l'effet de corde} \tag{e}$$

Écrasement des deux pièces (panneau et ossature) et rotule plastique dans la tige :

Calcul de la résistance à la déformation plastique (irréversible) de la tige :

$$F_{v,Rk} = 1,15\sqrt{\frac{2\beta}{1+\beta}} \cdot \sqrt{2M_{y,Rk} \cdot f_{h,1,k} \cdot d} + \frac{F_{ax,Rk}}{4} \tag{f}$$

$$F_{v,Rk} = 1,15 \times \sqrt{\frac{2 \times 0,45}{1+0,45}} \times \sqrt{2 \times 955 \times 53,17 \times 1,9} = 397 \text{ N, sans l'effet de corde} \tag{f}$$

avec :

- $t_1 = 12$ mm : longueur de la pointe dans le panneau ;
- $t_2 = 38$ mm : pénétration de la pointe dans l'ossature ;
- $d = 1,9$ mm : diamètre de la pointe ;
- $f_{h,1,k} = 53,17$ N/mm^2 : portances locales dans le panneau ;
- $f_{h,2,k} = 23,67$ N/mm^2 : portances locales dans l'ossature ;
- $\beta = 0,45$: ratio des portances locales ;
- $f_u = 600$ N/mm^2 : valeur habituelle de la résistance en traction du fil d'acier ;
- $M_{y,Rk} = 955$ N·mm : moment caractéristique d'écoulement plastique ;
- $F_{ax,Rk}/4$: effet de corde (cf. § 1.5.2.5).

Remarque : le mode de rupture a une influence sur la résistance de la structure lorsqu'une vérification vis-à-vis du séisme est réalisée (Eurocode 8). Dans notre exemple et pour la majorité des applications, l'équation (f) correspond à deux rotules plastiques, d'où une quantité d'énergie absorbée par chaque tige. Ce n'est pas le cas des équations (a), (b) et (c), qui n'ont aucune rotule plastique. Ce mode de rupture est traduit par le coefficient de comportement q.

1.5.2.5　*Effet de corde*

Dans les équations (d), (e) et (f), la tige se déforme. Il est possible d'ajouter une résistance correspondant à l'effet de corde $F_{ax,Rk}/4$, $F_{ax,R}$ étant la résistance à l'arrachement. Cette valeur est plafonnée à 25 % pour les agrafes de section carrée et 50 % pour les pointes non lisses de la partie de droite de l'équation. Le calcul doit être effectué une première fois sans l'effet de corde, puis avec l'effet de corde.

La pénétration du côté de la pointe doit être de 8d pour les pointes torsadées ou annelées, soit, pour notre exemple : $8 \times 1,9 = 15,2$ mm. La condition est vérifiée car 8d < t_2 = 38 mm.

La valeur de l'effort à l'arrachement que peut supporter une pointe dépend du type de pointe (lisse ou non lisse), de son diamètre, de sa pénétration du côté de la pointe et de la résistance du bois sous la tête. Il faut retenir la plus petite des deux résistances : pénétration du côté de la pointe dans le bois ou résistance du panneau sous la tête.

La résistance des pointes non lisses est définie par les formules suivantes :

$$F_{ax,Rk} = \min \begin{Bmatrix} f_{ax,k} \cdot d \cdot t_{\text{pen}} \\ f_{head,k} \cdot d_h^2 \end{Bmatrix}$$

avec :

- $f_{ax,k} = 20 \times 10^{-6}\rho_k^2$: résistance caractéristique à l'arrachement, en N/mm^2 ;

- $f_{head,k} = 70 \times 10^{-6} \rho_k^2$: résistance caractéristique à la traversée de la tête, en N/mm^2 ;
- $d = 1,9$ mm : diamètre de la pointe ;
- $d_h = 4$ mm : diamètre de la tête de la pointe ;
- $t_{pen} = 38$ mm : longueur de pénétration du côté pointe ou, pour les pointes annelées, longueur de la partie crantée dans la pièce de bois du côté pointe ;
- $t = 12$ mm : épaisseur de la pièce du côté de la tête ;
- ρ_k : masse volumique caractéristique :
    - pour l'ossature : $\rho_k = 350$ kg/m^3,
    - pour le panneau : $\rho_k = 660$ kg/m^3.

Soit, pour notre exemple :

$$f_{ax,k} = 20 \times 10^{-6} \times 350^2 = 2,45 \text{ N/mm}^2.$$

$$f_{head,k} = 70 \times 10^{-6} \times 660^2 = 30,5 \text{ N/mm}^2.$$

$$F_{ax,Rk} = \min \left\{ \begin{array}{l} 2,45 \times 1,9 \times 38 = 167,6 \text{ N} \\ 30,5 \times 4^2 = 487,9 \text{ N} \end{array} \right\}.$$

L'effet de corde maximum pouvant être ajouté est de 167,6/4 = 42 N.

La résistance caractéristique d'une pointe est :

- équation (a) : 1 212 N ;
- équation (b) : 1 709 N ;
- équation (c) : 657 N ;
- équation (d) : 421 + 42 = 463 N ;
- équation (e) : 695 + 42 = 737 N ;
- équation (f) : 397 + 42 = 439 N.

Attention, l'effet de corde (42 N) doit rester inférieur à 50 % du premier calcul (421, 695 et 397 pour notre exemple).

La valeur la plus faible est : $F_{v,Rk} = 439$ N/mm^2.

Il faut transformer cette valeur caractéristique en valeur de calcul de la capacité résistante ou valeur design :

$$F_{v,Rd} = \frac{F_{v,Rk} \cdot k_{\mathrm{mod}}}{\gamma_M}$$

avec :

- $k_{\mathrm{mod}} = \sqrt{k_{\mathrm{mod,OSB}} \cdot k_{\mathrm{mod,bois}}} = \sqrt{0,9 \times 1,1} = 1$;
- $\gamma_M = 1,3$ car c'est un assemblage.

$$F_{v,Rd} = \frac{439 \times 1}{1,3} = 337,7 \text{ N}.$$

La valeur $F_{v,Rd}$ est dénommée $F_{f,Rd}$ dans le calcul de la résistance d'un panneau (cf. § 1.5.1). Elle permet de calculer la résistance d'un panneau.

Remarque : le calcul de la résistance d'une tige étant assez lourd, il est utile d'employer un logiciel.

1.5.3   Résistance des panneaux

La figure 6.2 montre qu'il y a quatre panneaux larges de 1 200 mm (panneau 1), un panneau large de 1 032 mm (panneau 2) et un autre de 1 017 mm (panneau 3). Il faut calculer la résistance $F_{i,v,Rd}$ de chaque panneau i pour obtenir la résistance globale du mur.

1.5.3.1   *Capacité résistante du panneau 1 au contreventement*

La résistance au contreventement du panneau 1 est calculée comme suit :

$$F_{i,v,Rd} = \frac{F_{f,Rd} \cdot b_1 \cdot c_1}{s} = \frac{337,7 \times 1\,200 \times 0,857}{100} = 3\,472,8 \text{ N},$$

avec :

- $F_{f,Rd} = 337,7$ N : résistance au cisaillement de l'assemblage par pointes ;
- $b_1 = 1\,200$ mm : largeur du panneau ;
- $b_1 < h/2$; 1 200 mm $<$ 2 800/2 = 1 400 mm, donc $c_1 = 2b_1/h = 2 \times 1\,200/2\,800 = 0,857$;
- $s = 100$ mm : distance sélectionnée entre organes d'assemblage ; la résistance étant proportionnelle à la distance entre les pointes, il est aisé d'adapter cette distance en fonction de la résistance nécessaire.

1.5.3.2   *Capacité résistante du panneau 2 au contreventement*

La résistance au contreventement du panneau 2 est calculée comme suit :

$$F_{i,v,Rd} = \frac{F_{f,Rd} \cdot b_2 \cdot c_2}{s} = \frac{337,7 \times 1\,032 \times 0,737}{100} = 2\,568,4 \text{ N}$$

avec :

- $F_{f,Rd} = 337,7$ N : résistance au cisaillement de l'assemblage par pointes ;
- $b_2 = 1\,032$ mm : largeur du panneau ;
- $b_2 < h/2$; 1 032 mm $<$ 2 800/2 = 1 400 mm, donc $c_2 = 2b_2/h = 2 \times 1\,032/2\,800 = 0,737$;
- $s = 100$ mm : distance sélectionnée entre organes d'assemblage.

1.5.3.3   *Capacité résistante du panneau 3 au contreventement*

La résistance au contreventement du panneau 3 est calculée comme suit :

$$F_{i,v,Rd} = \frac{F_{f,Rd} \cdot b_3 \cdot c_3}{s} = \frac{337,7 \times 1\,017 \times 0,726}{100} = 2\,493,4 \text{ N}$$

avec :

- $F_{f,Rd} = 337,7$ N : résistance au cisaillement de l'assemblage par pointes ;
- $b_3 = 1\,017$ mm : largeur du panneau ;
- $b_3 < h/2$; 1 017 mm $<$ 2 800/2 = 1 400 mm, donc $c_3 = 2b_3/h = 2 \times 1\,017/2\,800 = 0,726$;
- $s = 100$ mm : distance sélectionnée entre organes d'assemblage.

1.5.4   Résistance du mur et taux de travail

La résistance du mur est la somme de la résistance des panneaux, soit :

$$F_{v,Rd} = (3\,472,8 \times 4) + 2\,568,4 + 2\,493,4 = 18\,953 \text{ N}.$$

Le taux de travail est le rapport de l'effort subi par le long pan sur sa résistance :

$\psi = F_{v,Ed}/F_{v,Rd} = 13\,563,5/18\,953 = 0,715$.

Il est possible d'optimiser la distance entre les pointes car le taux de travail est inférieur à 1. La résistance du long pan est directement proportionnelle à la distance entre les pointes. Elle est calculée à partir du taux de travail :

$s_{\max} = 100/0,715 = 139$ mm.

Une distance de 135 mm sera sélectionnée.

La résistance du mur sera de $18\,953 \times 100/135 = 14\,039$ N.

Le nouveau taux de travail est de : $\psi = 13\,563,5/14\,039 = 0,966$.

1.5.5 Effort de compression et de soulèvement de chaque panneau

Prenons comme hypothèse que l'effort horizontal réel équilibré par chaque panneau est proportionnel à sa résistance :

$$F_{i,v,Ed} = F_{i,v,Rd} \cdot \psi$$

avec :

- $F_{i,v,Ed}$: effort provenant du vent repris par le panneau i ;
- $F_{i,v,Rd}$: capacité résistante du panneau ;
- ψ : taux de travail.

La force d'arrachement la plus importante sera sur le panneau 1 car il reprend le plus d'effort provenant du vent.

L'action du vent provoque un basculement du panneau 1. L'équilibre du panneau 1 sous l'action de $F_{1,v,Ed}$ est assuré par l'action $F_{1,t,Ed}$. Chaque montant extrême de mur doit être solidarisé avec la partie inférieure de la construction pour empêcher ce soulèvement (figure 6.7). Cet effort est déterminé selon :

$$F_{i,c,Ed} = F_{i,t,Ed} = \frac{F_{i,v,Ed} \cdot h}{b_i}$$

avec :

- $F_{i,c,Ed}$ et $F_{i,t,Ed}$: efforts de compression et de traction provoqué par le vent, en N ;
- $F_{i,v,Ed}$: effort provenant du vent repris par le panneau i ;
- h : hauteur du panneau, en mm ;
- b_i : largeur de panneau assurant du contreventement, en mm.

Soit pour le panneau 1 :

$$F_{i,c,Ed} = F_{i,t,Ed} = \frac{2\,192,6 \times 2\,800}{1\,200} = 5\,116,1 \text{ N},$$

avec :

- $F_{1,v,Rd} = 3\,472,8 \times 100/135 = 2\,269,8$ (pointes tous les 135 mm et $\psi = 0,966$) ;
- $F_{1,v,Ed} = 2\,269,8 \times 0,966 = 2\,192,6$ N ;
- $h = 2\,800$ mm ;
- $b_1 = 1\,200$ mm.

1.5.6 Conditions de pince

Les espacements entre les pointes sont définis entre 75 et 150 mm. Les rives sont à considérer comme non chargées (figure 6.7). Les distances de rive non chargées, nommées a_{4c}, sont (figure 6.10), pour une pointe :

$a_{4c} = 5d$ ($3d$ si le panneau est du contreplaqué).

Pour notre exemple, l'épaisseur minimale de l'ossature sera donc de $5d \times 4 + 4$ mm de jeu entre les panneaux, soit : $5 \times (1,9 \times 4) + 4 = 42$ mm. Les dimensions commerciales courantes sont de 45 mm.

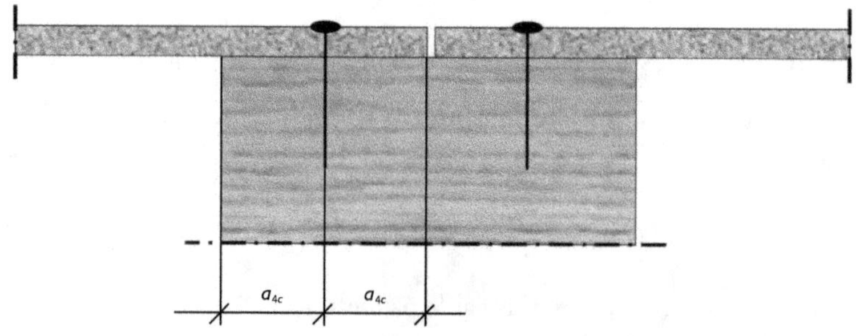

Figure 6.10 Distance entre la rive et la pointe (a_{4c}).

2 Vent sur le long pan (ou façade) d'une maison individuelle à un étage

2.1 Hypothèses de calcul

Considérons une maison à ossature bois (figure 6.11) située en rase campagne de la Charente (zone 1).

La maison possède un étage. Pour cette application, nous vérifions le pignon du rez-de-chaussée. Il supporte les effets du vent provenant de la façade des deux niveaux et de la toiture.

La structure est composée comme suit :

- montants : 145×45 mm classés C18 ;
- panneaux : OSB3 de 9 mm d'épaisseur et de masse volumique 680 kg/m^3 ;
- fixations : agrafes de $50 \times 11,8$ mm (section du fil rectangulaire : $1,77 \times 2,08$ mm et $f_u = 900$ N/mm^2).

Les caractéristiques de la maison sont définies sur les figures 6.12 et 6.13.

Remarques : la détermination de la résistance d'agrafes est sensiblement similaire au calcul des pointes. Les différences sont les suivantes :
– le diamètre d'une agrafe de section carrée est pris égal au côté du carré ;
– le diamètre équivalent d'une agrafe de section rectangulaire est pris égal à la racine carrée du produit de la largeur et de la longueur de la section : $d = \sqrt{\text{largeur} \cdot \text{longueur}}$;

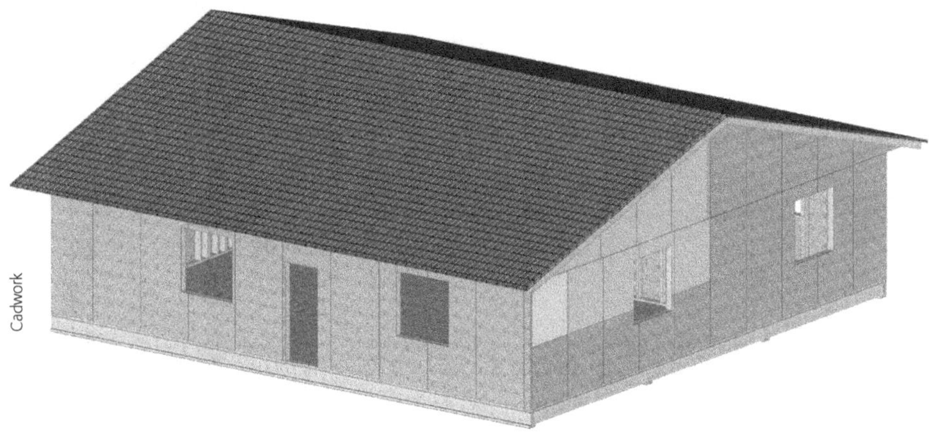

Figure 6.11 Maison à ossature bois étudiée.

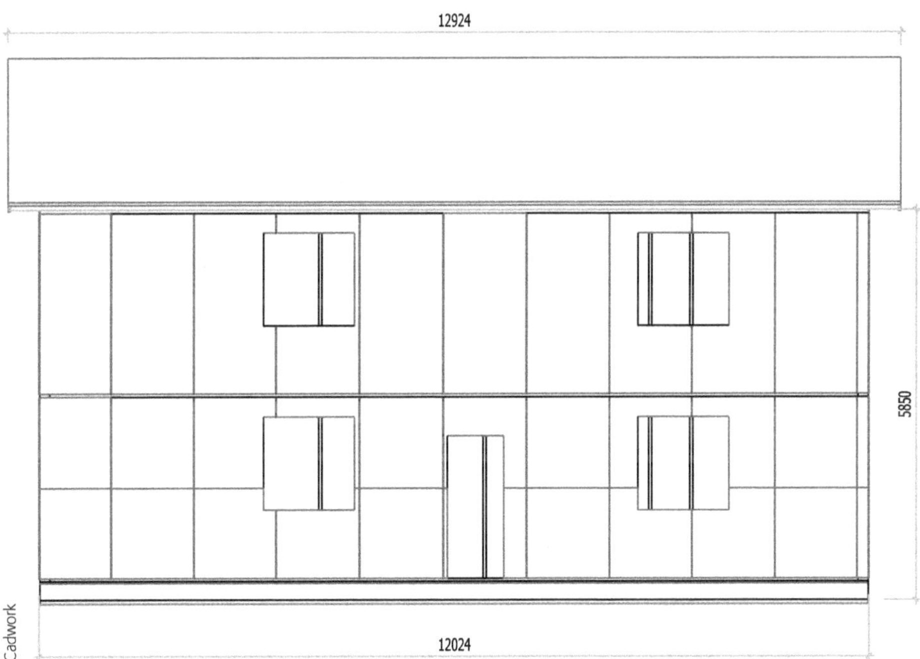

Figure 6.12 Plan du long pan.

– *la pénétration minimale du côté de la pointe est de 14d ;*
– *lorsque la tête de l'agrafe est posée à 30° par rapport au fil du bois, l'agrafe a la résistance de deux tiges ;*
– *lorsque la tête de l'agrafe est posée à moins de 30° par rapport au fil du bois, l'agrafe a la résistance de 1,4 tiges (figure 6.2) ;*
– *la distance aux rives non chargées est de 10d (figure 6.14).*

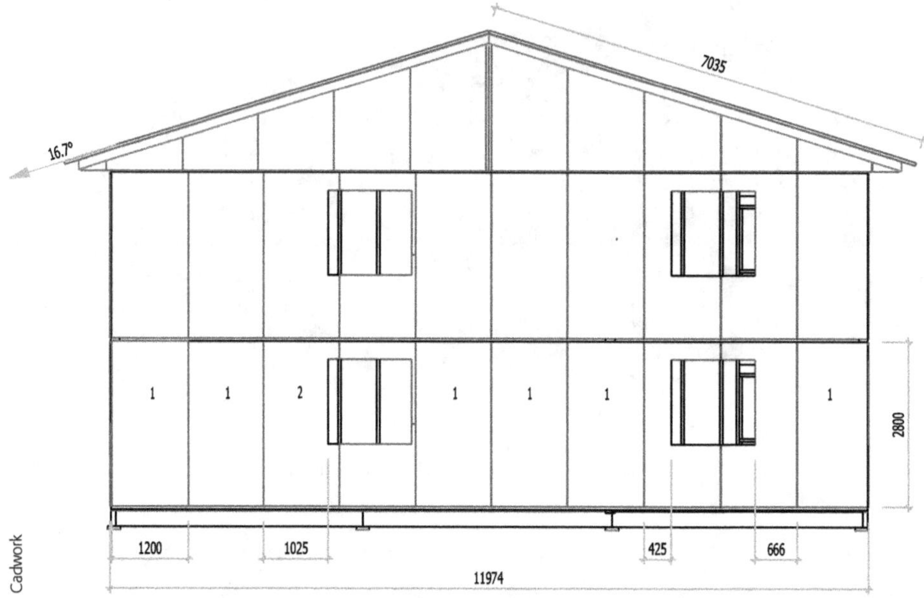

Figure 6.13 Plan du pignon.

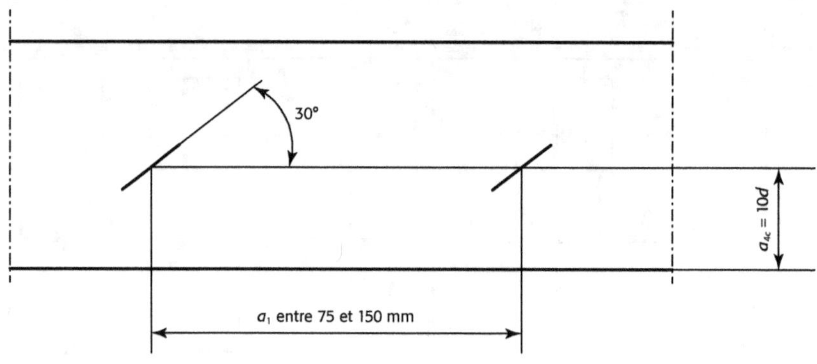

Figure 6.14 Disposition des agrafes.

2.2 Détermination des effets du vent

La construction est située en rase campagne de la Charente : cela correspond à la zone 1 (figure 6.4) et à la catégorie II de la rugosité (tableau 6.1). Une simulation sur logiciel (MDbât – Eole Eurocode) propose les résultats suivants (figure 6.15) :

- long pan :
    - au vent : pression de 798,6 N/m^2,
    - sous le vent : dépression de 74,4 N/m^2,
    - soit un effort total de 798,6 + 74,4 = 873 N/m^2 ;
- toiture :

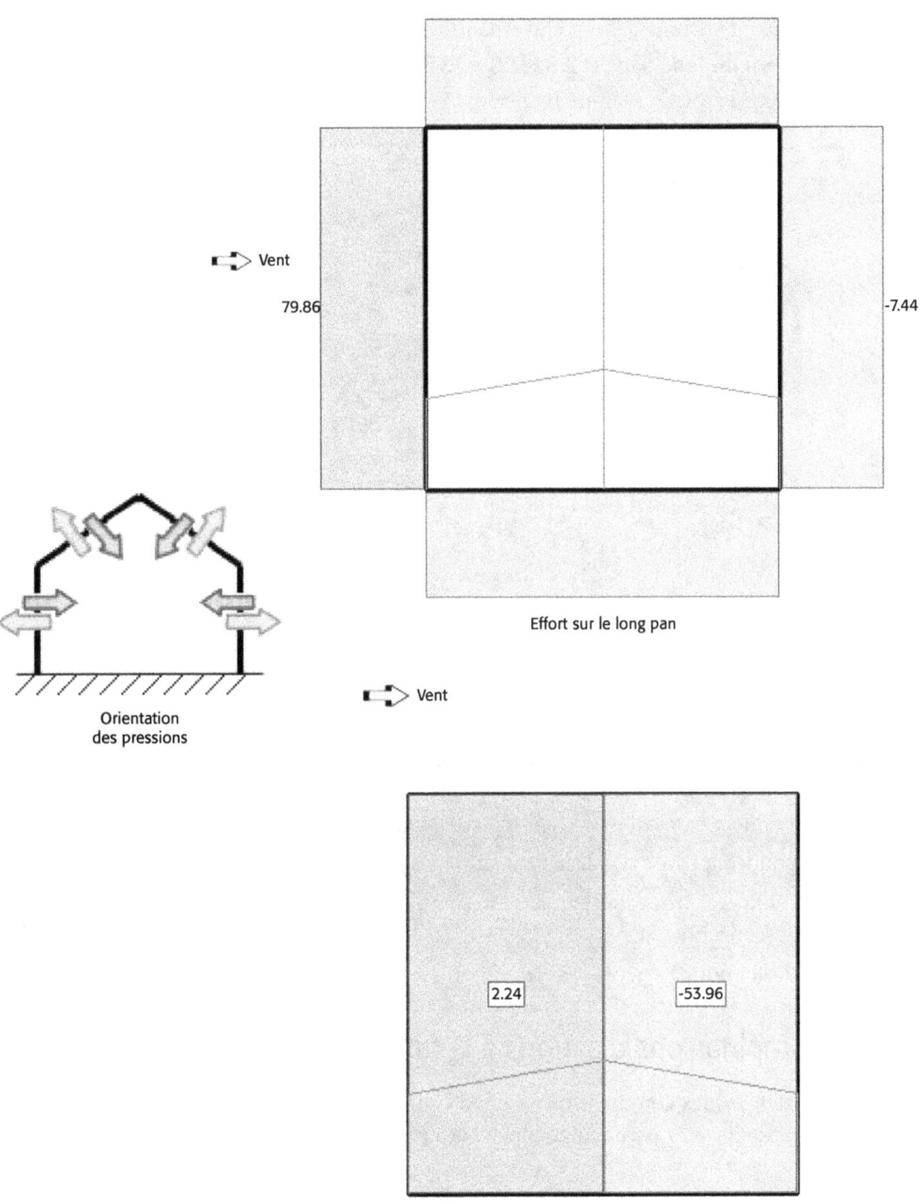

Figure 6.15 Résultat de la simulation sur logiciel lorsque le vent souffle sur le long pan, en daN/m².

– au vent : pression de 22,4 N/m²,

– sous le vent : dépression de 539,6 N/m².

Remarque : l'emploi d'un logiciel est judicieux car l'étude analytique des efforts de vent sur une construction simple en suivant la partie 1-4 de l'Eurocode 1 demande plusieurs dizaines de pages de calcul.

La surface au vent concerne le long pan et la toiture (figure 6.16) :
- surface au vent du long pan : $(12,024/2) \times [2,8 + (2,8/2)] = 25,25$ m^2 ;
- surface au vent et sous le vent de la toiture : $7,035 \times (12,924/2) = 45,5$ m^2.

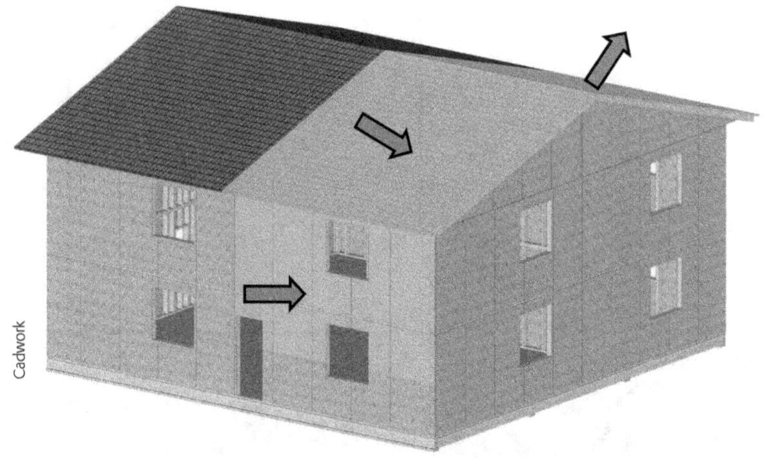

Figure 6.16 Surface du long pan et de la toiture provoquant des efforts sur le pignon.

Remarques :
– Les efforts provoqués par la surface de la partie basse des panneaux du long pan seront repris par la lisse basse du long pan.
– Seule la composante horizontale de l'effort sur la toiture sera prise en compte.

L'effort non pondéré provoqué par le vent sur le long pan sera de $25,25 \times 873 = 22\,043$ N.

L'effort non pondéré provoqué par le vent sur la toiture sera de $45,5 \times (22,4 + 539,6) \times \sin(16,7°) = 7\,348$ N.

L'effort global non pondéré repris par le pignon sera de $22\,043 + 7\,348 = 29\,391$ N.

2.3 Combinaisons d'actions à l'état limite ultime (ELU)

Pour notre exemple, les combinaisons à l'ELU concernent l'effet du vent horizontal sur la structure et l'effet du vent perpendiculaire à la toiture :

$$F_{v,Ed} = 1,5\,W$$

avec :
- $F_{v,Ed}$: actions de calcul, en N ;
- W : effet du vent, en N.

Pour notre exemple : $F_{v,Ed} = 1,5 \times 29\,391 = 44\,087$ N.

2.4 Vérification de la stabilité de la structure à l'état limite ultime (ELU)

La construction étant en rase campagne (rugosité II) et la hauteur des panneaux étant de 2 800 mm, il est nécessaire de réaliser une justification. La vérification de la structure à l'ELU consiste à calculer la résistance du mur. Elle doit être supérieure à l'effort provoqué par le vent.

Le mur est composé de plusieurs panneaux. La résistance globale du mur est la somme de la résistance de chaque panneau. Les panneaux découpés ou dont la largeur restante est inférieure au quart de la hauteur ne sont pas pris en compte. Dans notre exemple, leur hauteur est de 2 800 mm. Tous ceux qui ont une largeur inférieure à 2 800/4 = 700 mm sont rejetés. Seuls les panneaux numérotés 1 et 2 sont conservés pour le calcul de la résistance du mur (figure 6.13).

2.4.1 Calcul de la résistance d'une agrafe

Avant de calculer la résistance d'une agrafe, il faut définir le diamètre équivalent lorsque l'agrafe est de section rectangulaire, en vue notamment de vérifier les conditions de pénétration. Puis il faut calculer la portance locale dans l'ossature et dans le panneau ainsi que le moment d'écoulement plastique. Ces éléments permettent de définir la résistance de l'agrafe en fonction du mode de rupture afin de sélectionner le plus faible. Il est possible d'ajouter l'effet de corde lorsque, dans le mode de rupture, l'agrafe se déforme.

2.4.1.1 *Conditions de pénétration d'une agrafe*

Le diamètre d'une agrafe de section carrée est pris égal au côté du carré. Le diamètre équivalent d'une agrafe de section rectangulaire est pris égal à la racine carrée du produit de la largeur et de la longueur de la section soit, pour notre exemple : $d = \sqrt{\text{largeur} \cdot \text{longueur}}$.

La pénétration minimale t_2 du côté de la pointe (figure 6.17) est de $14d$.

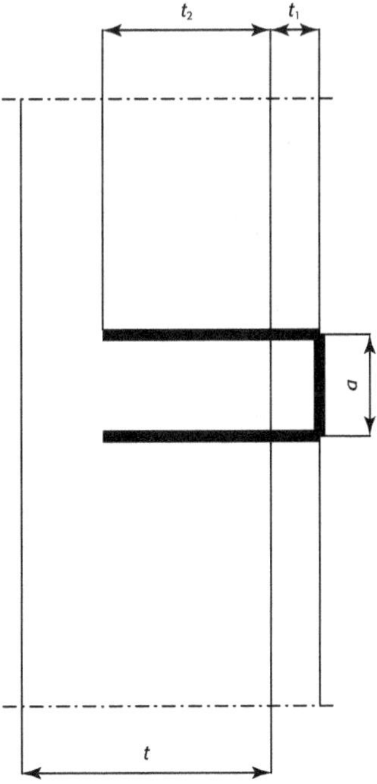

Figure 6.17 Définition de t_1, de t_2 et de a.

Pour notre exemple :

$$d = \sqrt{1,77 \times 2,08} = 1,9 \text{ mm}.$$

Pénétration minimale : 14d = 14 × 1,9 = 26,6 mm.

Pénétration du côté de la pointe : longueur de l'agrafe − épaisseur du panneau = 50 − 9 = 41 mm.

Pénétration du côté de la pointe > $14d$: la condition est vérifiée.

Remarque : la tête de l'agrafe (a sur la figure 6.17) doit avoir une longueur de 6d au minimum, soit 6 × 1,9 = 11,4 mm.

2.4.1.2 *Portance locale dans l'ossature et dans le panneau*

Le calcul de la portance locale est identique à celui des pointes (tableau 6.4).

Pour notre exemple :

- dans l'ossature (t_2) : $f_{h,2,k} = 0,082\rho_k \cdot d^{-0,3} = 0,082 \times 320 \times 1,9^{-0,3} = 22 \text{ N/mm}^2$;
- dans le panneau d'OSB (t_1) : $f_{h,1,k} = 65d^{-0,3} \cdot t^{0,1} = 65 \times 1,9^{-0,3} \times 9^{0,1} = 52 \text{ N/mm}^2$.

Le ratio des portances locales est : $\beta = \dfrac{f_{h,2,k}}{f_{h,1,k}} = \dfrac{22}{52} = 0,42.$

2.4.1.3 *Moment d'écoulement plastique*

Le moment d'écoulement plastique caractérise la résistance de l'agrafe. Pour une agrafe de section rectangulaire, ce moment est égal à :

$$M_{y,Rk} = 0,3 f_u \cdot d^{2,6}$$

avec :

- $M_{y,Rk}$: moment caractéristique d'écoulement plastique, en N·mm ;
- f_u : résistance en traction du fil d'acier, en N/mm^2 ;
- d : diamètre de l'agrafe, en mm.

Pour notre exemple, avec des agrafes de 1,9 mm de diamètre et une résistance en traction du fil f_u de 900 N/mm^2, on obtient :

$$M_{y,Rk} = 0,3 f_u \cdot d^{2,6} = 0,3 \times 900 \times 1,9^{2,6} = 1\,433 \text{ N} \cdot \text{mm}.$$

2.4.1.4 *Mode de rupture d'une tige de l'agrafe*

L'agrafe travaille en simple cisaillement. La capacité résistante caractéristique $F_{v,Rk}$ est calculée pour un organe et un plan de cisaillement. Il faut sélectionner la valeur minimum des six modes de rupture ci-après (figure 6.6). Les résultats de l'écrasement du bois, issus d'un logiciel, sont les suivants :

- pièce 1 (panneau) : $F_{v,Rk} = 883$ N (équation (a)) ;
- pièce 2 (ossature) : $F_{v,Rk} = 1\,686$ N (équation (b)) ;
- pièce 1 et pièce 2 : $F_{v,Rk} = 633$ N (équation (c)) ;
- pièce 1 (panneau) et rotule plastique dans la tige : $F_{v,Rk} = 371$ N (équation (d)) ;
- pièce 2 (ossature) et rotule plastique dans la tige : $F_{v,Rk} = 702$ N (équation (e)) ;

- des deux pièces de bois et de la rotule plastique dans la tige : $F_{v,Rk} = 469$ N (équation (f)).

La capacité résistante caractéristique axiale $F_{ax,Rk} = 135$ N, soit un effet de corde potentiel de $135/4 = 34$ N.

Les résultats de la capacité résistante caractéristique avec l'effet de corde deviennent :

- équation (a) : $F_{v,Rk} = 883$ N ;
- équation (b) : $F_{v,Rk} = 1\,686$ N ;
- équation (c) : $F_{v,Rk} = 633$ N ;
- équation (d) : $F_{v,Rk} = 371 + 34 = 405$ N ;
- équation (e) : $F_{v,Rk} = 702 + 34 = 736$ N ;
- équation (f) : $F_{v,Rk} = 883 + 34 = 917$ N.

Avec l'effet de corde (34 N) qui doit rester inférieur à 25 % du premier calcul (soit 371, 702 et 883).

La valeur la plus faible est : $F_{v,Rk} = 405$ N/mm^2.

Il faut transformer cette valeur caractéristique en valeur de calcul de la capacité résistante ou valeur design :

$$F_{v,Rd} = \frac{F_{v,Rk} \cdot k_{\mathrm{mod}}}{\gamma_M}$$

avec :

- $k_{\mathrm{mod}} = \sqrt{k_{\mathrm{mod,OSB}} \cdot k_{\mathrm{mod,bois}}} = \sqrt{0,9 \times 1,1} = 1$;
- $\gamma_M = 1,3$ car c'est un assemblage.

$$F_{v,Rd} = \frac{405 \times 1}{1,3} = 311,5 \text{ N.}$$

L'agrafe ayant deux tiges, sa résistance agrafe totale est de $311,5 \times 2 = 623$ N.

Cette valeur, dénommée $F_{f,Rd}$ dans le calcul de la résistance d'un panneau (cf. § 1.5.1), permet de calculer cette résistance.

2.4.2 Résistance des panneaux

La figure G13 montre qu'il y a six panneaux larges de 1 200 mm (panneau 1) et un panneau large de 1 025 mm (panneau 2). Il faut calculer la résistance de chaque panneau afin d'obtenir la résistance globale du mur.

2.4.2.1 *Capacité résistante du panneau 1 au contreventement*

Elle est calculée comme suit :

$$F_{i,v,Rd} = \frac{F_{f,Rd} \cdot b_1 \cdot c_1}{s} = \frac{623 \times 1\,200 \times 0,857}{100} = 6\,406,9 \text{ N,}$$

avec :

- $F_{f,Rd} = 623$ N : résistance au cisaillement de l'assemblage par agrafes ;
- $b_1 = 1\,200$ mm : largeur du panneau ;
- $b_1 < h/2$; 1 200 mm $<$ 2 800/2 = 1 400 mm, donc $c_1 = 2b_1/h = 2 \times 1\,200/2\,800 = 0,857$;

- $s = 100$ mm : distance sélectionnée entre organes d'assemblage ; la résistance étant proportionnelle à la distance entre les agrafes, il est aisé d'adapter cette distance en fonction de la résistance nécessaire.

2.4.2.2 *Capacité résistante du panneau 2 au contreventement*

Elle fait l'objet des calculs suivants :

$$F_{i,v,Rd} = \frac{F_{f,Rd} \cdot b_2 \cdot c_2}{s} = \frac{623 \times 1\,200 \times 0,732}{100} = 4\,674,4 \text{ N,}$$

avec :

- $F_{f,Rd} = 623$ N : résistance au cisaillement de l'assemblage par agrafes ;
- $b_2 = 1\,025$ mm : largeur du panneau ;
- $b_2 < h/2$; $1\,200$ mm $< 2\,800/2 = 1\,400$ mm, donc $c_2 = 2b_2/h = 2 \times 1\,025/2\,800 = 0,732$;
- $s = 100$ mm : distance sélectionnée entre organes d'assemblage.

2.4.3 Résistance du mur et taux de travail

La résistance du mur est la somme de la résistance de chaque panneau, soit :

$F_{v,Rd} = 6\,406,9 \times 6 + 4\,674,4 = 43\,115,8$ N.

Le taux de travail est le rapport de l'effort subi par le long pan sur sa résistance :

$\psi = F_{v,Ed}/F_{v,Rd} = 44\,087/43\,115,8 = 1,022$.

Ce taux de travail dépasse 1 : la distance entre les agrafes doit être diminuée. La résistance du long pan est directement proportionnelle à la distance entre les pointes. Elle est calculée à partir du taux de travail :

$s_{\max} = 100/1,022 = 98$ mm.

Une distance de 95 mm sera sélectionnée.

La résistance du mur sera de $43\,115,8 \times 100/95 = 45\,385$ N.

Le nouveau taux de travail est de : $\psi = 43\,115,8/45\,385 = 0,95$.

2.4.4 Effort de compression et de soulèvement de chaque panneau

Prenons comme hypothèse que l'effort horizontal réel équilibré par chaque panneau est proportionnel à sa résistance :

$$F_{i,v,Ed} = F_{i,v,Rd} \cdot \psi$$

avec :

- $F_{i,v,Ed}$: effort provenant du vent repris par le panneau i ;
- $F_{i,v,Rd}$: capacité résistante du panneau ;
- ψ : taux de travail.

La force d'arrachement la plus importante sera sur le panneau 1 car il reprend le plus d'effort provenant du vent.

L'action du vent provoque un basculement du panneau 1. L'équilibre du panneau 1 sous l'action de $F_{1,v,Ed}$ est assuré par l'action $F_{1,t,Ed}$. Chaque montant extrême de mur doit être solidarisé avec la partie inférieure de la construction pour empêcher ce soulèvement (figure 6.7). Cet effort est déterminé selon :

$$F_{i,c,Ed} = F_{i,t,Ed} = \frac{F_{i,v,Ed} \cdot h}{b_i}$$

avec :

- $F_{i,c,Ed}$ et $F_{i,t,Ed}$: efforts de compression et de traction provoqué par le vent, en N ;
- $F_{i,v,Ed}$: effort provenant du vent repris par le panneau i ;
- h : hauteur du panneau, en mm ;
- b_i : largeur de panneau assurant du contreventement, en mm.

Soit pour le panneau 1 :

$$F_{i,c,Ed} = F_{i,t,Ed} = \frac{6\,406,9 \times 2\,800}{1\,200} = 14\,949,4 \text{ N},$$

avec :

- $F_{1,v,Rd} = 6\,406,9 \times 100/95 = 6\,744,1$ (pointes tous les 95 mm et $\psi = 0,95$) ;
- $F_{1,v,Ed} = 6\,744,1 \times 0,95 = 6\,406,9$ N ;
- $h = 2\,800$ mm ;
- $b_1 = 1\,200$ mm.

2.4.5 Conditions de pince

Les espacements entre les agrafes, définis par le DTU 31.2, sont compris entre 75 et 150 mm. Les rives sont à considérer comme non chargées (figure 6.7). Les distances de rive non chargées, nommées a_{4c}, sont (figure 6.18), pour une agrafe :

$a_{4c} = 10d = 1,9 \times 10 = 19$ mm.

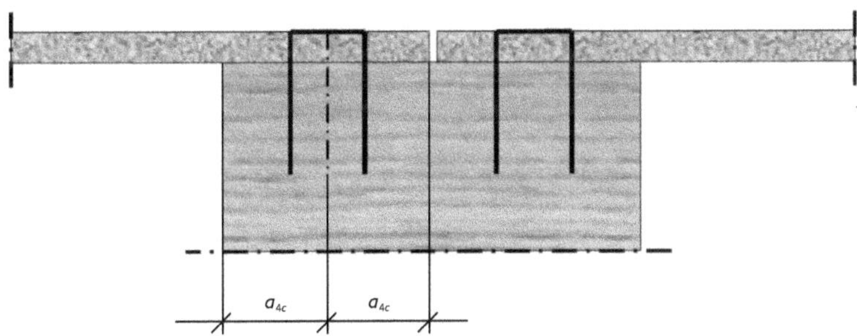

Figure 6.18. Distance aux rives pour des agrafes posées inclinées.

Pour notre exemple, l'épaisseur minimale de l'ossature sera de $10d \times 4 + 4$ mm de jeu entre les panneaux, soit : $10 \times 1,9 \times 4 + 4 = 80$ mm. Cette épaisseur n'est pas habituelle. Il est possible de mettre les agrafes dans le sens du fil (figure 6.19). La résistance est diminuée de 70 %, mais on peut rapprocher les agrafes jusqu'à 75 mm. La résistance devient : $43\,115 \times 0,7 \times 100/75 = 40\,241$ N.

Le taux de travail de : $44\,087/40\,241 = 1,09$; le critère n'est pas vérifié. Il faudrait augmenter la section des agrafes ou l'épaisseur des panneaux.

La distance à la rive a_{4c} devient équivalente à une pointe (figure 6.19) : $5d = 1,9 \times 5 = 9,5$ mm.

Pour notre exemple, l'épaisseur minimale de l'ossature sera de $5d \times 4 + 4$ mm de jeu entre les panneaux, soit : $5 \times 1,9 \times 4 + 4 = 42$ mm. Les dimensions commerciales courantes sont de 45 mm.

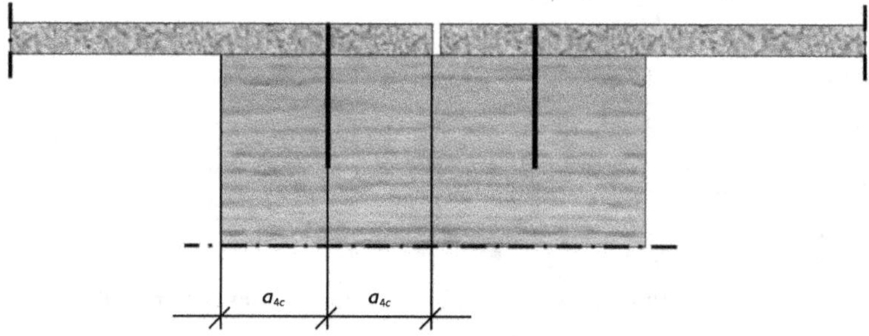

Figure 6.19 Distance aux rives pour des agrafes posées parallèlement au fil du bois de l'ossature.

CHAPITRE 7

Vérification aux Eurocodes d'un assemblage avec des boulons

La première étape permettant de justifier un assemblage par boulons à l'état limite ultime (ELU) concerne la vérification des boulons dans le bois. Il faut calculer l'effort que peut reprendre un boulon isolé à partir des caractéristiques de l'assemblage, définir le nombre de boulons nécessaires, établir les conditions de pince et calculer le nombre efficace de boulons. La deuxième étape consiste à vérifier le bois autours des boulons, c'est-à-dire le risque de fendage et la contrainte de cisaillement. L'assemblage est justifié lorsque ces trois conditions sont vérifiées. L'effort subi par les boulons reste inférieur ou égal à leur capacité résistante (qui dépend de ce nombre efficace de boulons), la contrainte de cisaillement de calcul est inférieure à la contrainte de cisaillement de résistance et l'effort tranchant reste inférieur à la résistance de calcul au fendage.

1 Exemple 1 : assemblage bois/bois travaillant en double cisaillement – Cas de l'arbalétrier et de l'entrait moisé

Figure 7.1 Exemple d'un assemblage d'un arbalétrier et d'un entrait moisé avec des boulons (© Cosylva).

1.1 Hypothèses de calcul

Considérons une ferme d'une maison à ossature bois (figure 7.2) avec une couverture en tuile mécanique. Elle supporte des charges de structure (G) et de neige (S). La construction est située à une altitude inférieure à 1 000 m. Une étude a permis de déterminer les efforts dans les barres. L'arbalétrier apporte à l'assemblage un effort de 108 kN (figure 7.3) avec la combinaison $1{,}35G + 1{,}5S$. La structure est en bois lamellé-collé classé GL24h (tableau 7.2). L'entrait est moisé de section 100×270 mm et la section de l'arbalétrier est de 100×250 mm (figure 7.4). L'assemblage est réalisé avec des boulons de 16 mm de diamètre en acier classé 6.8.

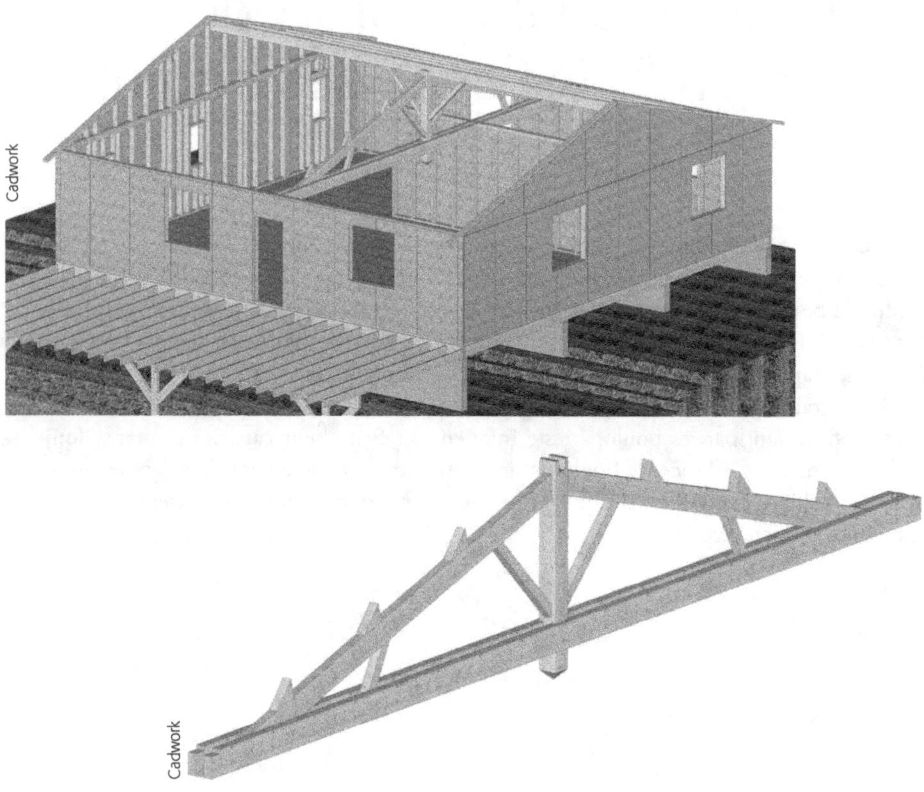

Figure 7.2 Ferme étudiée.

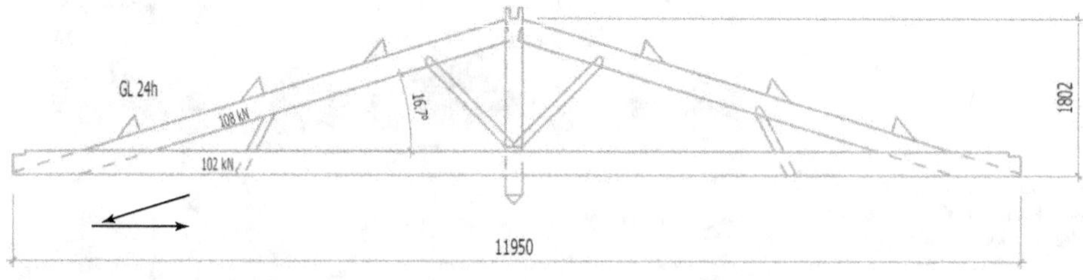

Figure 7.3 Plan de la ferme.

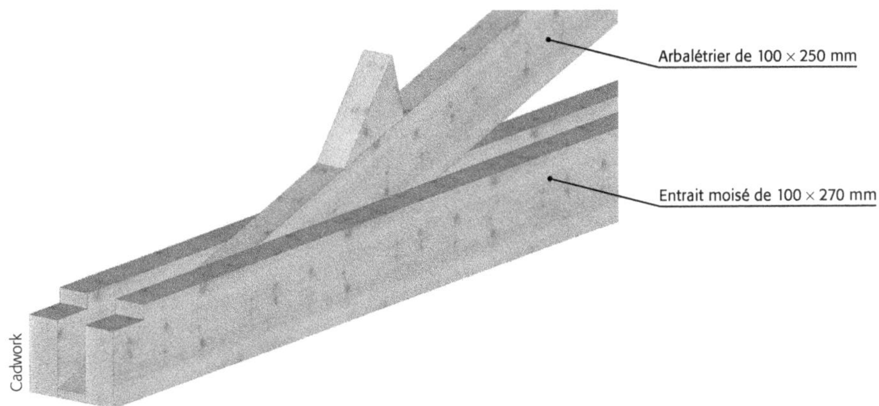

Figure 7.4 Assemblage entre l'entrait et l'arbalétrier.

1.2 Détermination de la résistance des boulons de l'assemblage

Le calcul de la résistance des boulons de l'assemblage consiste à définir la résistance d'un boulon isolé, puis de positionner les boulons dans l'assemblage afin de déterminer la résistance de l'ensemble des boulons.

1.2.1 Calcul de la résistance d'une tige isolée (ou un boulon)

Le calcul de la résistance des boulons s'applique si leur diamètre est compris entre 10 et 30 mm. La première étape consiste à calculer la portance locale dans l'arbalétrier, dans l'entrait, puis le moment d'écoulement plastique. Ces éléments permettront de définir la résistance du boulon en fonction du mode de rupture pour sélectionner le plus faible. Il est possible d'ajouter l'effet de corde lorsque, dans le mode de rupture, le boulon se déforme. Attention, les résultats des équations de l'Eurocode 5 fournissent la résistance d'un plan de cisaillement. L'assemblage travaillant en double cisaillement, il est nécessaire de doubler les valeurs.

1.2.1.1 Portance locale dans l'arbalétrier et dans l'entrait moisé

Le tableau 7.1 indique les formules de calcul de la portance locale lorsque l'angle entre la force et le fil du bois est nul, en fonction du matériau.

Tableau 7.1 Calcul de la portance locale, en N/mm².

Matériaux	Portance locale	
Bois massif, bois lamellé-collé et LVL	$f_{h,0,k} = 0,082(1-0,01d)\rho_k$	équation 8.32 de l'Eurocode 5
Contreplaqué	$f_{h,k} = 0,11(1-0,01d)\rho_k$	équation 8.36 de l'Eurocode 5
Panneaux de particules et OSB	$f_{h,k} = 50d^{-0,6} \cdot t^{0,2}$	équation 8.37 de l'Eurocode 5
avec : – $f_{h,0,k}$: portance locale caractéristique du boulon lorsque l'angle entre le fil du bois et l'effort est nul, en N/mm² ; – d : diamètre du boulon, en mm ; – ρ_k : masse volumique caractéristique du bois, en kg/m³ ; – t : épaisseur des panneaux, en mm.		

Lorsque l'effort a un angle α par rapport au fil du bois, la valeur caractéristique de la portance locale devient :

$$f_{h,\alpha,k} = \frac{f_{h,0,k}}{k_{90} \cdot \sin^2\alpha + \cos^2\alpha}$$
équation 8.31 de l'Eurocode 5

avec :

- $f_{h,0,k}$: portance locale caractéristique du boulon lorsque l'angle entre le fil du bois et l'effort est nul, en N/mm^2 ;
- α : angle de l'effort avec le fil du bois, en degrés ;
- $k_{90} = 1,35 + 0,015d$ pour les résineux ;
- $k_{90} = 1,30 + 0,015d$ pour le lamibois (LVL) ;
- $k_{90} = 0,90 + 0,015d$ pour les feuillus.

Remarque : ce calcul ne concerne pas les panneaux dérivés du bois, la notion de « fil du bois » étant complètement différente ou sans objet.

Pour notre exemple :

- Dans l'arbalétrier (t_2) :

$$f_{h,2,k} = f_{h,0,k} = 0,082 \times (1 - 0,01 \times 16) \times 385 = 26,5 \text{ N/mm}^2.$$

- Dans l'entrait (t_1) :

$$f_{h,1,k} = \frac{26,5}{1,59 \times \sin^2 16,7 + \cos^2 16,7} = 25,3 \text{ N/mm}^2,$$

avec $k_{90} = 1,35 + 0,015 \times 16 = 1,59$.

- Le ratio des portances locales est :

$$\beta = \frac{f_{h,2,k}}{f_{h,1,k}} = \frac{26,5}{25,3} = 1,05.$$

La figure 7.5 définit t_1 et t_2, l'entrait moisé et l'arbalétrier pour notre exemple.

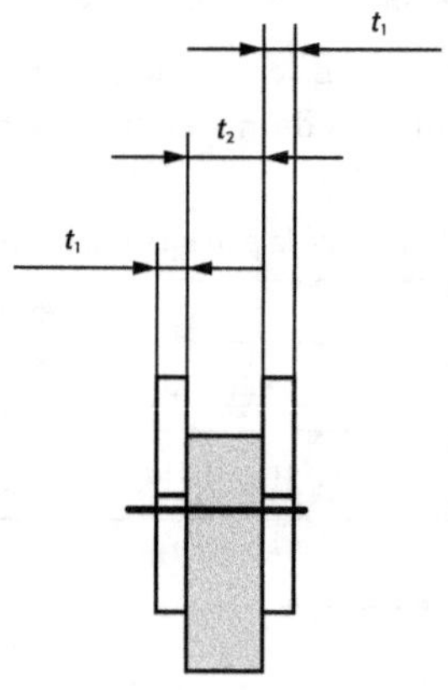

Figure 7.5 Définition de t_1 et de t_2. Pour notre exemple, t_1 représente l'entrait moisé et t_2 l'arbalétrier.

Tableau 7.2 Valeurs caractéristiques des bois lamellés (source : NF EN 1194).

Symbole	Désignation	Unité	Classe de résistance du bois lamellé-collé						
			GL20h	GL22h	GL24h	GL26h	GL28h	GL30h	GL32h
$f_{m,g,k}$	Résistance à la flexion	N/mm^2	20	22	24	26	28	30	32
$f_{t,0,g,k}$	Résistance à la traction		16	17,6	19,2	20,8	22,4	24	25,6
$f_{t,90,g,k}$			0,5						
$f_{c,0,g,k}$	Résistance à la compression		20	22	24	26	28	30	32
$f_{c,90,g,k}$			2,5						
$f_{u,g,k}$	Résistance au cisaillement (cisaillement et torsion)		3,5						
$E_{0,g,moyen}$	Module d'élasticité		8 400	10 500	11 500	12 100	12 600	13 600	14 200
$E_{0,g,05}$			7 000	8 800	9 600	10 100	10 500	11 300	11 800
$E_{90,g,moyen}$			300						
$G_{g,moyen}$	Module de cisaillement		650						
$\rho_{g,k}$	Masse volumique	kg/m^3	340	370	385	405	425	430	440
$\rho_{g,moyen}$			370	410	420	445	460	480	490

Tableau 7.3 Valeurs caractéristiques des bois massifs résineux et de peuplier (source : NF EN 338).

Symbole	Désignation	Unité	C14	C16	C18	C22	C24	C27	C30	C35	C40
$f_{m,k}$	Contrainte de flexion	N/mm^2	14	16	18	22	24	27	30	35	40
$f_{t,0,k}$	Contrainte de traction axiale		8	10	11	13	14	16	18	21	24
$f_{t,90,k}$	Contrainte de traction perpendiculaire		0,4	0,5	0,5	0,5	0,5	0,6	0,6	0,6	0,6
$f_{c,0,k}$	Contrainte de compression axiale		16	17	18	20	21	22	23	25	26
$f_{c,90,k}$	Contrainte de compression perpendiculaire		2,0	2,2	2,2	2,4	2,5	2,6	2,7	2,8	2,9
$f_{u,k}$	Contrainte de cisaillement		3	3,2	3,4	3,8	4	4	4	4	4
$E_{0,mean}$	Module moyen axial	kN/mm^2	7	8	9	10	11	11,5	12	13	14
$E_{0,05}$	Module axial au 5e pourcentile		4,7	5,4	6,0	6,7	7,4	7,7	8,0	8,7	9,4
$E_{90,mean}$	Module moyen transversal		0,23	0,27	0,30	0,33	0,37	0,38	0,40	0,43	0,47
G_{mean}	Module de cisaillement		0,44	0,50	0,56	0,63	0,69	0,72	0,75	0,81	0,88
ρ_k	Masse volumique caractéristique	kg/m^3	290	310	320	340	350	370	380	400	420
ρ_{mean}	Masse volumique moyenne		350	370	380	410	420	450	460	480	500

1.2.1.2 *Moment d'écoulement plastique*

Le moment d'écoulement plastique caractérise la résistance du boulon. Il est précisé par la formule :

$$M_{y,Rk} = 0,3 f_u \cdot d^{2,6}$$
équation 8.3 de l'Eurocode 5

avec :

- $M_{y,Rk}$: moment caractéristique d'écoulement plastique, en N·mm ;
- f_u : résistance en traction du boulon de classe 6.8, soit $f_u = 600$ N/mm^2 ;
- d : diamètre du boulon, en mm.

Pour notre exemple, avec des boulons de 16 mm de diamètre :

$$M_{y,Rk} = 0,3 \times 600 \times 16^{2,6} = 243\,212 \text{ N} \cdot \text{mm}.$$

1.2.1.3   *Mode de rupture du boulon*

Le boulon travail en double cisaillement (équation 8.7 de l'Eurocode 5). La capacité résistante caractéristique ($F_{v,Rk}$) est calculée pour un organe et un plan de cisaillement. Il faut sélectionner la valeur minimale des quatre modes de ruptures suivant (figure 7.6) :

g) écrasement du bois dans la pièce t_1 (moise) ;

h) écrasement du bois dans la pièce centrale t_2 (arbalétrier) ;

j) écrasement du bois dans la pièce t_1 (moise) et rotule plastique dans la tige ;

k) écrasement des deux pièces de bois (moise et arbalétrier) et rotule plastique dans la tige.

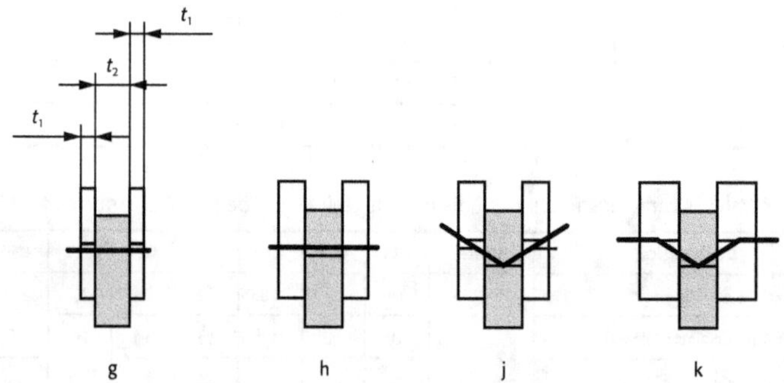

Figure 7.6 Modes de rupture d'une tige travaillant en double cisaillement.

Remarque : l'effet de corde ($F_{ax,Rk}/4$) est traité dans le § 1.2.1.4.

Écrasement du bois dans la première pièce (moise) :

Calcul de la résistance à la compression (enfoncement) de la tige dans la pièce 1 :

$$F_{v,Rk} = f_{h,1,k} \cdot t_1 \cdot d = 25,3 \times 100 \times 16 = 40\,459 \text{ N} \tag{g}$$

Écrasement du bois dans la deuxième pièce (arbalétrier) :

Calcul de la résistance à la compression (enfoncement) de la tige dans la pièce 2 :

$$F_{v,Rk} = 0,5 f_{h,2,k} \cdot t_2 \cdot d = 0,5 \times 26,5 \times 100 \times 16 = 21\,215 \text{ N} \tag{h}$$

Écrasement du bois dans la première pièce (moise) et rotule plastique dans la tige :

Calcul de la résistance à la compression (enfoncement) de la tige dans la pièce 1 et de la résistance à la déformation plastique (irréversible) :

$$F_{v,Rk} = 1,05 \times \frac{f_{h,1,k} \cdot t_1 \cdot d}{2 + \beta} \cdot \left[\sqrt{2\beta \cdot (1+\beta) + \frac{4\beta \cdot (2+\beta) \cdot M_{y,Rk}}{f_{h,1,k} \cdot t_1^2 \cdot d}} - \beta \right] + \frac{F_{ax,Rk}}{4} \tag{j}$$

$$F_{v,Rk} = 1,05 \times \frac{25,3 \times 100 \times 16}{2 + 1,05} \times \left[\sqrt{2 \times 1,05 \times (1 + 1,05) + \frac{4 \times 1,05 \times (2 + 1,05) \times 243\,212}{25,3 \times 100^2 \times 16}} - 1,05 \right] \tag{j}$$

$$F_{v,Rk} = 16\,749 \text{ N, sans l'effet de corde} \tag{j}$$

Écrasement des deux pièces (moise et arbalétrier) et rotule plastique dans la tige :

Calcul de la résistance à la déformation plastique (irréversible) de la tige :

$$F_{v,Rk} = 1{,}15\sqrt{\frac{2\beta}{1+\beta}} \cdot \sqrt{2M_{y,Rk} \cdot f_{h,1,k} \cdot d} + \frac{F_{ax,Rk}}{4} \tag{k}$$

$$F_{v,Rk} = 1{,}15 \times \sqrt{\frac{2 \times 1{,}05}{1+1{,}05}} \times \sqrt{2 \times 243\,212 \times 25{,}3 \times 16} = 16\,324 \text{ N, sans l'effet de corde} \tag{k}$$

avec :

- $t_1 = 100$ mm : épaisseur de la moise ;
- $t_2 = 100$ mm : épaisseur de l'arbalétrier ;
- $d = 16$ mm : diamètre du boulon ;
- $f_{h,1,k} = 25{,}3$ N/mm^2 : portances locales dans la moise ;
- $f_{h,2,k} = 26{,}5$ N/mm^2 : portances locales dans l'arbalétrier ;
- $\beta = 1{,}05$: ratio des portances locales ;
- $M_{y,Rk} = 243\,212$ N·mm : moment caractéristique d'écoulement plastique ;
- $F_{ax,Rk}/4$: effet de corde (cf. § 1.2.1.4).

Remarque : le mode de rupture a une influence sur la résistance de la structure lorsqu'une vérification vis-à-vis du séisme est réalisée. L'Eurocode 8 limite le diamètre des boulons à 16 mm pour favoriser le mode de rupture avec deux rotules plastiques, d'où une quantité d'énergie absorbée par chaque tige. Ce n'est pas le cas des équations (g) et (h), qui n'ont aucune rotule plastique. Ce mode de rupture est traduit par le coefficient de comportement q.

1.2.1.4 **Effet de corde**

Dans les équations (j) et (k), la tige se déforme. Il est possible d'ajouter une résistance correspondant à l'effet de corde ($F_{ax,Rk}/4$), avec $F_{ax,Rk}$ la résistance à l'arrachement. Cette valeur est plafonnée à 25 % de la partie de droite de l'équation. Le calcul doit être effectué une première fois sans l'effet de corde (voir § 1.2.1.3), puis avec l'effet de corde.

La capacité à l'arrachement des boulons dépend de la résistance du bois sous la rondelle pour les assemblages bois/bois. Elle est déterminée par la formule :

$$F_{ax,Rk} = 3f_{c,90,k} \cdot \frac{\pi\left(D_{\text{rondelle}}^2 - d_{\text{rondelle}}^2\right)}{4}$$

avec :

- $f_{c,90,k}$: contrainte caractéristique de compression perpendiculaire du bois, en N/mm^2 (tableau 7.2) ;
- D_{rondelle} : diamètre extérieur de la rondelle, en mm ; il doit avoir au moins un diamètre équivalent à trois diamètres du boulon ;
- d_{rondelle} : diamètre intérieur de la rondelle, en mm.

Les dimensions des rondelles de charpente sont définies dans le tableau 7.4.

Tableau 7.4 Dimensions des rondelles de charpente, en mm.

Ø boulon	D_{rondelle}	d_{rondelle}	Épaisseur	Ø boulon	D_{rondelle}	D_{rondelle}	Épaisseur
12	40	14	4	20	60	22	6
14	45	16	5	22	65	24	6,5
16	50	18	5	24	75	26	7,5
18	55	20	6	27	90	30	8,5

Soit pour notre exemple :

$$F_{ax,Rk} = 3 \times 2,5 \times \frac{\pi \left(50^2 - 18^2\right)}{4} = 12\,818 \text{ N},$$

avec :

- $f_{c,90,k}$ = 2,5 N/mm^2 : contrainte caractéristique de compression perpendiculaire du bois ;
- D_{rondelle} = 50 mm : diamètre extérieur de la rondelle ;
- d_{rondelle} = 18 mm : diamètre intérieur de la rondelle.

Soit un effet de corde maximum de $12\,818/4 = 3\,204$ N.

Remarques :

1) Pour les assemblages par plaque métallique latérales, la résistance en traction du boulon est limitée :

$$F_{ax,Rk} \leqslant 3 f_{c,90,k \text{ (bois)}} \cdot \frac{\pi \left[D_{\text{maxi}}^2 - (d+2)^2 \right]}{4}$$

avec :

$$D_{\text{maxi}} = \text{minimum} \begin{Bmatrix} 12t \\ 4d \end{Bmatrix}$$

— t : épaisseur de plaque métallique, en mm ;
— d : diamètre du boulon traversant la plaque métallique, en mm.

2) La valeur de calcul de la résistance en traction de l'acier étant généralement très supérieure à la valeur de calcul de la résistance en compression perpendiculaire du bois, la valeur minimale sera la résistance du bois.

La résistance caractéristique d'un plan de cisaillement d'un boulon sera :

- équation (g) : $40\,459$ N ;
- équation (h) : $21\,215$ N ;
- équation (j) : $16\,749 + 3\,204 = 19\,953$ N ($3\,204$ est, comme il le faut, inférieur ou égal à 25 % de $16\,749$) ;
- équation (k) : $16\,324 + 3\,204 = 19\,528$ N ($3\,204$ est, comme il le faut, inférieur ou égal à 25 % de $16\,324$).

La valeur la plus faible est : $F_{v,Rk}$ = $19\,528$ N.

Il faut transformer cette valeur caractéristique en valeur de calcul de la capacité résistante ou valeur design (équation 2.14 de l'Eurocode 5).

$$f_{v,Rd} = f_{v,Rk}\,\frac{k_{\mathrm{mod}}}{\gamma_M}$$

avec :

- $k_{\mathrm{mod}} = 0{,}9$ car le bâtiment est situé à une altitude inférieure à 1 000 m, la durée du chargement est de court terme et la classe de service est 1 (la charpente est visible, tableau 7.5) ;
- $\gamma_M = 1{,}3$ car c'est un assemblage (source : tableau 2.3 de l'Eurocode NF EN 1995-1-1).

Remarque : le calcul de la résistance d'une tige étant assez lourd, il est utile d'employer un logiciel.

Tableau 7.5 Valeur du facteur pour la durée de chargement k_{mod} (source : NF EN 1995-1-1/A1, tableau 3.1).

Durée de chargement		Classe de service		
Classe de durée	**Exemple de chargement**	**1** $H_{\mathrm{bois}} < 13\ \%$ **(local chauffé)**	**2** $13\ \% < H_{\mathrm{bois}} < 20\ \%$ **(sous abris)**	**3** $H_{\mathrm{bois}} > 20\ \%$ **(extérieur)**
Permanente (> 10 ans)	Charge de structure	0,6	0,6	0,5
Long terme (6 mois à 10 ans)	Stockage	0,7	0,7	0,55
Moyen terme (1 semaine à 6 mois)	Charges d'exploitation Neige Altitude > 1 000 m	0,8	0,8	0,65
Court terme (< 1 semaine)	Neige Altitude ≤ 1 000 m	0,9	0,9	0,7
Instantanée	Vent Situation accidentelle Neige exceptionnelle	1,1	1,1	0,9

(1) On distingue 3 classes de service, numérotées 1, 2 et 3 :

Classe de service	**Utilisation du bois**	**Humidité d'équilibre * du local (H % bois)**
1	Dans un local chauffé	< 13 % pendant la majorité de l'année ; valeur qui peut être dépassée pendant quelques semaines par an
2	Dans un local non chauffé	Comprise entre 13 et 20 % pendant la majorité de l'année ; valeur qui peut être dépassée pendant quelques semaines par an
3	À l'extérieur	> 20 % pendant la majorité de l'année
* L'humidité d'équilibre est l'humidité relative qui doit régner dans une atmosphère environnante pour empêcher tout échange d'eau entre les matériaux et l'air.		

La résistance d'un plan de cisaillement d'un boulon isolé sera de :

$F_{v,Rd} = 19\,528 \times 0{,}9/1{,}3 = 13\,519$ N, soit pour un boulon travaillant en double cisaillement : $13\,519 \times 2 = 27\,038$ N.

Le nombre de boulons théorique sera l'effort repris par l'assemblage divisé par la résistance d'un boulon isolé, soit, pour notre exemple, $108\,000/27\,038 = 3{,}99$ boulons. Pour cet exemple, 4 boulons seraient trop faibles car lorsque plusieurs boulons sont dans le fil du bois, ils perdent de la résistance. Nous choisissons donc de positionner 3 files de 2 boulons dans l'arbalétrier et 2 files de 3 boulons dans l'entrait (figure 7.8).

1.2.2   Espacements et distances

On distingue les espacements entre les boulons et les distances aux rives et aux extrémités du bois. La résistance de l'assemblage dépend de l'espacement entre les boulons dans le sens du fil. Cette étape permet de définir cet espacement. Les espacements et les distances sont exprimés en fonction du diamètre du boulon et de l'orientation de la force par rapport au fil du bois. Par ailleurs, les distances aux rives et extrémités chargées seront plus importantes que les distances aux rives et extrémités non chargées (tableau 7.6, ci-contre et page suivante).

La convention d'orientation de la force par rapport au fil du bois est précisée sur la figure 7.7.

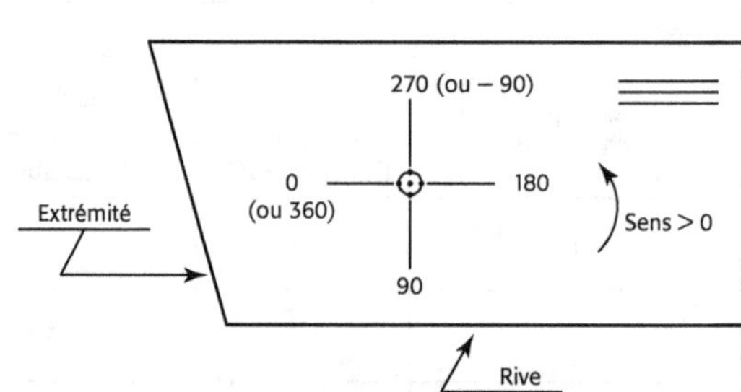

Figure 7.7 Convention d'orientation de la force par rapport au fil du bois.

Le tableau 7.6 indique les espacements et les distances des boulons nommés également conditions de pinces. α est l'angle entre l'effort et le fil du bois.

Le tableau7.7 et la figure 7.8 indiquent la valeur des espacements et des distances des boulons de 16 mm de diamètre de l'assemblage de notre exemple.

Tab 7.7 Valeur des espacements et des distances des boulons de 16 mm de diamètre de l'assemblage, en mm.

Pinces	Description	Arbalétrier : $\alpha = 0°$		Entrait : $\alpha = 17°$	
		Minimum	Sélection	Minimum	Sélection
a_1	Espacement parallèle au fil	$(4 + \cos 0) \times 16 = 80$	522	$(4 + \cos 17) \times 16 = 79{,}3$	226
a_2	Espacement perpendiculaire au fil	$4 \times 16 = 64$	65	$4 \times 16 = 64$	150
a_{3t}	Distance d'extrémité chargée	Sans objet		$\max(7 \times 16 ; 80) = 112$	327
a_{3c}	Distance d'extrémité non chargée	$\max[(1 + 6 \sin 0) \times 16 ; 4 \times 16] = 64$	209	Sans objet	
a_{4t}	Distance de rive chargée	Sans objet		$\max[(2 + 2 \sin 16{,}7) \times 16 ; 3 \times 16] = 48$	60
a_{4c}	Distance de rive non chargée	$3 \times 16 = 48$	60	$3 \times 16 = 48$	60

Cette étape a permis de définir l'espacement entre les boulons dans l'arbalétrier et dans l'entrait. Cette valeur est nécessaire pour définir le nombre efficace de boulons afin de connaître la résistance de l'assemblage.

Tableau 7.6 Espacements et distances des boulons.

Pinces	Description	Angle entre l'effort et le fil du bois	Distance minimale
a_1	Espacement parallèle au fil	Indépendant	$\left(4+\left|\cos\alpha\right|\right)d$
a_2	Espacement perpendiculaire au fil	Indépendant	$4d$
a_{3t}	Distance d'extrémité chargée	$-90°\leqslant\alpha\leqslant 90°$	$\max(7d;80\text{mm})$

Tableau 7.6 (suite) Espacements et distances des boulons.

Pinces	Description	Angle entre l'effort et le fil du bois	Distance minimale
a_{3c}	Extrémité non chargée Distance d'extrémité non chargée	$90° \leq \alpha \leq 270°$	$\max\left[(1+6\sin\alpha)d;4d\right]$
a_{4t}	a_{4t} : rive chargée a_{4c} : rive non chargée Distance de rive chargée Distance de rive non chargée	$0° \leq \alpha \leq 180°$	$\max\left[(2+2\sin\alpha)d;3d\right]$
a_{4c}		$180° \leq \alpha \leq 360°$	$3d$

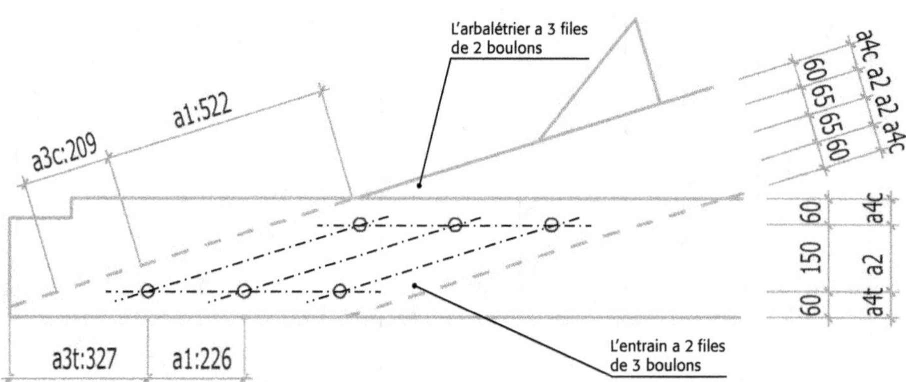

Figure 7.8 Position et valeur des espacements et des distances de l'assemblage.

1.2.3 Nombre efficace de boulons

Lorsque l'effort est parallèle au fil du bois et que plusieurs boulons sont sur une file parallèle au fil du bois, la résistance de l'assemblage diminue (effet de file). Le nombre efficace de boulons sera de :

$$n_{\text{ef}} = \min \left\{ \begin{array}{c} n \\ n^{0,9} \sqrt[4]{\dfrac{a_1}{13d}} \end{array} \right\} \qquad\qquad \text{équation 8.34 de l'Eurocode 5}$$

avec :

- n_{ef} : nombre efficace de boulons dans la file ;
- n : nombre réel de boulons dans la file ;
- a_1 : espacement entre les boulons dans la file (parallèle au fil du bois), en mm ;
- d : diamètre des boulons, en mm.

Le tableau 7.8 précise l'espacement nécessaire entre les boulons pour obtenir un nombre efficace de boulons équivalent au nombre réel de boulons.

Tableau 7.8 Espacement nécessaire entre les boulons pour obtenir un nombre efficace de boulons équivalent au nombre réel de boulons.

Nombre de boulons dans la file	Espacement entre les boulons nécessaire pour que $n_{\text{ef}} = n$
2	18d
3	21d
4	23d
5	25d

1.2.3.1 Nombre efficace dans l'arbalétrier

L'arbalétrier a 3 files de 2 boulons (figure 7.8).

$$n_{\text{ef}} = \min \left\{ \begin{array}{c} 2 \\ 2^{0,9} \sqrt[4]{\dfrac{522}{13 \times 16}} \end{array} \right\} = 2 \text{, soit un nombre efficace total de } 2 \times 3 = 6 \text{ boulons.}$$

Remarque : il n'y a pas d'effet de fil car l'espacement entre les boulons est de 522/16 = 29d, soit supérieur à 18d (tableau 7.8).

1.2.3.2 Nombre efficace dans l'entrait

L'entrait a 2 files de 3 boulons (figure 7.8).

$$n_{\text{ef}} = \min \left\{ \begin{array}{c} 3 \\ 3^{0,9} \sqrt[4]{\dfrac{226}{13 \times 16}} \end{array} \right\} = 2,74 \text{ boulons efficaces.}$$

Par ailleurs, lorsque l'effort est incliné par rapport au fil du bois, l'effet de file est moins important. Le nombre efficace de boulons est :

$$n_{\text{ef},\alpha} = n_{\text{ef},0} + \frac{\alpha}{90} \cdot \left(n - n_{\text{ef},0} \right)$$

avec :

- n : nombre de boulons dans la file ;
- α : angle entre l'effort et le fil du bois en degré ;

- $n_{\text{ef},\alpha}$: nombre efficace de boulons dans la file avec un effort formant un angle α par rapport au fil du bois ;
- $n_{\text{ef},0}$: nombre efficace de boulons dans la file avec un effort parallèle au fil du bois.

Soit, pour notre exemple, un nombre de boulons efficaces pour une file de :

$$n_{\text{ef},\alpha} = 2,74 + \frac{16,7}{90} \times (3 - 2,74) = 2,79.$$

Soit pour 2 files de boulons, un nombre efficace total de $2,79 \times 2 = 5,58$ boulons.

1.2.3.3 Nombre efficace de l'assemblage

Le nombre efficace de l'assemblage sera le plus petit des deux pièces, soit 5,58.

1.3 Résistance et taux de travail de l'assemblage

La résistance de l'assemblage s'obtient en multipliant la résistance d'un boulon isolé par le nombre efficace de l'assemblage.

$$F_{v,Rd,\text{ass}} = F_{v,Rd,\text{boulon}} \cdot n_{\text{ef}}$$

$F_{v,Rd,\text{ass}} = 27\,038 \times 5,58 = 150\,872$ N.

Le taux de travail est : $F_{v,Ed}/F_{v,Rd,\text{ass}} = 108\,000/150\,872 = 0,71$,

avec $F_{v,Ed}$, l'effet des actions $= 108\,000$ N (figure 7.3).

$0,71 < 1$, le critère est vérifié.

Remarque : la marge du taux de travail est suffisamment importante pour envisager la vérification de l'assemblage avec 5 boulons.

1.4 Vérification du cisaillement et du fendage

Cette vérification concerne le bois autour des boulons.

1.4.1 Cisaillement

Lorsque l'assemblage transmet un effort tranchant (effort perpendiculaire à l'axe de l'élément), une contrainte de cisaillement apparaît. La hauteur de la section exposée au cisaillement est la distance entre le bord chargé et le perçage le plus éloigné (figure 7.9).

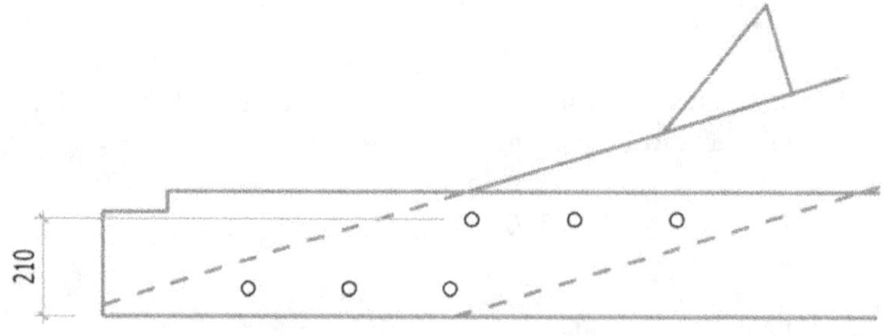

Figure 7.9 Hauteur cisaillée.

Le taux de travail en cisaillement est :

$$\frac{\tau_d}{f_{v,d}} \leq 1 \qquad\qquad \text{équation 6.13 de l'Eurocode 5}$$

avec :

- τ_d : contrainte de cisaillement de calcul, en N/mm^2 ;
- $f_{v,d}$: contrainte de résistance de cisaillement, en N/mm^2.

1.4.1.1 τ_d : contrainte de cisaillement induite par la combinaison d'action des états limites ultimes (ELU)

La contrainte de cisaillement provoquée par la charge est calculée par la formule :

$$\tau_d = \frac{k_f \cdot F_{v,d}}{k_{cr} \cdot b \cdot h_e}$$

avec :

- k_f : coefficient de forme 3/2 pour une section rectangulaire et 4/3 pour une section circulaire ;
- $F_{v,d}$: effort tranchant, en N ;
- h_e : hauteur réelle exposée au cisaillement (figure 7.9) ;
- b : épaisseur de la pièce, en mm ;
- k_{cr} : défini dans le tableau 7.9.

Tableau 7.9 Valeur de k_{cr} en fonction du matériau, de la section et du chargement.

	Classe de service 1	Classe de service 2	Classe de service 3
Bois massif avec toutes les dimensions de la section $\leq$ 150 mm	1	1	0,67
Bois massif dont une des dimensions de la section $>$ 150 mm	0,67	0,67	0,67
Bois lamellé-collé avec moins de 70 % de charge permanente par rapport à la charge totale	1	1	0,67
Bois lamellé-collé avec au moins 70 % de charge permanente par rapport à la charge totale	1	0,67	0,67

Pour notre exemple :

$$\tau_d = \frac{1,5 \times 31\,000}{1 \times 2 \times 100 \times 210} = 1,1 \text{ N/mm}^2,$$

avec :

- $k_f = 1,5$; coefficient de forme 3/2 pour une section rectangulaire et 4/3 pour une section circulaire ;
- $F_{v,d} = 31\,000$ N (figure 7.10) ;
- $h_e = 210$ mm (figure 7.9) ;
- $b = 2 \times 100$ mm car il y a deux moises ;
- $k_{cr} = 1$ (classe de service 1).

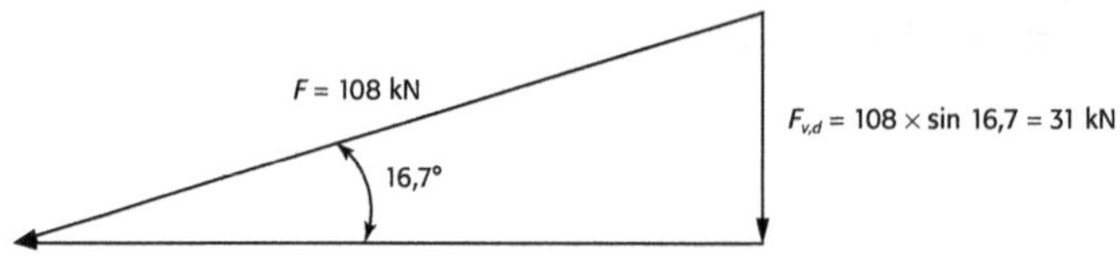

Figure 7.10 Calcul de l'effort tranchant.

1.4.1.2 $f_{v,d}$: contrainte de résistance de cisaillement

$$f_{v,d} = f_{v,k} \frac{k_{\mathrm{mod}}}{\gamma_M}$$

avec :

- $f_{v,k} = 3,5$ N/mm^2 : contrainte caractéristique (tableau 7.2) ;
- $k_{\mathrm{mod}} = 0,9$: coefficient modificatif en fonction de la charge de plus courte durée et de la classe de service (tableau 7.5) ;
- $\gamma_M = 1,25$: coefficient partiel qui tient compte de la dispersion du matériau (nous vérifions le bois et non l'assemblage, tableau 7.10).

$$f_{v,d} = 3,5 \times \frac{0,9}{1,25} = 2,5 \text{ N/mm}^2.$$

Tableau 7.10 Valeurs du coefficient γ_M (extrait du tableau 2.3 de l'Eurocode NF EN 1995-1-1).

Éléments considérés		γ_M
Matériaux	Bois	1,3
	Lamellé-collé	1,25
	Lamibois (LVL), OSB	1,2
Assemblages		1,3

1.4.1.3   Taux de travail

Le taux de travail est :

$$\frac{\tau_d}{f_{v,d}} = \frac{1,1}{2,5} = 0,44 < 1.$$

Le critère est vérifié.

1.4.2   Fendage

Lorsque l'assemblage transmet un effort tranchant (effort perpendiculaire à l'axe de l'élément), il est nécessaire de réaliser la justification au fendage.

Le taux de travail est :

$$\frac{F_{v,d}}{F_{90,Rd}} \leq 1 \qquad\qquad \text{équation 8.2 de l'Eurocode 5}$$

avec :

- $F_{v,d}$: effort tranchant maximum au niveau de l'assemblage, en N ;
- $F_{90,Rd}$: résistance de calcul au fendage, en N.

La résistance de calcul au fendage est déterminée par la formule :

$$F_{90,Rd} = F_{90,Rk} \frac{k_{\mathrm{mod}}}{\gamma_M}$$

avec :

- $F_{90,Rk}$: résistance caractéristique au fendage, en N ;
- k_{mod} : coefficient modificatif en fonction de la charge de plus courte durée et de la classe de service ;
- γ_M : coefficient partiel qui tient compte de la dispersion du matériau.

Pour les résineux, la résistance caractéristique au fendage est déterminée par la formule :

$$F_{90,Rk} = 14b \sqrt{\frac{h_e}{\left(1 - \dfrac{h_e}{h}\right)}} \qquad\qquad \text{équation 8.4 de l'Eurocode 5}$$

avec :

- b : épaisseur de l'élément, en mm ;
- h_e : hauteur exposée à la traction perpendiculaire aux fibres, en mm (comme pour le cisaillement, la hauteur de la section exposée au risque de fendage est la distance entre le bord chargé et le perçage le plus éloigné, voir la figure 7.9) ;
- h : hauteur de la pièce, en mm.

Soit pour notre exemple :

$$F_{90,Rk} = 14 \times 2 \times 100 \times \sqrt{\frac{210}{\left(1 - \dfrac{210}{270}\right)}} = 86\,074 \text{ N,}$$

avec :

- $b = 2 \times 100$ mm (deux moises) ;
- $h_e = 210$ mm (figure 7.9) ;
- $h = 270$ mm.

D'où :

$$F_{90,Rd} = 86\,074 \times \frac{0,9}{1,25} = 61\,913 \text{ N,}$$

avec :

- $F_{90,Rk} = 86\,074$ N ;
- $k_{\mathrm{mod}} = 0,9$ car l'effort subi par l'assemblage est calculé avec la combinaison $1,35G + 1,5S$ avec une altitude inférieure à 1 000 m (tableau 7.5) ;
- $\gamma_M = 1,25$ (nous vérifions le bois et non l'assemblage, tableau 7.10).

Le taux de travail est :

$$\frac{F_{v,d}}{F_{90,Rd}} = \frac{31\,000}{61\,913} = 0,5 < 1,$$

avec :

- $F_{v,d} = 31\,000$ N (figure 7.10) ;
- $F_{90,Rd} = 61\,913$ N.

Le critère est vérifié.

2 Exemple 2 : assemblage bois/métal travaillant en double cisaillement – Cas du pied de poteau

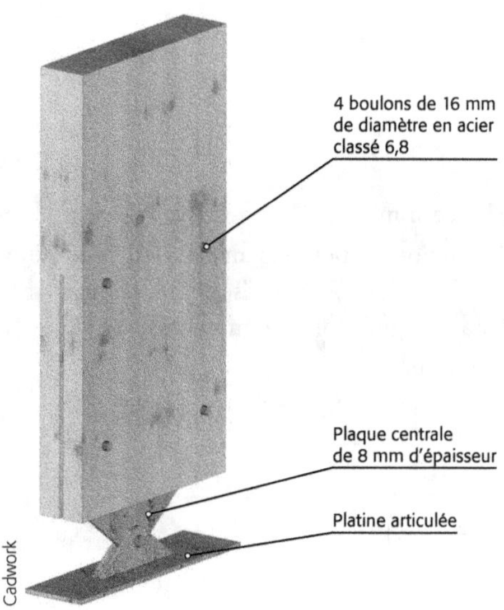

Figure 7.11 Exemple d'un assemblage d'un pied de poteau bois/métal avec des boulons.

2.1 Hypothèses de calcul

Considérons un bâtiment composé de 4 travées de 5 m, soit des façades de 20 m, un pignon de 10 m de largeur, une hauteur sous la sablière de 8 m et une pente de 30 %. Le poteau en bois lamellé-collé classé GL28h a une section de 90×405 mm (figure 7.13 et tableau 7.2). Il est assemblé au pied avec une ferrure articulée comportant une plaque centrale de 8 mm d'épaisseur et 4 boulons d'un diamètre de 16 mm avec un acier classé 6.8 (figure 7.11). Les charges de structure (G) et de neige (S) sont reprises par contact direct de l'extrémité du poteau sur la platine (figure 7.11). La surface de contact est de $21 \times 2 \times 317$ mm. La construction est située en zone 3 et au bord de la mer. Une étude a permis de déterminer les efforts dans le poteau. Les charges descendantes (G et S) apportent à l'assemblage un effort de 108 kN (figure 7.12) et le vent un effort de soulèvement F_y de 17,25 kN et un effort de cisaillement F_x de 16,34 kN, avec la combinaison $1,35G + 1,5W + 0,75S$. Par ailleurs, le désaxement entre l'axe de la platine et le centre de gravité de l'assemblage (coté 340 mm sur la figure 7.12) produit un moment. Celui-ci est repris par les boulons, provoquant un effort supplémentaire.

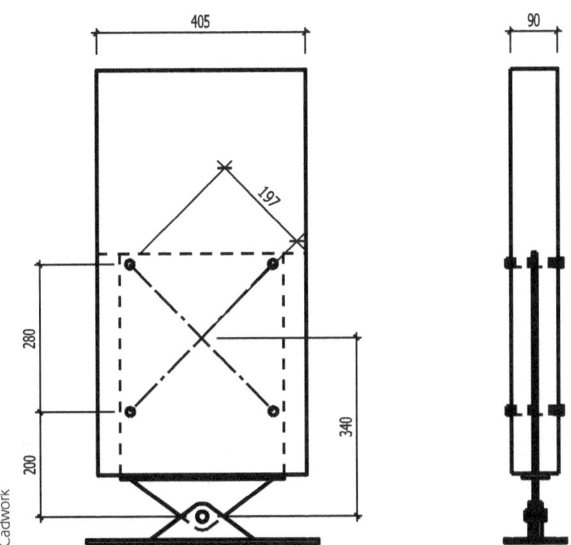

Figure 7.12 Désaxement entre l'axe de la platine et le centre de gravité de l'assemblage (cote de 340 mm).

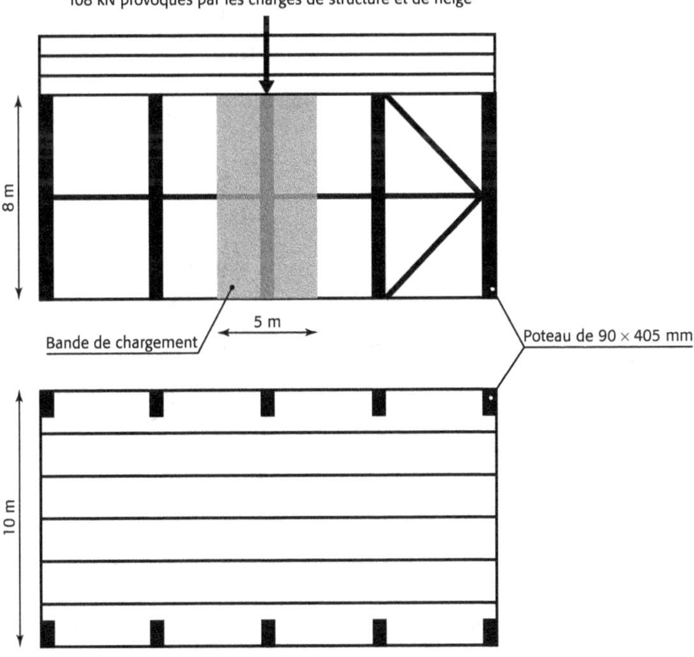

Figure 7.13 Vue en plan et vue du long pan sans le bardage.

2.2 Calcul des effets du vent sur les boulons

L'effort provoqué par le vent sur les boulons est la somme vectorielle des efforts de cisaillement, de soulèvement et de l'effort provenant du moment (les charges descendantes sont reprises par la platine).

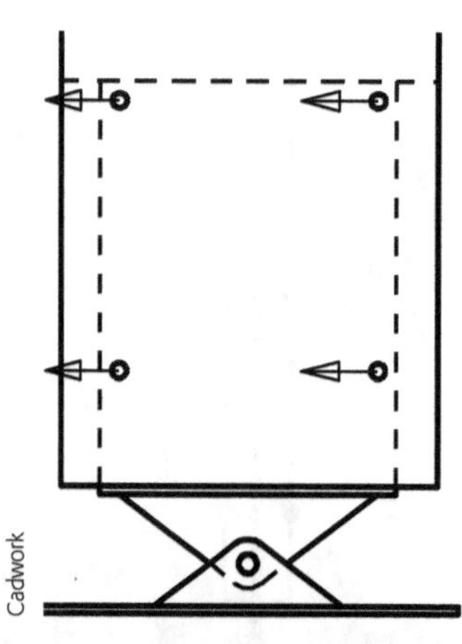

Figure 7.14 Effort de cisaillement
$F_x = 16{,}34/4 = 4{,}085$ kN.

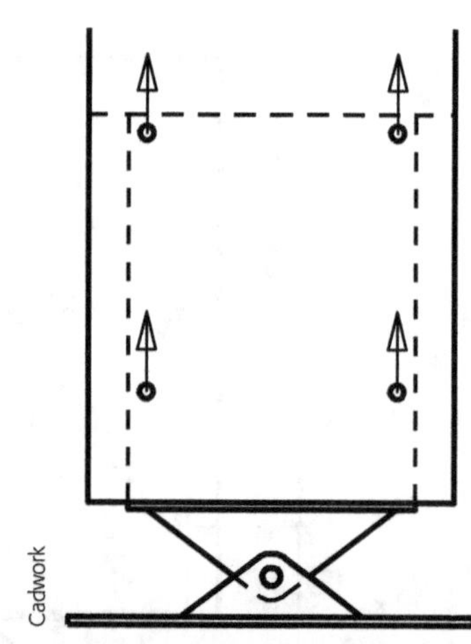

Figure 7.15 Effort de soulèvement
$F_y = 17{,}25/4 = 4{,}3125$ kN.

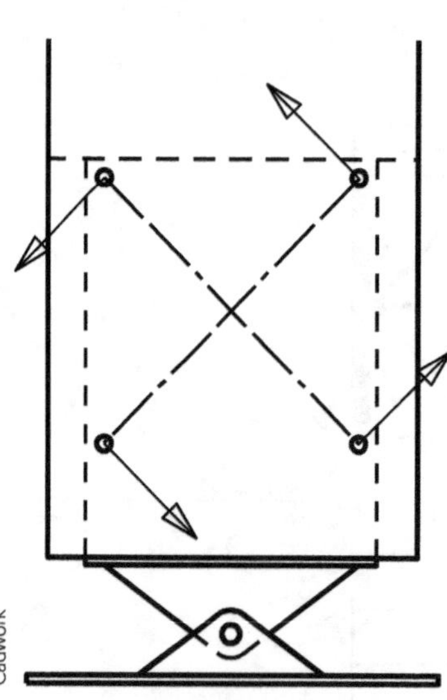

Figure 7.16 Effort provenant du moment
$F_m = 7$ kN.

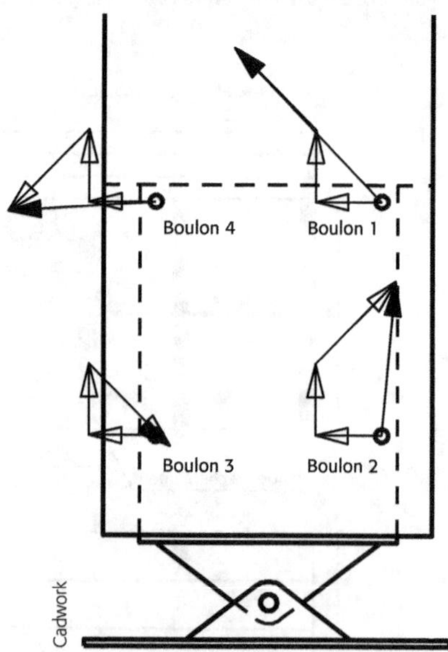

Figure 7.17 Somme vectorielle du boulon,
$F_{boulon} = 13$ kN.

Les efforts de cisaillement et de soulèvement sur chaque boulon s'obtiennent en divisant l'effort total par le nombre de boulons (figures 7.14 et 7.15).

L'effort provoqué par le moment s'obtient par la démarche suivante (figure 7.16) :

- Détermination du centre de gravité de l'assemblage : par symétrie, le centre de gravité de l'assemblage est à l'intersection des diagonales du rectangle formé par les boulons (figure 7.12).
- Calcul du moment induit par le désaxement entre l'axe de la platine et le centre de gravité de l'assemblage (figure 7.12) : M_G = efforts de cisaillement × désaxement = 16,34 × 0,34 = 5,5556 kN·m.
- Calcul du moment quadratique polaire $I_G = \sum a_i^2$, avec a_i la distance entre le centre de gravité et le boulon : $I_G = 4 \times 0,197^2 = 0,1568$ m^2.
- Calcul de l'effort repris par le boulon : $F_\mathrm{m} = \dfrac{M_G}{I_G} \cdot a_i = \dfrac{5,5556}{0,1568} \times 0,197 = 7$ kN.

La figure 7.17 montre que le boulon 1 est le plus sollicité. La somme vectorielle est sensiblement :

$$F_\mathrm{boulon} = \sqrt{F_x^2 + F_y^2} + F_\mathrm{m} = \sqrt{4,085^2 + 4,3125^2} + 7 = 13 \text{ kN.}$$

L'angle de l'effort par rapport au fil du bois est sensiblement (figures 7.17 et 7.18) : $\tan^{-1}\alpha = F_x/F_y = 4,085/4,3125$, soit $\alpha = 43,4°$.

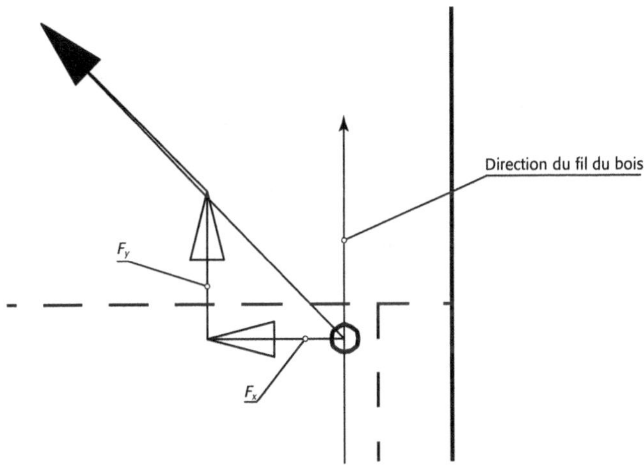

Figure 7.18 Angle entre l'effort et le fil du bois.

2.3 Détermination de la résistance du boulon le plus sollicité de l'assemblage (boulon 1)

Le calcul de la résistance des boulons s'applique si leur diamètre est compris entre 10 et 30 mm. La première étape consiste à calculer la portance locale dans le poteau, puis le moment d'écoulement plastique. Ces éléments permettront de définir la résistance du boulon en fonction du mode de rupture pour sélectionner le plus faible. Il est possible d'ajouter l'effet de corde lorsque dans le mode de rupture le boulon se déforme. Attention, les résultats des équations de l'Eurocode 5 fournissent la résistance d'un plan de cisaillement. L'assemblage travaillant en double cisaillement, il est nécessaire de doubler les valeurs.

2.3.1 Portance locale dans le poteau

Le calcul de la portance locale, lorsque l'angle entre la force et le fil du bois est nul, est de :

$$f_{h,0,k} = 0,082(1 - 0,01d)\rho_k \qquad\qquad \text{équation 8.32 de l'Eurocode 5}$$

avec :

- d : diamètre du boulon, en mm ;
- ρ_k : masse volumique caractéristique du bois, en kg/m^3 (tableau 7.2).

Lorsque l'effort a un angle α par rapport au fil du bois, la valeur caractéristique de la portance locale devient :

$$f_{h,\alpha,k} = \frac{f_{h,0,k}}{k_{90} \cdot \sin^2\alpha + \cos^2\alpha} \qquad\qquad \text{équation 8.31 de l'Eurocode 5}$$

avec :

- $f_{h,0,k}$: portance locale caractéristique du boulon lorsque l'angle entre le fil du bois et l'effort est nul, en N/mm^2 ;
- α : angle de l'effort avec le fil du bois, en degrés ;
- $k_{90} = 1,35 + 0,015d$ pour les résineux ;
- $k_{90} = 1,30 + 0,015d$ pour le lamibois (LVL) ;
- $k_{90} = 0,90 + 0,015d$ pour les feuillus.

Pour notre exemple :

$$f_{h,0,k} = 0,082 \times (1 - 0,01 \times 16) \times 425 = 29,3 \text{ N/mm}^2.$$

L'angle entre l'effort et le fil du bois étant de 43,4° :

$$f_{h,\alpha,k} = \frac{29,3}{1,59 \times \sin^2 43,4 + \cos^2 43,4} = 22,9 \text{ N/mm}^2,$$

avec $k_{90} = 1,35 + 0,015 \times 16 = 1,59$.

La figure 7.19 définit t_1, soit pour notre exemple $t_1 = (90 - 8)/2 = 41$ mm.

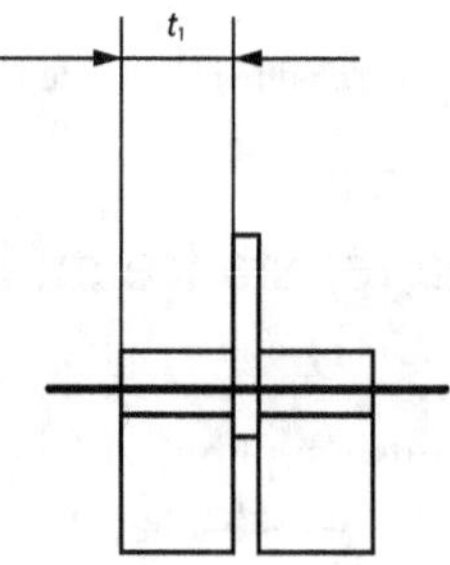

Figure 7.19 Définition de t_1.

2.3.2   Moment d'écoulement plastique

Le moment d'écoulement plastique caractérise la résistance du boulon. Il est précisé par la formule :

$$M_{y,Rk} = 0,3\,f_u \cdot d^{2,6}$$

équation 8.3 de l'Eurocode 5

avec :

- $M_{y,Rk}$: moment caractéristique d'écoulement plastique, en N·mm ;
- f_u : résistance en traction du boulon de classe 6.8, soit $f_u = 600$ N/mm^2 ;
- d : diamètre du boulon, en mm.

Pour notre exemple, avec des boulons de 16 mm de diamètre :

$$M_{y,Rk} = 0,3 \times 600 \times 16^{2,6} = 243\,212 \text{ N} \cdot \text{mm}.$$

2.3.3   Mode de rupture du boulon

Le boulon travail en double cisaillement (équation 8.7 de l'Eurocode 5). La capacité résistante caractéristique ($F_{v,Rk}$) est calculée pour un organe et un plan de cisaillement. Il faut sélectionner la valeur minimale des trois modes de rupture suivants (figure 7.20) :
f) écrasement du bois dans la pièce t_1 (poteau) ;
g) écrasement du bois dans la pièce t_1 (poteau) et rotule plastique dans la tige ;
h) rotule plastique dans la tige.

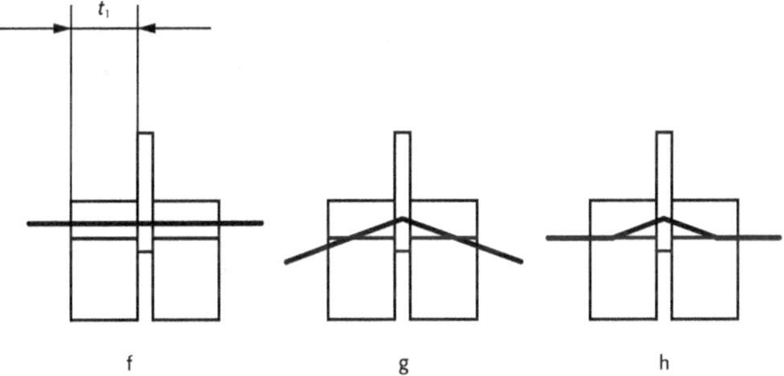

Figure 7.20 Modes de rupture d'une tige travaillant en double cisaillement.

Remarque : l'effet de corde ($F_{ax,Rk}$/4) est traité au § 2.3.4.

Écrasement du bois dans la pièce (poteau) :

Calcul de la résistance à la compression (enfoncement) de la tige dans la pièce 1 :

$$F_{v,Rk} = f_{h,1,k} \cdot t_1 \cdot d = 22,9 \times 41 \times 16 = 15\,022 \text{ N} \qquad \text{(f)}$$

Écrasement du bois dans la première pièce (moise) et rotule plastique dans la tige :

Calcul de la résistance à la compression (enfoncement) de la tige dans la pièce 1 et de la résistance à la déformation plastique (irréversible) :

$$F_{v,Rk} = f_{h,1,k} \cdot t_1 \cdot d \cdot \left[\sqrt{2 + \frac{4 M_{y,Rk}}{f_{h,1,k} \cdot t_1^2 \cdot d}} - 1 \right] + \frac{F_{ax,Rk}}{4} \tag{g}$$

$$F_{v,Rk} = 22,9 \times 41 \times 16 \times \left[\sqrt{2 + \frac{4 \times 243\,212}{22,1 \times 41^2 \times 16}} - 1 \right] \tag{g}$$

$$F_{v,Rk} = 13\,398 \text{ N, sans l'effet de corde} \tag{g}$$

Rotule plastique dans la tige :

Calcul de la résistance à la déformation plastique (irréversible) de la tige :

$$F_{v,Rk} = 2,3 \sqrt{M_{y,Rk} \cdot f_{h,1,k} \cdot d} + \frac{F_{ax,Rk}}{4} \tag{h}$$

$$F_{v,Rk} = 2,3 \times \sqrt{243\,212 \times 22,9 \times 16} = 21\,710 \text{ N, sans l'effet de corde} \tag{h}$$

avec :

- $t_1 = 41$ mm : épaisseur latérale du bois (figure 7.19) ;
- $d = 16$ mm : diamètre du boulon ;
- $f_{h,1,k} = 22,9$ N/mm² : portances locales du poteau ;
- $M_{y,Rk} = 243\,212$ N·mm : moment caractéristique d'écoulement plastique ;
- $F_{ax,Rk}/4$: effet de corde (cf. § 2.3.4).

Remarque : le mode de rupture a une influence sur la résistance de la structure lorsqu'une vérification vis-à-vis du séisme est réalisée. L'Eurocode 8 limite le diamètre des boulons à 16 mm pour favoriser le mode de rupture avec deux rotules plastiques, d'où une quantité d'énergie absorbée par chaque tige. Ce n'est pas le cas de l'équation (f), qui n'a aucune rotule plastique. Ce mode de rupture est traduit par le coefficient de comportement q.

2.3.4 Effet de corde

Dans les équations (g) et (h), la tige se déforme. Il est possible d'ajouter une résistance correspondant à l'effet de corde ($F_{ax,Rk}/4$), avec $F_{ax,Rk}$ la résistance à l'arrachement. Cette valeur est plafonnée à 25 % de la partie de droite de l'équation. Le calcul doit être effectué une première fois sans l'effet de corde (cf. § 2.3.3), puis avec l'effet de corde.

La capacité à l'arrachement des boulons dépend de la résistance du bois sous la rondelle pour les assemblages bois/métal avec une plaque en âme. Elle est déterminée par la formule :

$$F_{ax,Rk} = 3 f_{c,90,k} \cdot \frac{\pi \left(D_{\text{rondelle}}^2 - d_{\text{rondelle}}^2 \right)}{4}$$

avec :

- $f_{c,90,k}$: contrainte caractéristique de compression perpendiculaire du bois, en N/mm² (tableau 7.2) ;
- D_{rondelle} : diamètre extérieur de la rondelle, en mm (tableau 7.4) ; il doit avoir au moins un diamètre équivalent à trois diamètres du boulon ;
- d_{rondelle} : diamètre intérieur de la rondelle, en mm (tableau 7.4).

Les dimensions des rondelles de charpente sont définies dans le tableau 7.4.

Soit pour notre exemple :

$$F_{ax,Rk} = 3 \times 2,5 \times \frac{\pi\left(50^2 - 18^2\right)}{4} = 12\,818 \text{ N,}$$

avec :

- $f_{c,90,k} = 2,5$ N/mm^2 : contrainte caractéristique de compression perpendiculaire du bois ;
- $D_{\text{rondelle}} = 50$ mm : diamètre extérieur de la rondelle ;
- $d_{\text{rondelle}} = 18$ mm : diamètre intérieur de la rondelle.

Soit un effet de corde maximum de $12\,818/4 = 3\,204$ N.

La résistance caractéristique d'un plan de cisaillement d'un boulon sera :
équation (f) : $15\,022$ N/mm^2 (il n'y a pas d'effet de corde car le boulon ne se déforme pas) ;
équation (g) : $13\,398 + \min(3\,204 ; 13\,398/4) = 13\,398 + 3\,204 = 16\,602$ N/mm^2 ;
équation (h) : $21\,710 + \min(3\,204 ; 21\,710/4) = 21\,710 + 3\,204 = 24\,914$ N/mm^2.

La valeur la plus faible est : $F_{v,Rk} = 15\,022$ N/mm^2.

Il faut transformer cette valeur caractéristique en valeur de calcul de la capacité résistante ou valeur design (équation 2.14 de l'Eurocode 5).

$$f_{v,Rd} = f_{v,Rk}\,\frac{k_{\text{mod}}}{\gamma_M}$$

avec :

- $k_{\text{mod}} = 1,1$ car le bâtiment est soumis à l'effet du vent, la durée du chargement est instantanée et la classe de service est 2 (la charpente est visible, tableau 7.5) ;
- $\gamma_M = 1,3$ car c'est un assemblage (source : tableau 2.3 de l'Eurocode NF EN 1995-1-1).

La résistance d'un plan de cisaillement d'un boulon isolé sera de :

$F_{v,Rd} = 15\,022 \times 1,1/1,3 = 12\,711$ N, soit pour un boulon travaillant en double cisaillement : $12\,711 \times 2 = 25\,422$ N.

2.4 Espacements et distances des boulons par rapport au bois et à la ferrure

On distingue les espacements entre les boulons et les distances aux rives et aux extrémités du bois. La résistance de l'assemblage dépend de l'espacement entre les boulons dans le sens du fil. Cette étape permet de définir cet espacement. Les espacements et les distances sont exprimés en fonction du diamètre du boulon et de l'orientation de la force par rapport au fil du bois. Par ailleurs, les distances aux rives et extrémités chargées seront plus importantes que les distances aux rives et extrémités non chargées. Ces valeurs sont définies dans le tableau 7.6.

Les exigences d'espacements entre les boulons dans une ferrure sont nettement plus faibles que dans le bois. Les conditions d'espacement du bois seront donc conservées. Par contre, la ferrure pouvant être plus petite que la section du poteau, les exigences de distances aux rives et aux extrémités de l'acier peuvent-être appliquées. Elles sont de $1,2d_0$ (d_0 étant le diamètre de perçage) ou de $1,5d_0$ si le perçage est oblong.

Le tableau 7.11 et les figures 7.21 et 7.22 indiquent la valeur des espacements et des distances des boulons de 16 mm de diamètre de l'assemblage de notre exemple.

Tableau 7.11 Valeur des espacements et des distances des boulons de 16 mm
de diamètre de l'assemblage, en mm.

Pinces	Description	Poteau : $\alpha = 43°$		Ferrure	
		Minimum	Sélection	Minimum	Sélection
a_1	Espacement parallèle au fil	$(4 + \cos 43) \times 16 = 75,7$	280	Valeur de du poteau (ou de l'Eurocode 5)	280
a_2	Espacement perpendiculaire au fil	$4 \times 16 = 64$	277	Valeur de du poteau (ou de l'Eurocode 5)	277
$a_{3,t}$	Distance d'extrémité chargée	$\max[7 \times 16 ; 80] = 112$	120	Valeur de du poteau (ou de l'Eurocode 5)	120
$a_{3,c}$	Distance d'extrémité non chargée	Sans objet	209	Sans objet	
$a_{4,t}$	Distance de rive chargée	$\max[(2 + 2 \sin 43) \times 16 ; 3 \times 16] = 53,8$	64	$1,2d_0 = 1,2 \times 17 = 20,4$	21
$a_{4,c}$	Distance de rive non chargée	Sans objet	60	$3 \times 16 = 48$	21

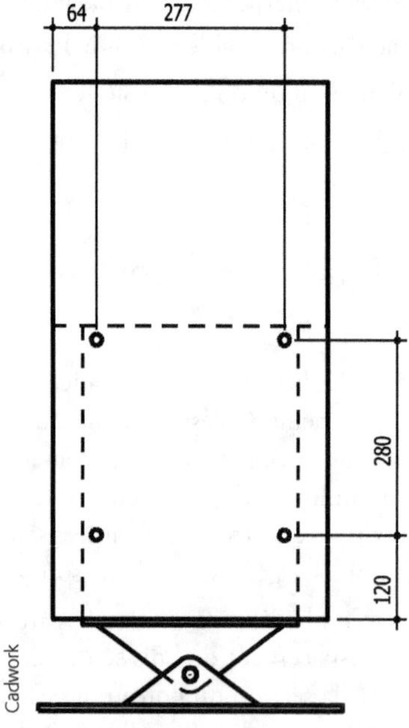

Figure 7.21 Position et valeur des espacements et des distances du poteau.

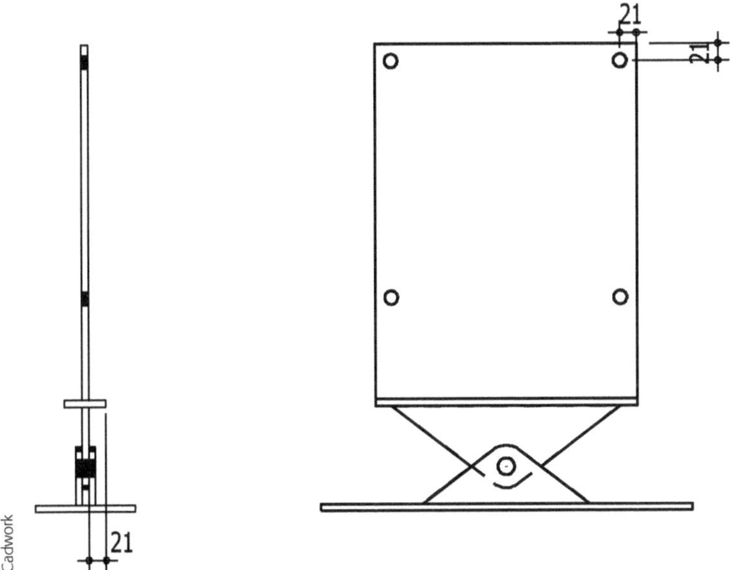

Figure 7.22 Position et valeur des distances de la ferrure.

Cette étape a permis de définir l'espacement entre les boulons dans le poteau.

2.5 Taux de travail de l'assemblage

Le taux de travail consiste à comparer l'effet des actions sur le boulon le plus sollicité et la résistance de ce boulon.

Le taux de travail est : $F_{v,Ed}/F_{v,Rd} = 13\,000/25\,422 = 0,51$,

avec :

- $F_{v,Ed} = 13\,000$ N : effet des actions sur le boulon le plus sollicité (figure 7.17) ;
- $F_{v,Rd} = 25\,422$ N : résistance de ce boulon.

$0,51 < 1$, le critère est vérifié.

Remarque : la marge du taux de travail est suffisamment importante pour envisager la vérification de l'assemblage avec 3 boulons.

2.6 Vérification du cisaillement et du fendage

Cette vérification concerne le bois autour des boulons.

2.6.1 Cisaillement

Lorsque l'assemblage transmet un effort tranchant (effort perpendiculaire à l'axe de l'élément), une contrainte de cisaillement apparaît. La hauteur de la section exposée au cisaillement est la distance entre le bord chargé et le perçage le plus éloigné (figure 7.23).

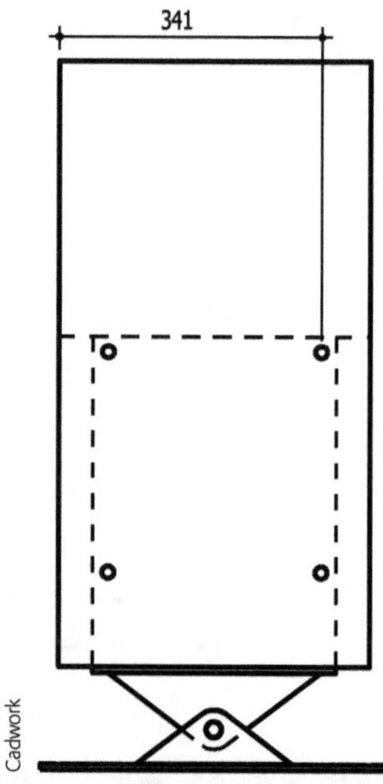

Figure 7.23 Hauteur de la section cisaillée.

Le taux de travail en cisaillement est :

$$\frac{\tau_d}{f_{v,d}} \leq 1$$
équation 6.13 de l'Eurocode 5

avec :

- τ_d : contrainte de cisaillement de calcul, en N/mm^2.
- $f_{v,d}$: contrainte de résistance de cisaillement, en N/mm^2.

2.6.1.1 *Contrainte de cisaillement*

La contrainte de cisaillement provoquée par la charge est calculée par la formule :

$$\tau_d = \frac{k_f \cdot F_{v,d}}{k_{cr} \cdot b \cdot h_e}$$

avec :

- k_f : coefficient de forme 3/2 pour une section rectangulaire et 4/3 pour une section circulaire ;
- $F_{v,d}$: effort tranchant, en N ;
- h_e : hauteur réelle exposée au cisaillement (figure 7.23) ;
- b : épaisseur de la pièce, en mm ;
- k_{cr} : défini dans le tableau 7.9.

Pour notre exemple :

$$\tau_d = \frac{1,5 \times 16\,340}{1 \times 2 \times 41 \times 341} = 0,88 \text{ N/mm}^2,$$

avec :

* $k_f = 1,5$;
* $F_{v,d} = 16\,340$ N (cf. les hypothèses) ;
* $h_e = 341$ mm (figure 7.23) ;
* $b = 2 \times 41$ mm, épaisseur du bois de chaque côté de la ferrure ;
* $k_{cr} = 1$ (effort instantané, tableau 7.9).

2.6.1.2 *Contrainte de résistance de cisaillement*

$$f_{v,d} = f_{v,k}\,\frac{k_{\mathrm{mod}}}{\gamma_M}$$

avec :

* $f_{v,k} = 3,5$ N/mm^2 (tableau 7.2) ;
* $k_{\mathrm{mod}} = 1,1$ car le chargement est instantané (tableau 7.5) ;
* $\gamma_M = 1,25$ (nous vérifions le bois et non l'assemblage, tableau 7.10).

$$f_{v,d} = 3,5 \times \frac{1,1}{1,25} = 3,1 \text{ N/mm}^2.$$

2.6.1.3 *Taux de travail*

Le taux de travail est :

$$\frac{\tau_d}{f_{v,d}} = \frac{0,88}{3,1} = 0,28 < 1.$$

Le critère est vérifié.

2.6.2 Fendage

Lorsque l'assemblage transmet un effort tranchant (effort perpendiculaire à l'axe de l'élément), il est nécessaire de réaliser la justification au fendage.

Le taux de travail est :

$$\frac{F_{v,d}}{F_{90,Rd}} \leqslant 1 \qquad\qquad \text{équation 8.2 de l'Eurocode 5}$$

avec :

* $F_{v,d}$: effort tranchant maximum au niveau de l'assemblage, en N ;
* $F_{90,Rd}$: résistance de calcul au fendage, en N.

La résistance de calcul au fendage est déterminée par la formule :

$$F_{90,Rd} = F_{90,Rk}\,\frac{k_{\mathrm{mod}}}{\gamma_M}$$

avec :

* $F_{90,Rk}$: résistance caractéristique au fendage, en N ;
* k_{mod} : coefficient modificatif en fonction de la charge de plus courte durée et de la classe de service ;

- γ_M : coefficient partiel qui tient compte de la dispersion du matériau.

Pour les résineux, la résistance caractéristique au fendage est déterminée par la formule :

$$F_{90,Rk} = 14b \sqrt{\dfrac{h_e}{\left(1 - \dfrac{h_e}{h}\right)}}$$
équation 8.4 de l'Eurocode 5

avec :

- b : épaisseur de l'élément, en mm ;
- h_e : hauteur exposée à la traction perpendiculaire aux fibres, en mm (comme pour le cisaillement, la hauteur de la section exposée au risque de fendage est la distance entre le bord chargé et le perçage le plus éloigné, voir la figure 7.23) ;
- h : hauteur de la pièce, en mm.

Soit pour notre exemple :

$$F_{90,Rk} = 14 \times 2 \times 41 \times \sqrt{\dfrac{341}{\left(1 - \dfrac{341}{405}\right)}} = 53\,328 \text{ N},$$

avec :

- $b = 2 \times 41$ mm, épaisseur du bois de chaque côté de la ferrure ;
- $h_e = 341$ mm (figure 7.23) ;
- $h = 405$ mm.

D'où :

$$F_{90,Rd} = 53\,328 \times \dfrac{1,1}{1,25} = 46\,929 \text{ N},$$

avec :

- $F_{90,Rk} = 53\,328$ N ;
- $k_{\text{mod}} = 1,1$ car le chargement est instantané (tableau 7.5) ;
- $\gamma_M = 1,25$ (nous vérifions le bois et non l'assemblage, tableau 7.10).

Le taux de travail est :

$$\dfrac{F_{v,d}}{F_{90,Rd}} = \dfrac{16\,340}{46\,929} = 0,35 < 1,$$

avec :

- $F_{v,d} = 16\,340$ N (cf. les hypothèses) ;
- $F_{90,Rd} = 46\,929$ N.

Le critère est vérifié.

Annexes

1 Formulaire

1.1 Unités

Forces : N ou kN.

Distances : mm ou m.

Contraintes : N/mm^2.

1.2 Flexion

1.2.1 Taux de travail

$$\frac{\sigma_{m,d}}{k_{\text{crit}} \cdot f_{m,d}} \leq 1$$

avec :

- $\sigma_{m,d}$: contrainte de flexion provoquée par les actions en N/mm^2 ;
- $f_{m,d}$: contrainte de résistance de flexion calculée en N/mm^2 ;
- k_{crit} : coefficient d'instabilité provenant du déversement.

1.2.2 Contrainte de flexion

$$\sigma_{m,d} = \frac{M_{f,y}}{\dfrac{I_{G,y}}{V}}$$

avec :

- $M_{f,y}$: moment de flexion maximum :
    - pour une poutre sur deux appuis avec une charge uniformément répartie ; $M_{f,y} = qL^2/8$,
    - pour une poutre sur deux appuis avec une charge ponctuelle centrée, $M_{f,y} = PL/4$;
- $I_{G,y}/V$: module d'inertie ; $bh^2/6$ pour une section rectangulaire.

1.2.3 Contrainte de résistance en flexion

$$f_{m,d} = f_{m,k} \cdot \frac{k_{\mathrm{mod}}}{\gamma_M} \cdot k_{\mathrm{sys}} \cdot k_{\mathrm{h}}$$

avec :

- $f_{m,k}$: contrainte caractéristique de résistance en flexion ;
- k_{mod} : coefficient modificatif en fonction de la charge de plus courte durée (la charge d'exploitation) et de la classe de service ;
- γ_M : coefficient partiel qui tient compte de la dispersion du matériau ;
- k_{sys} : coefficient d'effet système. Il apparaît lorsque plusieurs éléments porteurs de même nature et de même fonction avec un entraxe inférieur à 1,2 m (solives, fermes) sont sollicités par un même type de chargement réparti uniformément et avec un système capable de reporter les efforts sur les pièces adjacentes ;
- k_{h} : coefficient de hauteur. Il majore les résistances pour les hauteurs inférieures à 150 mm pour le bois massif et 600 mm pour le bois lamellé-collé. Le risque de défauts cachés dans la structure du bois est moins important pour les petites sections que pour les grandes sections.

Calcul du coefficient de hauteur pour du bois massif :

- si $\quad h \geqslant 150$ mm $\qquad k_{\mathrm{h}} = 1$;
- si $\quad h < 150$ mm $\qquad k_{\mathrm{h}} = \min(1{,}3 ; (150/h)^{0{,}2})$.

Calcul du coefficient de hauteur pour du bois lamellé-collé :

- si $\quad h \geqslant 600$ mm $\qquad k_{\mathrm{h}} = 1$;
- si $\quad h < 600$ mm $\qquad k_{\mathrm{h}} = \min(1{,}1 ; (600/h)^{0{,}1})$.

Avec h la hauteur de la pièce en millimètres.

1.2.4 Coefficient d'instabilité provenant du déversement k_{crit}

1.2.4.1 Calcul de la contrainte critique de flexion $\sigma_{m,\mathrm{crit}}$

$$\sigma_{m,\mathrm{crit}} = \frac{0{,}78 E_{0,05} \cdot b^2}{h \cdot \left(l \cdot k_{l_{\mathrm{ef}}} + \Delta l \right)}$$

avec :

- $E_{0,05}$: module axial au 5e pourcentile (ou caractéristique) ;
- h : hauteur de la pièce ;
- b : épaisseur de la pièce ;

- l : longueur de la pièce ;
- Δl : lorsque la pièce est chargée sur sa fibre comprimée, la longueur efficace l_{ef} est augmentée de la valeur $\Delta l = 2h$; si la pièce est chargée sur sa partie tendue, l_{ef} est diminuée de la valeur $\Delta l = 0,5h$;
- $k_{l_{ef}}$: coefficient de longueur efficace.

Valeurs de $k_{l_{ef}}$:

Type d'appui	Type de chargement	Coefficient
Appuis simples	Charge répartie	0,9
	Charge concentrée	0,8
Porte-à-faux	Charge répartie	0,5
	Charge concentrée	0,8

1.2.4.2 Calcul de l'élancement relatif de flexion $\lambda_{\mathrm{rel},m}$

$$\lambda_{\mathrm{rel},m} = \sqrt{\frac{f_{m,k}}{\sigma_{m,\mathrm{crit}}}}$$

avec :

- $\sigma_{m,\mathrm{crit}}$: contrainte critique de flexion ;
- $f_{m,k}$: contrainte caractéristique en flexion.

1.2.4.3 Calcul du coefficient k_{crit}

Si $\quad \lambda_{\mathrm{rel},m} \leqslant 0,75 \quad\quad k_{\mathrm{crit}} = 1$, pas de déversement.

Si $\quad 0,75 < \lambda_{\mathrm{rel},m} \leqslant 1,4 \quad\quad k_{\mathrm{crit}} = 1,56 - 0,75\lambda_{\mathrm{rel},m}$.

Si $\quad 1,4 < \lambda_{\mathrm{rel},m} \quad\quad k_{\mathrm{crit}} = 1/\lambda_{\mathrm{rel},m}^{2}$.

1.3 Cisaillement

1.3.1 Taux de travail

$$\frac{\tau_d}{f_{v,d}} \leqslant 1$$

avec :

- τ_d : contrainte de cisaillement provoquée par les actions, en $\mathrm{N/mm}^2$;
- $f_{v,d}$: contrainte de résistance de cisaillement calculée, en $\mathrm{N/mm}^2$.

1.3.2 Contrainte de cisaillement provoquée par les actions τ_d

$$\tau_d = \frac{k_{\mathrm{f}} \cdot F_{v,d}}{k_{cr} \cdot b \cdot h_{ef}}$$

avec :

- $k_{\mathrm{f}} = 1,5$: coefficient de forme de la section pour une section rectangulaire ;

- $F_{v,d}$: effort tranchant, en N. Une poutre sur deux appuis avec une charge uniformément répartie a un effort tranchant maximum au voisinage des appuis. Il a la même valeur que la réaction d'appuis, $qL/2$;
- h_{ef}: hauteur réelle exposée au cisaillement ;
- b : épaisseur de la pièce ;
- k_{cr}: coefficient tenant compte du risque de fente aux extrémités de la poutre.

Valeurs du coefficient k_{cr} :

	Classe de service 1	Classe de service 2	Classe de service 3
Bois massif avec toutes les dimensions de la section $\leq$ 150 mm	1	1	0,67
Bois massif dont une des dimensions de la section $>$ 150 mm	0,67	0,67	0,67
Bois lamellé-collé avec moins de 70 % de charge permanente par rapport à la charge totale	1	1	0,67
Bois lamellé-collé avec au moins 70 % de charge permanente par rapport à la charge totale	1	0,67	0,67

1.3.3 Contrainte de résistance de cisaillement $f_{v,d}$

$$f_{v,d} = f_{v,k} \frac{k_{\mathrm{mod}}}{\gamma_M}$$

avec :

- $f_{v,k}$: contrainte caractéristique de résistance en cisaillement ;
- k_{mod}: coefficient modificatif en fonction de la charge de plus courte durée et de la classe de service ;
- γ_M: coefficient partiel qui tient compte de la dispersion du matériau.

1.4 Compression sous les appuis

1.4.1 Taux de travail

$$\frac{\sigma_{c,90,d}}{k_{c,90} \cdot f_{c,90,d}} \leq 1$$

avec :

- $\sigma_{c,90,d}$: contrainte de compression transversale provoquée par les actions, en N/mm^2 ;
- $f_{c,90,d}$: contrainte de résistance de compression transversale, en N/mm^2 ;
- $k_{c,90}$: coefficient majorant la contrainte de résistance.

1.4.2 Contrainte de compression transversale provoquée par les actions $\sigma_{c,90,d}$

$$\sigma_{c,90,d} = \frac{F_{c,90,d}}{b \cdot l_{ef}}$$

avec :

- $F_{c,90,d}$: effort de compression en N, soit la réaction aux appuis, pour une poutre sur deux appuis avec une charge uniformément répartie : $F_{c,90,d} = qL/2$, avec :
    - q : charge linéique de la poutre,
    - L : distance entre appuis ;
- b : épaisseur de la pièce ;
- l_{ef} : longueur efficace de l'appui de la pièce, en mm ($l_{ef} = l + c_1 + c_2$), avec :
    - l : longueur de l'appui, en mm,
    - c_1 : majoration à gauche de l'appui de gauche, en mm,
    - c_2 : majoration à droite de l'appui de gauche, en mm,
    - c_1 et $c_2 = \min(30 \, ; \, a \, ; \, l \, ; \, 0{,}5l_1)$,
    - a : distance entre l'extrémité de la poutre et une charge ponctuelle,
    - l_1 : distance entre deux charges ponctuelles.

1.4.3   Contrainte de résistance en compression transversale $f_{c,90,d}$

$$f_{c,90,d} = f_{c,90,k} \frac{k_{mod}}{\gamma_M}$$

avec :

- $f_{c,90,k}$: contrainte caractéristique de résistance en compression transversale ;
- k_{mod} : coefficient modificatif en fonction de la charge de plus courte durée et de la classe de service ;
- γ_M : coefficient partiel qui tient compte de la dispersion du matériau.

1.4.4   Coefficient majorant la contrainte de résistance $k_{c,90}$

Type d'appui	Bois massif résineux	Bois lamellé-collé résineux
Appuis continus	1,25	1,5
Appuis discontinus	1,5	1,75

La distance l_1 doit être supérieure ou égale à 2 fois la hauteur de la pièce ($l_1 \geqslant 2h$).

1.5   Traction

1.5.1   Taux de travail

$$\frac{\sigma_{t,0,d}}{f_{t,0,d}} \leqslant 1$$

avec :

- $\sigma_{t,0,d}$: contrainte de traction axiale provoquée par les actions, en N/mm² ;
- $f_{t,0,d}$: contrainte de résistance de traction axiale, en N/mm².

1.5.2 Contrainte de traction axiale provoquée par les actions $\sigma_{t,0,d}$

$$\sigma_{t,0,d} = \frac{N}{A}$$

avec :

- N : effort normal provoquant de la traction, en N ;
- A : aire de la pièce, en mm^2.

1.5.3 Contrainte de résistance du bois $f_{t,0,d}$

$$f_{t,0,d} = f_{t,0,k} \cdot \frac{k_{\mathrm{mod}}}{\gamma_M} \cdot k_{\mathrm{h}}$$

avec :

- $f_{t,0,k}$: contrainte caractéristique de résistance en traction axiale ;
- k_{mod} : coefficient modificatif en fonction de la charge de plus courte durée et de la classe de service ;
- γ_M : coefficient partiel qui tient compte de la dispersion du matériau ;
- k_{h} : coefficient de hauteur. Il majore les résistances pour les hauteurs inférieures à 150 mm pour le bois massif et 600 mm pour le bois lamellé-collé. Le risque de défauts cachés dans la structure du bois est moins important pour les petites sections que pour les grandes sections.

Calcul du coefficient de hauteur pour du bois massif :

- si $\quad h \geqslant 150$ mm $\qquad k_{\mathrm{h}} = 1$;
- si $\quad h < 150$ mm $\qquad k_{\mathrm{h}} = \min(1{,}3\,;\,(150/h)^{0,2})$.

Calcul du coefficient de hauteur pour du bois lamellé-collé :

- si $\quad h \geqslant 600$ mm $\qquad k_{\mathrm{h}} = 1$;
- si $\quad h < 600$ mm $\qquad k_{\mathrm{h}} = \min(1{,}1\,;\,(600/h)^{0,1})$.

Avec h la hauteur de la pièce en millimètres.

1.6 Compression axiale avec risque de flambement

1.6.1 Taux de travail

$$\frac{\sigma_{c,0,d}}{k_c \cdot f_{c,0,d}} \leqslant 1$$

avec :

- $\sigma_{c,0,d}$: contrainte de compression axiale provoquée par les actions, en N/mm^2 ;
- $f_{c,0,d}$: contrainte de résistance de compression axiale de résistance, en N/mm^2 ;
- k_c : coefficient d'instabilité lié au risque de flambement.

1.6.2 Contrainte de compression axiale provoquée par les actions $\sigma_{c,0,d}$

$$\sigma_{c,0,d} = \frac{N}{A}$$

avec:

- N: effort normal provoquant de la compression, en N;
- A: aire de la pièce, en mm^2.

1.6.3 Élancement mécanique λ

$$\lambda = \frac{l_\mathrm{f}}{i}$$

avec:

- $l_\mathrm{f} = m \cdot l_g$: longueur de flambement, en mm, avec:
    - m: influence des assemblages des extrémités sur la longueur de flambement,
    - l_g: longueur de la barre, en mm;

- $i = \sqrt{\dfrac{I_\mathrm{G}}{A}}$, rayon de giration, dans le repère défini par l'Eurocode, avec:

$$- i_y = \sqrt{\frac{I_{\mathrm{G}_y}}{A}} = \sqrt{\frac{h^3 b}{12bh}} = \frac{h}{\sqrt{12}},$$

$$- i_z = \sqrt{\frac{I_{\mathrm{G}_z}}{A}} = \sqrt{\frac{b^3 h}{12bh}} = \frac{b}{\sqrt{12}}.$$

1.6.4 Contrainte de résistance en compression axiale $f_{c,0,d}$

$$f_{c,0,d} = f_{c,0,k}\,\frac{k_\mathrm{mod}}{\gamma_M}$$

avec:

- $f_{c,0,k}$: contrainte caractéristique de résistance en compression axiale;
- k_mod: coefficient modificatif en fonction de la charge de plus courte durée de la combinaison d'actions et de la classe de service;
- γ_M: coefficient partiel qui tient compte de la dispersion du matériau.

1.6.5 Influence des assemblages des extrémités sur la longueur de flambement

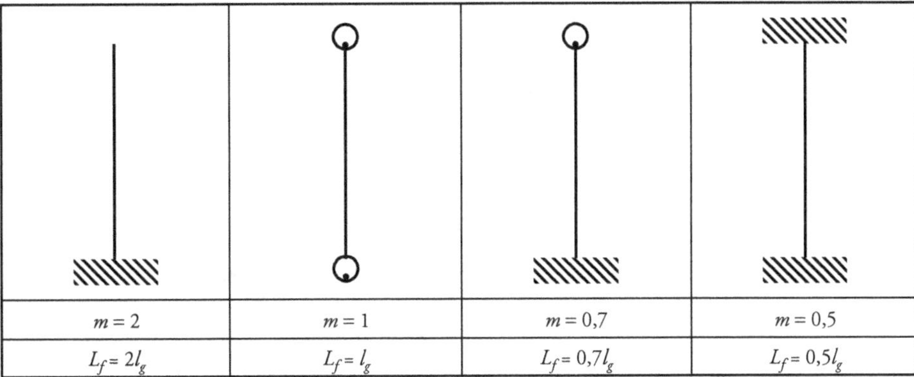

$m = 2$	$m = 1$	$m = 0{,}7$	$m = 0{,}5$
$L_f = 2l_g$	$L_f = l_g$	$L_f = 0{,}7l_g$	$L_f = 0{,}5l_g$

1.6.6   Élancement relatif

$$\lambda_{\text{rel}} = \frac{\lambda}{\pi}\sqrt{\frac{f_{c,0,k}}{E_{0,05}}}$$

avec :

- $f_{c,0,k}$: contrainte caractéristique de résistance en compression axiale, en N/mm^2 ;
- $E_{0,05}$: module axiale au 5e pourcentile (ou caractéristique), en N/mm^2.

1.6.7   Coefficient intermédiaire

$$k = 0{,}5\left[1 + \beta_c\left(\lambda_{\text{rel}} - 0{,}3\right) + \lambda_{\text{rel}}^2\right]$$

avec : $\beta_c = 0{,}1$ pour le bois lamellé-collé, LVL et bois massif reconstitué (défaut de rectitude $< 1/500$ de la portée). Pour du bois massif, $\beta_c = 0{,}2$ (défaut de rectitude $< 1/300$ de la portée).

1.6.8   Coefficient d'instabilité

$$\lambda_c = \frac{1}{k + \sqrt{k^2 - \lambda_{\text{rel}}^2}}$$

1.7   Déformation

1.7.1   Déformation instantanée sous charge variable

$$\frac{U_{\text{inst}(Q)}}{W_{\text{inst}(Q)}} \leq 1$$

avec :

- $U_{\text{inst}(Q)}$: flèche instantanée provoquée par la charge d'exploitation ;
- $W_{\text{inst}(Q)}$: flèche instantanée limite réglementaire sous charge variable.

1.7.2   Déformation totale

$$\frac{U_{\text{net,fin}(Q)}}{W_{\text{net,fin}(Q)}} \leq 1$$

avec :

- $U_{\text{net,fin}(Q)}$: flèche nette finale ;
- $W_{\text{net,fin}(Q)}$: flèche nette finale limite réglementaire.

1.7.3   Poutre sur deux appuis avec une charge uniformément répartie

$$U = \frac{5q \cdot L^4}{384 E_{0,mean} \cdot I}$$

avec :

- q : charge linéique provoquée par les actions, en N/mm ;
- L : distance entre appuis, en mm ;
- $E_{0,mean}$: module moyen axial, en N/mm^2 ;
- I : moment quadratique, en mm^4 ; pour une section rectangulaire sur chant, $I = bh^3/12$, avec :
    - h : hauteur de la pièce, en mm,
    - b : épaisseur de la pièce, en mm.

1.7.4 Poutre sur deux appuis avec charge ponctuelle centrée

$$U = \frac{P \cdot L^3}{48 E_{0,mean} \cdot I}$$

avec :

- P : charge provoquée par les actions, en N ;
- L : distance entre appuis, en mm ;
- $E_{0,mean}$: module moyen axial, en N/mm^2 ;
- I : moment quadratique, en mm^4 ; pour une section rectangulaire sur chant, $I = bh^3/12$, avec :
    - h : hauteur de la pièce, en mm,
    - b : épaisseur de la pièce, en mm.

1.7.5 Déformation totale

La déformation totale ($W_{\mathrm{net,fin}}$) est la somme de la flèche instantanée provoquée par les charges variables $W_{\mathrm{inst}(Q)}$, la flèche instantanée provoquée par les charges permanentes $W_{\mathrm{inst}(G)}$ et la flèche différée provoquée par la durée de la charge et l'humidité du bois W_{creep}. Lorsqu'elle existe, il faut retrancher la contre-flèche fabriquée W_c.

$$W_{\mathrm{net,fin}} = W_{\mathrm{inst}} + W_{creep} - W_c$$

1.8 Sollicitations composées

1.8.1 Compression axiale avec risque de flambement et flexion

$$\left(\frac{\sigma_{m,y,d}}{k_{\mathrm{crit}} \cdot f_{m,d}} \right)^2 + \frac{\sigma_{c,0,d}}{k_{c,z} \cdot f_{c,0,d}} \leqslant 1$$

avec :

- $\sigma_{c,0,d}$: contrainte de compression axiale provoquée par les actions, en N/mm^2 ;
- $f_{c,0,d}$: contrainte de résistance de compression axiale, en N/mm^2 ;
- $k_{c,z}$: coefficient d'instabilité lié au risque de flambement autour de l'axe z ;
- $\sigma_{m,y,d}$: contrainte de flexion provoquée par les actions, en N/mm^2, avec un moment de flexion porté par l'axe y ;

- $f_{m,d}$: contrainte de résistance de flexion calculée, en N/mm^2 ;
- k_{crit} : coefficient d'instabilité provenant du déversement.

1.8.2   Flexion déviée

$$\text{maximum} \left\{ \begin{array}{l} \dfrac{\sigma_{m,y,d}}{f_{m,y,d}} + k_m \dfrac{\sigma_{m,z,d}}{f_{m,z,d}} \\[2em] k_m \dfrac{\sigma_{m,y,d}}{f_{m,y,d}} + \dfrac{\sigma_{m,z,d}}{f_{m,z,d}} \end{array} \right\} \leq 1$$

avec :

- $\sigma_{m,y,d}$: contrainte de flexion, en MPa, correspondant à une déformation dans le plan xz, donc aux efforts projetés sur z, et une rotation autour de l'axe y ;
- $f_{m,y,d}$: résistance de flexion de l'axe y, calculée en MPa ;
- $\sigma_{m,z,d}$: contrainte de flexion, en MPa, correspondant à une déformation dans le plan xy, donc aux efforts projetés sur y, et une rotation autour de l'axe z ;
- $f_{m,z,d}$: résistance de flexion de l'axe z, calculée en MPa ;
- k_m : coefficient de redistribution des contraintes maximales situées sur l'arête tendue (k_m = 0,7).

2 Tableaux : vérification des structures en bois avec les Eurocodes

Tableau A2-1 Valeurs des charges d'exploitation en fonction du bâtiment
(source : NF P 06-111-2/A1, clause 6.3.1.2(1)P, tableau 6.2).

Catégorie	Charge uniformément répartie q_k (kN/m^2)	Charge concentrée Q_k (kN)
A – Logement		
– Plancher	1,5	2
– Escalier	2,5	2
– Balcon	3,5	2
B – Bureau		
– Bureau	2,5	4
C – Locaux publics		
– C1 Locaux avec table (écoles, restaurants, etc.)	2,5	3
– C2 Locaux avec sièges fixes (théâtres, cinémas, etc.)	4	4
– C3 Locaux sans obstacles à la circulation (musées, salles d'exposition)	4	4
– C4 Locaux pour activités physiques (dancings, salles de gymnastique, etc.)	5	7
– C5 Locaux susceptibles d'être surpeuplés (salles de concert, terrasses, etc.)	5	4,5
D – Commerces		
– D1 Commerces de détail courants	5	5
– D2 Grands magasins	5	7
E – Aires de stockage et locaux industriels		
– E1 Surfaces de stockage (entrepôts, bibliothèques, etc.)	7,5	7
– E2 Usage industriel	Cf. CCTP	
H – Toitures		
– Si pente ⩽ 15 % + étanchéité	0,8 (1)	1,5
– Autres toitures	0	1,5
I – Toitures accessibles		
– Pour les usages des catégories A à D	Charges identiques à la catégorie de l'usage	
– Si aménagement paysager	⩾ 3	–
(1) q_k sur une surface rectangulaire ($A \times B$) de 10 m^2 telle que $0,5 \leqslant A/B \leqslant 2$.		

– Les vérifications sont effectuées avec la charge uniformément répartie q_k puis avec la charge concentrée Q_k.

– Pour le locaux de catégories A, B, C3 et D1, la charge uniformément répartie q_k est minorée par le coefficient $\alpha_A = 0,77 + A_0/A \leqslant 1$ avec $A_0 = 3,5$ m^2 lorsque l'élément étudié reprend une surface supérieur à 15,2 m^2. Exemple : une porteuse qui reprend une surface de chargement de 25 m^2 aura un coefficient réducteur appliqué à la charge de $0,77 + 3,5/25 = 0,91$.

– La charge des équipements importants sont précisés dans le cahier des clauses techniques particulières (CCTP) de l'opération de construction.

– Les charges d'exploitation de la catégorie H sont des charges d'entretien ; elles ne doivent pas être cumulées en action principale de base (cf. § 3 « Combinaisons d'actions ») avec les actions de la neige ou du vent, mais sont prises en compte lors de la vérification de la déformation à l'état limite de service.

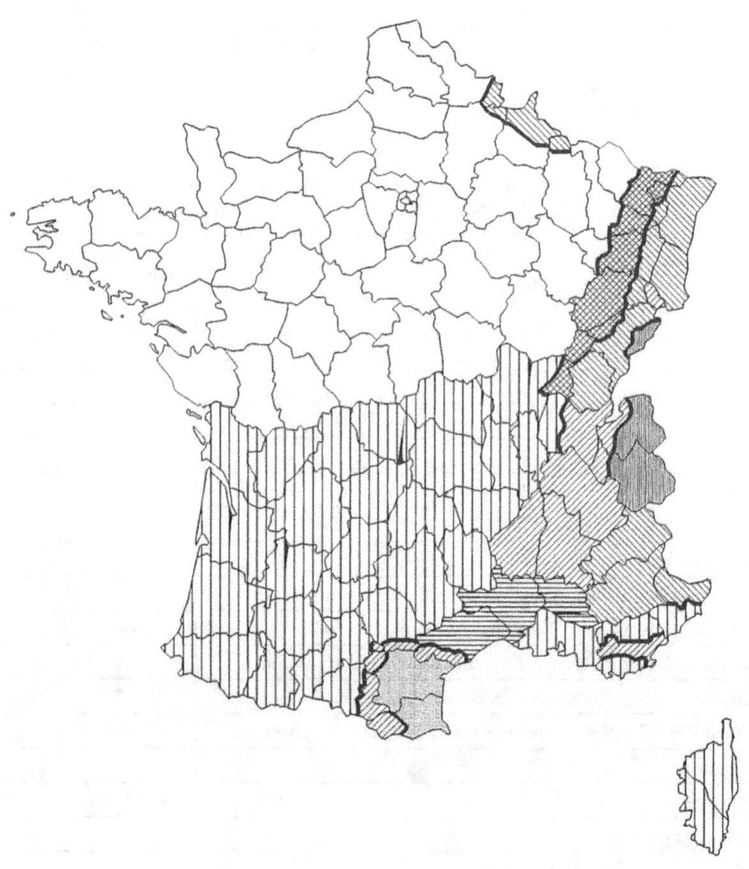

Régions	A1	A2	B1	B2	C1	C2	D	E
Valeurs caractéristiques (S_k) de la charge de neige sur un sol à une altitude inférieure à 200 mètres	0,45	0,45	0,55	0,55	0,65	0,65	0,90	1,40
Valeurs de la charge de neige exceptionnelle (S_{Ad}) sur un sol	–	1,00	1,00	1,35	–	1,35	1,80	–
Augmentation de la charge lorsque l'altitude est supérieure à 200 mètres	ΔS_1							ΔS_2

Charges en kN/m²

Altitude A	ΔS_1	ΔS_2
De 200 à 500 m	$A/1\,000 - 0,20$	$1,5A/1\,000 - 0,30$
De 500 à 1 000 m	$1,5A/1\,000 - 0,45$	$1,5A/1\,000 - 1,30$
De 1 000 à 2 000 m	$3,5A/1\,000 - 2,45$	$7A/1\,000 - 4,80$

Figure A2-1 Carte de France des valeurs des charges de neige (source : NF EN 1991-1-3/NA).

Remarques :
– La valeur de charge neige accidentelle est indépendante de l'altitude.
– La valeur totale de neige est obtenue en ajoutant la valeur caractéristique de la charge de neige sur le sol à l'augmentation de la charge lorsque l'altitude est supérieure à 200 m.

Tableau A2-2 Coefficients μ_i pour une toiture sans dispositif de retenue de la neige
source : NF EN 1991-1-3, § 5.3.2).

Angle α du toit (degré)	$0 < \alpha \leqslant 30$	$30 < \alpha \leqslant 60$	$\alpha \geqslant 60$
μ_1 (toiture à 1 ou 2 versants)	0,8	$0,8 \times (60 - \alpha)/30$	0
μ_2 (toiture à versants multiples)	$0,8 + (0,8\alpha/30)$	1,6	

Remarques :
– Si des éléments (barre à neige, acrotères, etc.) empêchent la neige de glisser, μ_1 est pris égal à 0,8.
– Les accumulations de neige sont définies dans les annexes de la morme NF EN 1991-1-3.

Tableau A2-3 Coefficients partiels de l'action permanente pour un bâtiment courant
(durée indicative d'utilisation de 50 ans).

Type d'action	Coefficient partiel
Permanente :	
– (STR) : $\gamma_{G,sup}$	1,35
– (STR) : $\gamma_{G,inf}$	1
– (EQU) : $\gamma_{G,inf}$	0,9
Variable :	
– (STR) : γ_Q	1,5

Tableau A2-4 Coefficients statistiques en fonction des catégories de bâtiment et de l'altitude.

	Action variable d'accompagnement Ψ_0	Combinaison accidentelle (incendie) Ψ_1	Fluage et combinaison accidentelle Ψ_2
Charges d'exploitation des bâtiments			
Catégorie A : habitations résidentielles	0,7	0,5	0,3
Catégorie B : bureaux	0,7	0,5	0,3
Catégorie C : lieux de réunion	0,7	0,7	0,6
Catégorie D : commerce	0,7	0,7	0,6
Catégorie E : stockage	1	0,9	0,8
Catégorie H : toits	0	0	0
Charges de neige			
Altitude > 1 000 m	0,7	0,5	0,2
Altitude $\leqslant$ 1 000 m	0,5	0,3	0
Action du vent			
	0,6	0,2	0

Tableau A2-5 Facteur de déformation k_{def} selon la classe de service et l'humidité H_{bois}.

Matériau			Classe de service		
			1 $H_{\text{bois}} < 13\ \%$	**2** $13\ \% < H_{\text{bois}} < 20\ \%$	**3** $H_{\text{bois}} > 20\ \%$
Essence	**Type**	**Classe de service (1)**	**(local chauffé)**	**(sous abri)**	**(extérieur)**
Bois massif	–	–	0,60	0,80	2,00
Lamellé-collé	–	–	0,60	0,80	2,00
Lamibois (LVL)	–	–	0,60	0,80	2,00
Contreplaqué	1	1	0,80	Sans objet	Sans objet
	2	2	0,80	1,00	Sans objet
	3	3	0,80	1,00	2,50
OSB	OSB/2	1	2,25	Sans objet	Sans objet
	OSB/3/4	2	1,50	2,25	Sans objet
Panneau de particules	P4	1	2,25	Sans objet	Sans objet
	P5	2	2,25	3,00	Sans objet
	P6	1 (2)	1,50	Sans objet	Sans objet
	P7	2 (2)	1,50	2,25	Sans objet
Panneau de fibre dur	HB.LA	1	2,25	Sans objet	Sans objet
	HB.HLA	2	2,25	3	Sans objet
Panneau de fibre semi-dur	MHB.LA	1	2,25	Sans objet	Sans objet
	MHB.HLS	2	1,50	2,25	Sans objet
Panneau de fibre MDF	MDF.LA	1	2,25	Sans objet	Sans objet
	MDF.HLS	2	1,50	2,25	Sans objet

(1) On distingue 3 classes de service, numérotées 1, 2 et 3 :

Classe de service	Utilisation du bois	Humidité d'équilibre du bois
1	Dans un local chauffé	< 13 % pendant la majorité de l'année ; valeur qui peut être dépassée pendant quelques semaines par an
2	Dans un local non chauffé	Comprise entre 13 et 20 % pendant la majorité de l'année ; valeur qui peut être dépassée pendant quelques semaines par an
3	À l'extérieur	> 20 % pendant la majorité de l'année

(2) Sous contrainte élevée.

Familles des combinaisons :

* Charges descendantes ELU (STR) :

$$q = \gamma_{G,\text{sup}}G + \gamma_Q Q_1 + \sum_{n=2}^{\infty} \Psi_{0,i}\gamma_Q Q_i$$

* Soulèvement ELU (STR et EQU) :

$$q = \gamma_{G,\text{inf}}G + \gamma_Q W$$

* Situations accidentelles (excepté l'incendie) :

$$q = G + A + \sum_{n=2}^{\infty} \Psi_{2,i}Q_i$$

* Situations d'incendie :

$$q = G + \Psi_{1,i}Q_1 + \sum_{n=2}^{\infty} \Psi_{2,i}Q_i$$

* Déformation instantanée sous charges variables (ELS) :

$$q = Q_1 + \sum_{n=2}^{\infty} \Psi_{0,i}Q_i$$

* Déformation totale avec une charge variable (ELS) :

$$q = G + Q_1 + k_{\text{def}}\left(G + \Psi_{2,1}Q_1\right)$$

* Déformation totale avec deux charges variables (ELS) :

$$q = G + Q_1 + \Psi_{0,2}Q_2 + k_{\text{def}}\left(G + \Psi_{2,1}Q_1 + \Psi_{2,2}Q_2\right)$$

Tableau A2-6 Valeurs caractéristiques des bois massifs résineux et de peuplier (source : NF EN 338).

Symbole	Désignation	Unité	C14	C16	C18	C22	C24	C27	C30	C35	C40
$f_{m,k}$	Contrainte de flexion		14	16	18	22	24	27	30	35	40
$f_{t,0,k}$	Contrainte de traction axiale		8	10	11	13	14	16	18	21	24
$f_{t,90,k}$	Contrainte de traction perpendiculaire	N/mm^2	0,4	0,5	0,5	0,5	0,5	0,6	0,6	0,6	0,6
$f_{c,0,k}$	Contrainte de compression axiale		16	17	18	20	21	22	23	25	26
$f_{c,90,k}$	Contrainte de compression perpendiculaire		2,0	2,2	2,2	2,4	2,5	2,6	2,7	2,8	2,9
$f_{v,k}$	Contrainte de cisaillement		3	3,2	3,4	3,8	4	4	4	4	4
$E_{0,mean}$	Module moyen axial		7	8	9	10	11	11,5	12	13	14
$E_{0,05}$	Module axial au 5e pourcentile	kN/mm^2	4,7	5,4	6,0	6,7	7,4	7,7	8,0	8,7	9,4
$E_{90,mean}$	Module moyen transversal		0,23	0,27	0,30	0,33	0,37	0,38	0,40	0,43	0,47
G_{mean}	Module de cisaillement		0,44	0,50	0,56	0,63	0,69	0,72	0,75	0,81	0,88
ρ_k	Masse volumique caractéristique	kg/m^3	290	310	320	340	350	370	380	400	420
ρ_{mean}	Masse volumique moyenne		350	370	380	410	420	450	460	480	500

Tableau A2-7 Valeurs caractéristiques des bois lamellés (source : NF EN 14080).

Symbole	Désignation	Unité	Classe de résistance du bois lamellé-collé						
			GL20h	GL22h	GL24h	GL26h	GL28h	GL30h	GL32h
$f_{m,g,k}$	Résistance à la flexion	N/mm²	20	22	24	26	28	30	32
$f_{t,0,g,k}$	Résistance à la traction		16	17,6	19,2	20,8	22,4	24	25,6
$f_{t,90,g,k}$			0,5						
$f_{c,0,g,k}$	Résistance à la compression		20	22	24	26	28	30	32
$f_{c,90,g,k}$			2,5						
$f_{u,g,k}$	Résistance au cisaillement (cisaillement et torsion)		3,5						
$E_{0,g,moyen}$	Module d'élasticité		8 400	10 500	11 500	12 100	12 600	13 600	14 200
$E_{0,g,05}$			7 000	8 800	9 600	10 100	10 500	11 300	11 800
$E_{90,g,moyen}$			300						
$G_{g,moyen}$	Module de cisaillement		650						
$\rho_{g,k}$	Masse volumique	kg/m³	340	370	385	405	425	430	440
$\rho_{g,moyen}$			370	410	420	445	460	480	490

Tableau A2-8 Valeur de k_{mod} du bois massif, du lamellé-collé, du lamibois (LVL) et du contreplaqué.

Durée de chargement		Classe de service		
Classe de durée	Exemple de chargement	1 $H_{bois} <$ 13 % (local chauffé)	2 13 % $< H_{bois} <$ 20 % (sous abris)	3 $H_{bois} >$ 20 % (extérieur)
Permanente (> 10 ans)	Charge de structure	0,6	0,6	0,5
Long terme (6 mois à 10 ans)	Stockage	0,7	0,7	0,55
Moyen terme (1 semaine à 6 mois)	Charges d'exploitation Neige Altitude > 1 000 m	0,8	0,8	0,65
Court terme (< 1 semaine)	Neige Altitude ≤ 1 000 m	0,9	0,9	0,7
Instantanée	Vent Situation accidentelle Neige exceptionnelle	1,1	1,1	0,9

Tableau A2-9 Valeur de k_{mod} des panneaux de lamelles minces, longues et orientées (OSB).

Durée de chargement		Classe de service		
		1 $H_{bois} < 13\,\%$ (local chauffé)		**2** $13\,\% < H_{bois} < 20\,\%$ (sous abris)
Classe de durée	**Exemple de chargement**	**OSB/2**	**OSB/3, OSB/4**	**OSB/3, OSB/4**
Permanente (> 10 ans)	Charge de structure	0,3	0,4	0,3
Long terme (6 mois à 10 ans)	Stockage	0,45	0,5	0,4
Moyen terme (1 semaine à 6 mois)	Charges d'exploitation Neige Altitude > 1 000 m	0,65	0,7	0,55
Court terme (< 1 semaine)	Neige Altitude ≤ 1 000 m	0,85	0,9	0,7
Instantanée	Vent Situation accidentelle Neige exceptionnelle	1,1	1,1	0,9

Tableau A2-10 Valeur coefficient γ_M.

Éléments considérés		γ_M
Matériaux	Bois	1,3
	Lamellé-collé	1,25
	Lamibois (LVL), OSB	1,2
	Panneaux de particules et de fibres	1,3
Assemblages		1,3
Combinaisons accidentelles		1

Tableau A2-11 Valeurs limites réglementaires des flèches.

	Bâtiments courants			Bâtiments agricoles et similaires		
	$W_{inst(Q)}$	$W_{net,fin}$	W_{fin}	$W_{inst(Q)}$	$W_{net,fin}$	W_{fin}
Chevrons	–	$L/150$	$L/125$	–	$L/150$	$L/100$
Éléments structuraux	$L/300$	$L/200$	$L/125$	$L/200$	$L/150$	$L/100$

Remarques :
– La valeur limite des consoles et porte-à-faux est doublée. Elle est toujours supérieure à 5 mm.
– Les panneaux de planchers et supports de toiture ont une valeur limite de flèche nette finale ($W_{net,fin}$) de L/250.
– La valeur limite de flèche horizontale est de L/200 pour les éléments individuels soumis au vent. Pour les autres applications, elles sont identiques aux valeurs limites verticales des éléments structuraux.

Dépôt légal : Février 2022
N° d'éditeur : 9339
Imprimé en Allemagne par BoD